物联网工程专业系列教材

物联网安全技术

武传坤 编著

科学出版社

北 京

内 容 简 介

本书共三部分，分别为理论篇、技术篇与实践篇。其中，理论篇共有三章，主要介绍物联网安全架构、安全机制和密码学相关理论；技术篇共有六章，主要介绍物联网各个逻辑层的安全机制和安全技术、隐私保护技术和 RFID 安全技术；实践篇共有三章，主要介绍物联网安全需求分析和安全测评方法，分别针对安全等级保护需求和物联网感知层综合安全指标体系描述了测评方法。

本书可作为高等院校物联网相关专业"物联网安全"课程的教材，也可作为物联网安全研究人员的参考用书。

图书在版编目（CIP）数据

物联网安全技术/武传坤编著. —北京：科学出版社，2020.3
（物联网工程专业系列教材）

ISBN 978-7-03-063692-8

Ⅰ. ①物… Ⅱ. ①武… Ⅲ. ①互联网络-应用-安全技术-高等学校-教材 ②智能技术-应用-安全技术-高等学校-教材 Ⅳ. ①TP393.408 ②TP18

中国版本图书馆 CIP 数据核字（2019）第 280831 号

责任编辑：赵丽欣 吴超莉 / 责任校对：王 颖
责任印制：吕春珉 / 封面设计：蒋宏工作室

科学出版社 出版
北京东黄城根北街 16 号
邮政编码：100717
http://www.sciencep.com

三河市骏杰印刷有限公司 印刷
科学出版社发行 各地新华书店经销
*

2020 年 3 月第 一 版 开本：889×1194 1/16
2022 年 1 月第二次印刷 印张：13 3/4
字数：329 000

定价：48.00 元
（如有印装质量问题，我社负责调换〈骏杰〉）
销售部电话 010-62136230 编辑部电话 010-62134021

版权所有，侵权必究
举报电话：010-64030229；010-64034315；13501151303

前　言

　　物联网是一种将虚拟世界与物理世界相结合的信息技术。近几年，物联网技术和产业都得到了飞速发展，物联网技术已经逐步渗透到不同的行业领域和人们的生活中，智慧物流、智慧家居、智慧医疗、智慧交通、智能电网、智能工厂等都是物联网技术在具体行业中的应用。

　　但是，在物联网时代，网络安全问题似乎比以往任何时期都更加突出，网络攻击造成的危害更严重。从工业设施被入侵攻击，到物联网设备被黑客入侵控制并发起分布式拒绝服务攻击，物联网安全问题越来越成为物联网行业健康发展的瓶颈。

　　无论哪个时代，对信息内容的安全保护都是非常重要的。在计算机时代，信息安全问题主要是防止非法用户盗取计算机内存储的内容，账户管理是信息安全保护的主要手段；在网络时代，出现了多种网络攻击手段，不仅有对信息的非法获取，还包括假冒、伪造、篡改、病毒入侵、拒绝服务等，有些攻击手段还结合了多种技巧，使用户防不胜防；在物联网时代，数据的价值会更高，特别是一些指令性数据，其价值不是体现在数据本身，而是对具体物理设备和设施的控制作用。攻击者对物联网系统的攻击手段将会更复杂、多变甚至更智能，其团体势力以及背后的支撑力量也日益庞大，物联网系统的安全保护面临空前的挑战。

　　为了更好地培养物联网安全领域的人才，或者让物联网工程方面的人员增加一些物联网安全知识，从而提升对物联网系统的网络安全保护措施，并在物联网系统的建设和运营过程中提供更好的网络安全保护，作者编写了本书。

　　本书的许多内容是基于 2013 年科学出版社出版的《物联网安全基础》，因此在这里特别列出《物联网安全基础》的编写参与者，他们是刘峰、张锐、徐静、冯秀涛、陈驰、王雅哲、张文涛、刘卓华、翟黎、滕济凯、皮兰。从某种意义上说，本书是这些作者共同贡献的结果。读者不难发现，2013 年出版的《物联网安全基础》主要侧重理论知识，而本书在理论知识方面较为浅显，但增加了对实用技术的介绍。

考虑到物联网安全是一门与实际应用密不可分的课程，本书在技术方面的内容主要参考国家在物联网安全方面的等级保护标准，在应用方面努力以行业应用特色为背景。但由于物联网安全技术在行业中的应用还在初步阶段，而且它在行业中的具体应用还不够系统规范，因此本书应用部分的内容是基于行业应用背景的模拟环境而建立的。

作者在写作过程中努力使本书具有实用性。但由于时间仓促、精力有限，疏漏之处在所难免。一些技术观点也仅代表作者当前的理解水平。对本书介绍的非标准化的探索性学术观点和技术方法，希望读者保持审慎态度。读者在阅读本书过程中如果遇到问题、发现错误等，敬请不吝指正。

最后，在书稿的组织、内容编校、推广宣传等诸多方面，感谢科学出版社的大力支持。我们也期待汲取读者的宝贵意见不断改进本书内容，使本书成为一本有用的教材和参考书。

武传坤

2019 年 7 月 25 日

目　录

技　术　篇

实　践　篇

理 论 篇

第1章　物联网的基本概念和架构

1.1　引言

物联网概念从最初产生时便一直处于逐渐发展和演变过程中。物联网是在互联网基础上建立的，以射频识别标签等信息感知设备为核心的架构，能够实现对全球物品的连接和跟踪；逐渐地，更多的传感器嵌入到物品中，用来感知物品自身或环境状态的信息；这类物品也越来越具有智能性，能够协同获取和处理感知信息，为管理和控制提供决策依据，并在人类直接干预或无人工干预的情况下进行联动。

物联网已经被应用到社会经济领域。随着大量物品不断连接到网络中，从人与人通信的移动通信网、机器与机器连接的互联网，发展到物与物、人与物连接互动的物联网，逐渐表现出"全面感知、无缝互联、高度智能、协同互动"的新的物联网形态，使人类的生产管理和社会生活更加高效，资源得到更加合理的利用，给人类带来新的生产和服务模式。

物联网产业的诞生并不是一时兴起的，而是在纳米技术、新材料技术、微电子技术、网络通信技术、智能计算技术和自动化技术发展到一定阶段后，必然演变形成的新一轮信息化变革。随着标识技术、定位技术、传感技术、网络技术的发展，人类对自身状态、周边环境、所辖资产、世界局势的感知需求和能力日益增强，物联网技术在互联网基础上得以发展。

网络通信技术的发展已经可以满足世界上数十亿人的通信和联网服务，更高的带宽、更廉价的通信成本使得移动通信网络可以承受如视频、传感器数据等非语音的加载，通信运营商更迫切希望为宽带通信附加新的增值服务，并已展开这方面的实际应用，为业务数据类信息联入通信网络奠定了基础（物联网的神经网络）。

在信息处理领域，一方面云计算技术、超级计算技术、专家智能技术的进步使得对海量信息的处理能力大大增强；另一方面嵌入式技术、系统级芯片（system on chip，SoC）

技术的发展使得很多信息在终端即可进行压缩和预处理，这些技术为业务数据大量涌入通信网络后面临的海量信息处理问题提供了解决办法（物联网的大脑）。

在行业应用方面，可使用物联网技术的领域非常广泛，物联网相关产业市场也非常巨大。物联网与云计算、大数据、移动互联网、人工智能等成为近年来的热门技术，但实际上，物联网技术是统领云计算、大数据、移动互联网、人工智能等技术的综合技术，其他技术都是应用于物联网这个大系统中的典型技术。

1.2 物联网的架构

基于不同的认识角度，对物联网架构的描述也有几种不同的表现形式。这里分别进行介绍。

1.2.1 按照数据流程定义的物联网架构

按照物联网系统对数据的处理流程，物联网包含三个逻辑层，分别为感知层、网络传输层和处理应用层，如图 1.1 所示。在概念描述上，存在多种不同的描述方式，例如网络传输层有时也被称为网络层或传输层，处理应用层有时也被称为处理层或应用层。

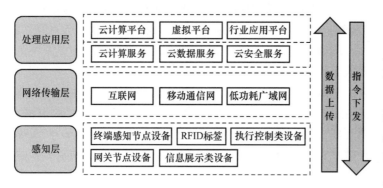

图 1.1
物联网经典三层
架构示意图

感知层的功能主要是获取环境感知信息，这些感知信息经由网络传输层的通信网络传输到处理应用层的数据处理中心，接着数据处理中心对这些数据进行统一处理，然后用于为行业提供应用服务，从而完成这些数据的生命周期。反过来，从处理应用层下发的数据（一般为指令），经过网络传输层发送到感知层，然后由感知层的相应设备进行处理。

从图 1.1 所示物联网架构看，感知层的作用是获取原始数据或标签信息，或执行指令（包括操作指令、信息处理指令）；网络传输层的作用是将这些原始数据传输到远程的处理平台进行处理；处理应用层的作用无疑是对来自不同感知层的数据进行处理和应用。由于对数据的处理和对数据的应用无论在流程上还是在方法上都有很大区别，为了更清晰地描述完整的物联网架构，有时将物联网的处理应用层分为处理层和应用层，形成四个逻辑层的架构，但两种架构的内涵是一样的。因此，为了描述方便，通常将物联网架构描述为三个逻辑层的架构（简称三层架构）。

物联网的感知层包括如下几类不同的设备：①终端感知节点设备，包括各种传感器、摄像头、GPS 等，用于获取环境信息；②标签类设备，主要指 RFID 标签以及不同的变化形式（广义地说还包括条形码、二维码等），这些物品识别码本身不是设备，但它们记录设备或物品的重要信息，其功能与 RFID 类似，有时也被当作广义上的标签类设备对待；③执行控制类设备，包括各种网络执行器、调节器、开关、RFID 读写器等；④信息展示类设备，主要为多媒体终端；⑤通信类设备，主要包括物联网网关、路由器等。

另外，物联网的感知层还包括一些短距离网络，可以是有线网络（如以太网、现场总线、局域网等），也可以是用于物联网感知层中设备之间通信的无线网（如 ZigBee、蓝牙、Wi-Fi 等）。

随着物联网应用的发展，物联网感知层所包括的设备种类可能还会增加，感知层所使用的网络也会有新技术加入。

有观点认为，应该把 RFID 读写器划分为感知类设备，因为这类设备"感知"RFID 标签的信息。但 RFID 读写器与 RFID 标签之间的通信有时需要安全保护，而一般终端感知节点与其所感知的环境信息之间的通信无须网络安全保护。需要说明的是，上述对物联网感知层设备的分类不是一种标准的分类方法，也不存在标准分类方法。这里给出大概分类的目的是方便研究其共同特征，从而可以有针对性地设计网络安全保护方案。

为了叙述方便，本书把感知层中用于将感知设备的信息转发到后台数据处理中心的通信类设备称为物联网网关节点设备，简称物联网网关节点或网关节点（注意不要与传统网络环境的网关概念混淆）；将直接采集环境数据或身份信息、执行指令的终端设备称为终端感知节点设备，简称终端感知节点。通常，终端感知节点需要网关节点（统称感知节点）的帮助才能与后台数据处理中心进行信息交互，但有些终端感知节点能够直接与后台数据处理中心进行通信（如网络监控摄像头），这种情况实际可被看作终端感知节点与网关节点（简化功能的网关节点）的结合，是将两种功能结合到一个物理实体。

物联网的网络传输层主要指用于远距离通信的网络设施，包括互联网（由互联网运营商提供服务）、移动通信网络（由移动通信网络服务商提供服务）以及近年来发展起来的低功耗广域网（LPWAN，如 NB-IoT、LoRa 等）。

物联网的处理应用层主要是云计算平台和该平台所提供的各种服务，以及为行业应用定制的应用服务，还包括移动用户的终端设备、系统和应用等。应用层的移动终端设备与感知层的终端设备不同，感知层的终端设备主要用于采集并上传数据，而应用层的移动终端设备主要用于信息展示和发送控制指令。有时候一个移动终端同时也是终端感知节点（如上传 GPS 信息），这时这种设备具有两种功能，只是在物理形式上是一个物理实体。设备的划分应该根据其功能，而不应根据其名称或外表。

另外，在物联网的处理应用层，除了提供技术服务外，还需要提供很多管理服务。

1.2.2　按照设备形态定义的物联网架构

对物联网系统的架构还有另外一种划分依据，即以物联网系统中的设备类型进行划分，称为"海网云"架构，也称为"云管端"架构。在这种架构中，所有终端设备被划分为一层。由于物联网系统的终端数量巨大，可以用海量来形容，此类设备被形象地称为"海"(或"端",即海量终端)。数据传输的基础网络设施被称为"网"(或"管",即数据通信管道),很明显此"网"不是单一的网,而是多种异构网络的统称,包括因特网、移动通信网等。

物联网系统的数据处理将面对庞大的数据,由此人们又提出了"大数据"的概念。所谓大数据,是指那些使用传统单机模式无法处理的数据。大数据的处理需要一定规模的处理平台,而用户只需要知道自己与该处理平台的逻辑关系,无须知道自己的数据是由哪个计算机或者处理单元处理的,也无须知道自己的数据存储在哪里,只需关心当自己需要的时候可以从数据处理中心得到数据,这种数据处理中心被形象地描述为"云"。这样,就形成了物联网的"海网云"逻辑架构和"云管端"架构,如图 1.2 所示。

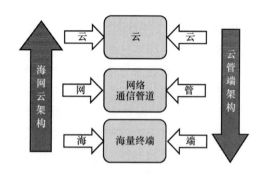

图 1.2
物联网的"海网云"架构和"云管端"架构示意图

图 1.2 所示的物联网架构与图 1.1 所示的架构之间的关系如下:"海"包括图 1.1 中的终端设备(即感知层中的终端感知设备和网关节点设备)和应用终端(处理应用层中的用户终端),"网"等同于图 1.1 中网络传输层,"云"相当于图 1.1 中的处理应用层。物联网的"海网云"架构(或"云管端"架构)是以设备类型进行划分的。无论哪种架构,都基于可见的物理实体,而一些保证物联网系统运转的不可见的东西,包括信息处理技术、信息传输通信协议、信息处理软件和管理技术等,都不在上述两种架构中体现。

事实上,在物联网概念提出之前,已经有许多成熟的信息感知技术、信息传输技术和信息处理技术,而物联网对这些技术提出了更高的要求。在信息感知方面,物联网局部范围内物品间能够协同感知位置、物品或环境状态,实现感知信息的全面获取,而且感知层所获取的感知信息不是原始数据,而是经过初步处理后的数据;在网络传输方面,物联网涉及各种物品的异构接入网络、公共传输网络及企业专用网络,实现物品的无缝接入与互联;在信息处理方面,智能化的信息处理渗透到物联网的各个层面,从底层感知信息的预处理、网络传输过程中的信息融合和决策判断,到各种行业应用的服务处理。但物联网架构上的处理一般针对感知信息的集中、智能化处理,最有代表意义的感知层是云计算平台,目前已有多种云计算服务平台可供使用;在全面的感知信息获取和可靠的网络传输基础上,利用智能化的信息处理技术,根据社会生产、管理和人们生活需求,物联网能够形成各种各样的应用和服务。因此,物联网系统的基本架构是为行业应用服务的,离开行业应用的物联网只是一种概念,很难落实到实际系统中。

1.2.3 按照功能定义的物联网架构

考虑到物联网是一个应用系统，而不是一堆设备的堆积，在已发布的国家标准 GB/T 33474—2016《物联网 参考体系结构》中，给出了按照物联网功能域划分的一种新型架构（称为"六域架构"），如图 1.3 所示。

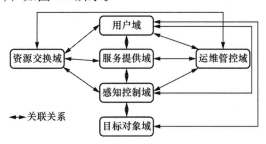

图 1.3
物联网的六域架构

在六域架构模型中，对六个功能域的解释如下。

① 用户域　用户域是不同类型物联网用户系统实体的集合。物联网用户通过用户系统实体获取目标对象域中实体感知和操控服务，按用户类型可划分为公众用户、企业用户、政府用户等。

② 目标对象域　目标对象域是物联网应用、用户期望获取相关信息或执行相关操控的对象集合，主要包括感知对象和控制对象。目标对象域中的对象可与感知控制域中的系统（如传感网系统、标签系统、智能设备接口系统等）以非数据通信接口或数据通信接口的方式实现关联绑定，非数据通信接口包括物理、化学、生物类作用关系、标签附着绑定关系、空间位置绑定关系等。数据通信接口主要包括串口、并口、USB 接口、以太网接口等。

③ 感知控制域　感知控制域是各类获取目标对象信息的感知系统与操控目标对象的控制系统的集合。感知控制域与目标对象域的关联关系是实现物理空间和信息空间融合的接口。当前技术状态下，感知控制域中存在以下主要系统。

- 传感器网络系统：通过与目标对象关联绑定的传感节点采集目标对象信息，或通过执行器对目标对象执行操作控制。
- 标签系统：通过读写设备对附加在目标对象上的 RFID、条码（一维码）、二维码等标签进行信息读写，以采集或修改目标对象相关的信息。
- 位置信息系统：通过北斗、GPS、移动通信系统等定位系统采集目标对象的位置数据，定位系统终端一般与目标对象在物理上绑定。
- 音视频系统：通过语音、图像、视频等设备采集目标对象的音视频等非结构化数据。
- 智能设备接口系统：具有通信、数据处理、协议转换等功能，且提供与目标对象的通信接口，其目标对象包括电源开关、空调、大型仪器仪表等智能或数字设备。在实际应用中，智能设备接口系统可以集成在目标对象中。
- 其他：随着技术的发展将出现新的感知控制系统类别，系统可采集目标对象信息或执行控制。

在一个具体的物联网应用中，根据特定应用需求，可同时存在上述一种或多种感知、控制系统。感知、控制系统可不同程度地进行协同感知和操控。感知控制域可以作为一个独立的系统存在，实现局部区域化的感知和操控应用服务功能。

④ 服务提供域　服务提供域是实现物联网业务服务和基础服务的实体集合，满足用户对目标对象域中实体感知和操控的服务需求。其中，业务服务可根据实际的应用需求定义。服务提供域具有可扩展性和多元性，随着物联网及各类应用的发展，可不断扩充服务功能，同时由不同主体参与物联网服务提供。

⑤ 运维管控域　运维管控域是物联网系统运行维护和法规监管等实体的集合。运维管控域从系统运行技术性管理和法律法规符合性管理两大方面保证物联网稳定、可靠、安全运行等。

⑥ 资源交换域　资源交换域是根据本系统和外部系统的应用服务需求，实现相关资源交换与共享功能的实体集合。外部相关资源主要包括政府、企业、个人等相关信息资源，以及金融支付等市场资源等。本系统相关资源主要包括由感知控制域或服务提供域提供的各类数据资源。

不难看出，三层架构描述的是物联网的物理构成，是一个静态的物联网；而六域架构描述的是物联网的功能划分，是一个工作状态中的动态物联网。下面分析一下六域架构中的功能域分别对应三层架构的哪些层。

① 用户域　在物联网的三层架构中没有涉及用户，因为用户是云平台服务的对象，具体落地实施时，用户一定要与云平台进行交互，由云平台进行管理，属于处理应用层的功能。

② 目标对象域　从定义不难看出，目标对象域所描述的设备就是三层架构中感知层的设备，属于感知层的组成部分。

③ 感知控制域　定义中明确指出感知控制域就是目标对象域的功能控制，属于三层架构中感知层的功能。

④ 服务提供域　根据定义，服务提供域涉及所有服务领域，对应于三层架构，其功能包括感知层的部分功能、网络传输层的部分功能和处理应用层的部分功能。服务提供域是三层架构中每个层在服务方面的功能的集合。

⑤ 运维管控域　根据定义，运维管控域与服务提供域之间具有高度联系。实际上，运维管理与服务提供是不可分割的，任何一种服务提供都应该包括运维管理。即使把运维管理交由第三方，运维管理本身也是一种服务。如果将监管也作为一种服务来看待，则服务提供域和运维管控域可以作为广义上的服务提供域来理解。运维管控域不属于三层架构中任何逻辑层的功能，因为运维管理服务的对象是物联网系统的工作情况，无法通过物联网本身的任何逻辑层实现，但又通过物联网架构中所有逻辑层的运行状态体现出来。

⑥ 资源交换域　资源交换域的功能是在不同的物联网系统之间交换和共享部分资源，包括数据资源、服务资源等。这种交换除了管理因素外，技术方面的功能一般可在三层架构中的处理应用层实现，可以说资源交换域的部分功能属于三层架构中的处理应用层的功能。

综上所述不难看出，除管理方面的因素外，六域架构中的所有技术功能都可以通过三层架构中对应的逻辑层来实现。

反过来，如果将三层架构中的逻辑层对应到六域架构中的功能域，根据上面的分析不难看出，三层架构中的感知层包括六域架构中的目标对象域，而且可以实现六域架构中感知控制域的功能及服务提供域的部分功能；三层架构中的网络传输层提供六域架构中服务提供域的部分功能；三层架构中的处理应用层可提供六域架构中用户域的功能、服务提供域的部分功能及资源交换域的部分技术功能。

整体上看，六域架构与三层架构之间并没有矛盾。由于六域架构中的功能域以功能为主（除目标对象域外），而三层架构中的逻辑层以物理设施为主，两种架构中模块之间的对应关系，只能通过功能实现的可行性来考虑。六域架构涉及许多管理功能，这不是物联网系统本身的技术能够实现的，从服务范围上看，六域架构要大于三层架构，而且具有动态可扩展性，如服务提供域的定义中所描述的"可不断扩充服务功能"。

1.3　物联网关键技术

物联网是传统传感网发展的高级阶段，是传感网与互联网、云计算等技术深度渗透所形成的一种新型网络的行业应用系统。传感网（包括 RFID）是实现全面感知的基础，互联网是物联网信息的主要传输载体，云计算是物联网智能处理的支撑技术。除此之外，物联网系统有时还包括其他一些关键技术。

1．物联网基础资源管理与服务

物联网基础资源包括物联网的名称和地址，其中，名称指物品的名字与标识；地址指物品的网络地址与资源地址。这些资源支撑着各类物联网应用的开展和网间互联互通。核心技术包括可信、可管、具有隐私保护机制的物联网基础资源管理技术及其系统集成，高性能、安全的物联网基础资源服务技术及其服务系统，物联网基础资源服务发现、信息分类和检索技术、安全监控、攻击防范、数据关联分析和舆情预警技术。

2．物联网信息获取与识别技术

新型标签、传感技术、芯片与信息预处理技术和微能源管理技术是物联网中信息获取与识别的关键。核心技术包括新型标签技术、微纳传感器及其加工与封装、低功耗多处理器片上系统与片上网、识别定位芯片、低功耗射频电路芯片、片上天线技术；支撑技术包括敏感材料、微能源与储能技术、能量采集技术等。

3．物联网组网与传输技术

研究不同应用场景下节点通信与组网技术。核心技术包括大规模自组网与可靠信息交互、多感知信息的分布式融合技术，面向国家安全与特定行业应用的网络隔离技术，数据保密、抗干扰、分级信息传输技术等，实现节点之间有效、安全的信息交互与协同处理。支撑技术包括服务管理与资源发现、物联网管理技术、多网互联技术。

4.物联网信息处理技术

研究物联网海量信息的情报提炼与态势判断、动态数据管理与检索。重点研究以信息感知和融合为基础、以情报生成为中心的物联网多源数据的协同交互和数据融合，形成从信息感知、模式识别、情报处理和决策与处置的安全感知体系架构、标准和技术解决方案，建立物联网流数据的存储与查询的数据库系统，挖掘海量物体信息关系链。

5.物联网安全技术

物联网实现虚拟世界与物理世界的互联互通，需要新的安全体系和技术。核心技术包括物联网安全架构，跨网络架构的实体认证技术，对物联网中实体的远程控制和操作，海量终端设备的身份安全管理和识别，资源受限环境的信息保密与认证技术，网络安全基础支撑平台的建设，云计算与云存储安全的关键技术，物联网安全技术的系统集成等。

6.物联网系统集成技术

结合微纳传感与微机电系统（micro-electro-mechanical system，MEMS）传感等技术，研制集感知、传输、预处理等功能于一体的物联网节点设备，构建面向不同行业和公众应用的物联网集成应用系统；加快物联网系统级软件开发，重点发展信息处理、智能控制、数据库软件、中间件等基础性软件；针对多业务、多应用融合需求，加大应用管理及服务软件以及信息服务平台技术的开发力度，推动物联网应用的快速发展。

7.共性支撑技术

重点研究可编程、测试、环境建模等共性技术，研发物联网节点专用操作系统和综合软件开发环境，建立标准测试验证平台、物联网应用技术规范和系统测试平台；加强现代信息通信、计算机及网络、新材料、新能源等基础支撑技术的研究与应用。

1.4 物联网的技术标准

在经济全球化的背景下，"技术专利化，专利标准化，标准国际化"已成为市场竞争的重要特征。国际上已有多个与物联网相关的技术制定组织及所制定的多个技术标准，这些技术标准之间的差异可能会给不同标准之间的互联互通带来困难。为促进全球物联网产业发展，需要各国组成权威的技术制定组织，尽快统一技术标准。

但各个国家都希望在技术标准这一关系到物联网产业发展主导权的领域抢得先机。

发达国家往往通过控制国际标准的制定来抢占发展的制高点；跨国公司则通过技术专利演变成事实标准，来保持其在市场竞争中的优势地位，以获得高额、稳定的收益。如果发展中国家不迅速在关键核心技术方面取得突破，在国际标准制定方面掌握一定的主动权，不排除发达国家依靠技术上的优势结成"物联网标准俱乐部"的可能。

我国在物联网技术标准体系方面做了不少工作。目前国家已发布了 GB/T 33474—2016《物联网 参考体系结构》和 GB/T 33745—2017《物联网 术语》等标准，还有许多标准在制定中。物联网是跨技术、跨行业、跨领域的应用，各行各业应用特点和用户需求不同，亟须统一标准体系，尤其是对核心技术的专利化和标准化。随着国家在物联网领域陆续出台相关标准，相信对指导物联网产业和技术的发展具有重要的引领作用。

1.5 物联网的网络安全和隐私保护问题

网络安全和隐私保护是互联网时代的关键问题。在物联网时代，这一问题将变得更加重要。如果说互联网的主要服务是为人与机器的远程连接提供了一种平台，那么物联网将为物品与物品的远程连接和控制提供技术手段。如果没有更为可靠的网络安全技术，物联网环境下的网络安全和隐私保护将面临更大的威胁，其结果也将更为严重。

对网络安全保护的需求不局限于对数据内容的机密性保护。事实上，物联网应用系统对网络安全的要求更多的是身份认证，以及对数据（特别是指令性数据）的完整性保护。身份认证多数情况下是针对设备而言的，即对设备的身份进行合法性认证，可以保证数据来源的真实合法，数据完整性则可保证数据在传输中没有遭到非法篡改。有些应用场景也需要对数据的机密性进行保护，通常在身份认证过程中完成对数据机密性保护所需要的会话密钥的建立。

随着网络和通信技术的发展，越来越多的信息需要受到安全技术的保护，并成为隐私保护技术服务的对象。例如，当人们的交往范围比较小（如一个村落内）时，个人信息几乎没有什么是隐私的，也无须保护；当人们的交往范围扩大一些（如城市）时，一些信息就会成为个人隐私信息，如个人收入、家庭财产、子女情况等，这些信息不希望被陌生人知道；当人们的交往范围更大（如网络交友）时，会有更多的信息成为隐私信息，包括个人姓名、职业等；当人们走进虚拟世界或受物联网的约束时，更多信息会成为隐私信息，包括使用设备识别码（如手机的 IMEI 码和手机卡的 IMSI 码等信息）、地理位置甚至生活习惯（如行走路线和不同地点停留时间）等。在智慧医疗系统中，用户对隐私信息保护需求非常大，例如电子病例数据，在用于科学研究和进行数据分析前，应进行适当的隐私保护处理，避免因泄露病人的隐私信息而造成损害。

安全性和隐私性是关系到物联网系统健康和可持续发展的关键技术。一些微小规模的物联网示范应用系统可能无须网络安全保护措施，或者只需要非常简单的网络安全保护机制（如简单的数据加密），而在实际中也没有发现网络安全方面的问题，不是因为这些系统不需要网络安全保护或者网络安全措施已经足够，而是不值得攻击者去实施攻击。但是，随着这些系统的规模化发展，简单的网络安全保护技术不能满足需求，将会面临越来越严重的网络攻击，如果这些物联网系统应用于重要行业，脆弱的网络安全保护措施所带来的经济损失和社会影响将是无法估量的。

生活中，许多人对所面临的网络安全威胁认识不足，所采用的技术手段也比较简单落后。试想，有多少泄密事件在人们没有感觉的情况下发生，又有多少信息的泄露让人们感到不可思议但却实实在在地发生了。例如，维基解密所披露的一些秘密信息让世人震惊：这些秘密信息在严格管控和最高技术保护中是如何泄露出去的呢？其实，维基解密也许还有一些尚未披露的秘密信息，其他机构和个人也可能获取到某些核心秘密信息，只不过这些信息尚未公布于众，也许永远不会公布于众，那么这些泄露的信息中又有多少是我们认为尚在安全保护之下的呢？

一系列网络泄密事件警示人们，许多系统的安全保护措施远远不够，不能等到亡羊后才考虑补牢，甚至一些系统可能已经亡羊了，因为没有意识到安全威胁的严重性，所以还没有考虑到要补牢。许多从事密码算法和网络安全的研究人员都知道，在网络安全保护方面不能有丝毫的侥幸心理，攻击者的攻击能力和获取信息的能力比人们想象的要强得多。一些信息系统看似没有遭到攻击，一种可能是尚未引起攻击者注意，攻击者认为不值得去攻击；另一种可能是该系统已经被攻击者攻破了，只是用户没有察觉到而已。

物联网的最终目标是行业应用。考虑到需求和资金等综合因素，电力行业将是物联网系统发展的先锋。智能抄表系统、智能配电系统都是物联网行业应用的具体体现。由于近几年私家车拥有量的突增，许多城市的交通状况严重恶化。智慧交通系统也有着非常大的市场需求。物联网重点行业应用还将包括城市综合管理系统、智慧物流系统、智慧医疗系统（包括居家护理和远程医疗）、智能抄表系统（水表、气表）、智能家居系统等。

网络安全作为一种关键技术，在物联网的感知层、网络传输层、处理应用层都具有非常重要的应用，不同逻辑层对网络安全的需求不同，需要的网络安全技术也不同。网络安全作为一种第三方服务产业将得到实质性的发展，包括公钥证书管理中心、电子产品知识产权认证和管理中心、身份管理系统和平台、物联网安全测评平台等。但不同于其他产品的是，网络安全类产品一般由可信机构（如政府）负责或参与管理，以降低网络安全领域人为欺骗的因素。

除作为第三方服务类型提供的网络安全产品外，物联网相关产品也将具有网络安全保障功能，如具有安全模块的传感器、RFID 芯片等。这些产品可以在传统产品基础上添加一个安全模块，因此，物联网产业对轻量级安全模块将有很大需求。行业应用系统对网络安全体系的集成也是必不可少的元素。

1.6 物联网典型行业应用及其特点

不同行业具有不同的特点，如智慧物流、智慧交通、智能家居、智慧医疗、智慧城市等。这里简单介绍几种物联网行业应用，用于说明不同物联网应用行业之间的区别。

1. 智慧物流

智慧物流是利用集成智能化技术，特别是通过 RFID、传感器、移动通信技术等让配送货物自动化、信息化和网络化，使商品从源头开始能够被实时跟踪与管理，提高物流效率，监管和保护物品在物流过程中的质量，从整体上节省物流成本。

智慧物流系统需要 RFID 标签对物品进行标识，需要数据库对物品的特征和相关信息进行记录（如生产时间、产地、交易时间、流通路线和时间、销售部门等），有时需要多个数据库。例如，物品生产厂商与销售商可能使用不同数据库；需要 RFID 读卡机，该读卡机与后台数据库相连，可以根据 RFID 标签返回的身份信息，到后台数据库中查询到所需要的信息。为了追踪物品流通路线，有时候还需要与 GPS 定位信息进行关联。物品被消费者购买后，该物品的流通过程即告完成，但数据库的信息需要保留一段时间以备查询。

但是，如果 RFID 标签能被非法复制，或者物流数据库被非法入侵，则会对物流管理造成严重混乱和损失。为了保证物流管理系统的网络安全，需要 RFID 标签的安全保护（抗复制）和认证鉴权机制（抗假冒），需要数据库对读卡机的认证和访问控制机制。另外，在技术方面，如何快速识别大批物品（如集装箱内的物品）还面临很大挑战。

2. 智慧交通

智慧交通是物联网技术在交通领域中的应用，是一种充分结合物联网、云计算、人工智能、自动控制、移动互联网等现代电子信息技术面向交通运输的服务系统。

智慧交通系统最直接的应用是路况信息共享。需要交通车辆上传自己的行车速度信息，这些信息被后台数据处理中心分析，智慧交通系统得以识别路况拥堵情况，然后为车辆用户服务。

智慧交通系统的另一个典型应用，是基于 RFID 的门禁技术对车辆进出进行自动管理。在这种应用中，通常需要基于传感器的车位空闲或占据识别系统，用于停车场的智能管理；需要车辆定位系统（可以使用 RFID 设备，也可以使用 GPS 设备），用于车辆定位、轨迹记录和追踪等；需要车牌自动识别系统，用于自动记录违法车辆的违法行为；当然还需要道路交通监控系统，当与自动识别系统结合使用时效率更高。智慧交通系统涉及范围广泛，可以进一步细分为智能公交管理系统、智能出租车管理调度系统、智慧城市交通管理系统、智能停车场管理系统等。

网络安全在智慧交通系统中同样重要。如果 RFID 标签可以被复制，违法汽车可以将违法记录嫁祸于他人，停车所收费用也可能不知去向。随着车辆用户对交通信息的需求增加，收费服务是一种发展趋势，而收费系统一定需要很好的网络安全保护机制。

3．智能家居

智能家居通过物联网技术将家中的各种设备（如音视频设备、照明系统、窗帘控制、空调控制、安防系统、数字影院系统、影音服务器、网络家电等）连接到一起，提供家电控制、照明控制、电话远程控制、室内外遥控、防盗报警、环境监测、暖通控制、红外转发及可编程定时控制等多种功能和手段。

智能家居系统主要使用传感器和视频监控系统，这些终端信息将汇聚到家庭综合网关，然后通过移动通信网络或互联网传输到数据处理中心，或直接传输到用户的移动终端。智能家居系统不仅服务于居民家庭内部，还可能更多地服务于商场、超市等综合建筑，结合家庭基站设备，更具应用前景。

智能家居系统无论用于商业建筑还是居民家庭，对网络安全的需求都不可或缺。居民家庭更注重隐私保护，家庭内部的视频监控需要可靠的安全保护，决不能被非法用户获取。商业建筑内的监控系统对控制信息的保护也非常重要，如果控制信息被非法假冒，造成的后果可能是非常严重的。

4．智慧医疗

智慧医疗包括智能家庭护理和监管系统、远程医疗系统等。智能家庭护理和监管系统需要医疗用传感器采集病人健康状况的一些参数（如血压、血糖、心率等），需要振动传感器采集病人可能摔倒或受撞击情况，通过预置的视频监控系统，将这些信息及时传输到护理中心，使需要帮助的病人得到救助；远程医疗系统则是将医疗设备采集的数据（如心电图、CT 扫描图、超声波扫描影像、验血报告）远程传输给有经验的医生（或专家组），远程医生根据数据对病情进行初步诊断后，由当地医生给予治疗措施。智能医疗系统除需要医疗器械和设备外，还需要医疗专用传感器甚至专用通信线路。数据传输过程和数据库管理也是智慧医疗系统中的关键。

智慧医疗系统对网络安全的需求非常高。首先，传感器采集的数据需要可靠的传输，不仅需要网络部分具有高可靠性，更不允许任何可能的伪造和非法篡改。其次，智慧医疗系统通常与电子病历管理系统相连，而电子病历作为病人的隐私信息需要严格保护。因此，网络安全和隐私保护是影响智慧医疗系统快速发展和广泛应用的重要技术因素。

1.7 小结

本章作为本书的基础部分，简要介绍了物联网的基本概念和发展状况，介绍了物联网的几种不同的架构及其之间的关系，指出了物联网安全技术在物联网产业中的重要性，为进一步描述物联网安全概念和技术做准备。

习题

1. 物联网在数据处理流程方面的三层架构包括哪三层？各层包括哪些设备？
2. 物联网的六域架构与物联网的三层架构之间的关系是什么？
3. 举例说明三个不同物联网行业中的感知层、网络传输层、处理应用层分别是什么。
4. 选择某个物联网行业中的典型场景，论述网络安全在其中所起的作用。

第 2 章　物联网的安全架构

2.1　引言

物联网有三个典型特征：一是全面感知；二是可靠传输；三是智能处理。因此，物联网的架构也包括三个逻辑层，即感知层、网络传输层和处理应用层，也就是第 1 章提出的三层架构中所描述的逻辑层。

为了确定物联网的网络安全保护技术，首先需要确定物联网系统的安全架构，在这种安全架构指导下所建立起来的物联网安全防护技术是有效的。根据物联网的三层逻辑架构，人们自然会认为物联网的安全架构应该对每一层进行安全保护。对物联网的每个逻辑层使用信息安全保护技术，的确能给物联网系统提供一定意义上的安全保护，但还不够全面。

本章试图给出一种物联网的安全架构，并分析这种安全架构所涉及的安全保护技术。

2.2　物联网的安全架构模型

物联网的安全架构可以在物联网架构的基础上建立。但正如第 1 章所描述的，物联网有几种不同的架构，哪种架构更适合作为安全架构的基础呢？先看一下物联网的信息处理流程。

原始环境信息被终端感知节点设备采集，通过物联网网关节点（通常在功耗上限制较小）传输到数据处理平台。数据处理平台对数据进行处理后提供给用户的终端设备使用，或者直接传送给用户，也可以等待用户访问时根据需要获取。终端用户设备可以是大型监控中心，也可以是个人手持移动设备。为了区分这两种不同功能的终端，这里将获取原始信息的终端设备（即终端感知节点）记为 A 类终端，将用户用来使用数据的终端设备记为 B 类终端。需要说明的是，A 类终端与 B 类终端是在功能上的区分，有时这两类终端同时存在于一个物理实体中。例如在智能交通系统中，手机可以通过 GPS 或移动网络定位技术获取位置信息，然后将这一信息传输到交通数据中心，此时手机的作用是 A 类终端；同时，手机从交通数据中心获取道路拥堵情况的数据，此时手机又是 B 类终端，而且这两类终端功能可以同时起作用。

一般物联网系统中，数据传输流程可以由图 2.1 描述。

在数据上传过程中，数据从终端感知节点（终端 A）经过感知层内部的传输（通常为短距离无线通信，如蓝牙、Wi-Fi、ZigBee 或 433MHz 模块等）到达物联网网关节点，其间可能经过多次路由，然后物联网网关节点将收集到的数据通过网络传输层传输到数据处理中心，数据中心再将处理后的数据提供给用户（终端 B）。

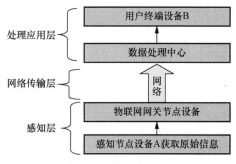

图 2.1
物联网系统数据
上传过程示意图

物联网的功能不仅是数据的单向传递，还有从终端 B 到终端 A 的数据传递，这类数据通常是控制指令，例如控制开关的开启与关闭指令、电子钱包的充值指令、系统参数的设置修改指令等。从终端 B 到终端 A 的数据（下行数据）流程基本是沿着图 2.1 所示过程的箭头相反方向执行。从安全角度来看，无论上行数据还是下行数据，都需要对信息的来源进行认证，有时需要双向认证。但是，两个方向的数据对安全的需求不同。从终端 A 到终端 B 的业务数据一般要求有数据机密性保护，即不希望非法用户窃取到这些数据的内容，而从终端 B 到终端 A 的控制类数据更多的是要求数据的完整性，即不希望非法用户有机会非法篡改这些数据（控制指令）的内容。当然，有些业务数据可能同时对数据完整性保护有需求，有些控制指令数据也可能同时对机密性保护有需求。

考虑到数据处理和应用过程对安全的需求不同，在设计物联网安全架构时，有必要将物联网三层架构中的处理应用层进一步拆分为处理层和应用层。另外，物联网安全应该考虑整体安全性，以及对安全保护的管理技术。基于这些考虑，这里给出一种物联网的安全架构：四个安全层和两个基础支撑（简称 4+2 架构），如图 2.2 所示。

下面将针对每一层的安全问题作进一步讨论。

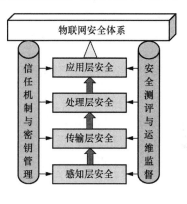

图 2.2
物联网安全架构
示意图

2.3　感知层的安全机制

物联网的感知层安全主要体现在其体系结构的各个要素上，包括如下几方面：

① 物理安全　主要是感知层设备的安全，包括信号干扰、屏蔽、电磁泄露攻击、侧信道攻击、功耗攻击等。

② 运行安全　包括感知节点处理器所使用的嵌入式操作系统安全(系统是否存在已

知漏洞）、数据处理流程安全（是否存在不合理的内部函数调用和内部数据泄露）等，具体实现技术包括密码算法的实现(如黑盒或白盒实现)、密钥管理(硬件或软件存储密钥)、数据接口和通信接口管理等，涉及终端感知节点、物联网网关节点。

③ 通信安全　是指通信协议是否存在安全漏洞；通信端口是否存在管理漏洞，是否容易遭受入侵攻击。

④ 数据安全　是指数据在传输和存储过程中的安全保护，确保数据不被非法窃取、篡改、伪造等。

⑤ 服务安全　是指物联网终端设备避免在遭到黑客入侵后成为僵尸节点，参与黑客发起的针对某特定目标的分布式拒绝服务（distributed denial of service, DDoS）攻击。

物联网感知层的节点设备简称为物联网设备，包括资源受限的小型传感器节点和资源丰富的网关节点。物联网设备分为直接与后台数据处理中心相连接的节点和不直接相连接的节点。与后台数据处理中心直接相连接的节点设备称为网关节点，这类节点设备一般服务多个终端感知节点，但有时也仅仅服务一个终端感知节点。例如，网关节点本身同时又是终端感知节点时,这种情况实际是终端感知节点与网关节点合二为一的情况，表现为一个物理实体，实际具有两种功能。在合二为一的设备中，终端感知节点功能模块与网关节点功能模块之间的通信不是使用传统传感网内的短距离无线通信，而是在硬件之间进行直连。对于不直接与后台数据处理中心相连接的节点，分为路由节点和终端感知节点。由于路由节点的功能是协助传递数据，从安全性上考虑，一般需要将安全机制建立在终端感知节点上，否则会给感知层带来很大的额外负载。因此，感知层的典型物联网设备包括网关节点和终端感知节点。除此之外，感知层还包括 RFID 系统，这是一类特殊的系统，将单独考虑其安全问题。

2.3.1　终端感知节点的安全问题

在考虑感知信息进入传输层之前，整个传感网（包括上述各种感知节点设备和传感网）被看作感知层的构成。终端感知节点获取的感知信息需要通过一个或多个与外界网络连接的物联网网关节点传输到数据处理中心。所有与传感网内部节点的通信都需要经过该网关节点与外界连接。终端感知节点可能遇到的安全挑战包括下列情况。

- 对终端感知节点的功耗攻击和拒绝服务（DoS）攻击，导致被攻击节点不能正常工作，甚至彻底失去工作能力。
- 终端感知节点被攻击者捕获，导致该节点的数据可能被窃取。
- 终端感知节点被攻击者控制，即攻击者掌握了该节点的密钥，导致攻击者可以模拟该节点伪造数据。
- 伪造不存在的终端感知节点，并发送伪造的数据。

首先，终端感知节点一般使用短距离无线方式进行通信，一方面得益于短距离无线通信技术的发展，这种通信功耗降低到可以接受的程度；另一方面使用无线通信方式方便实际部署，减小终端感知节点的体积，同时也节省物理通信接口。但是，无线通信最容易被捕获和伪造，攻击者容易尝试对终端感知节点进行非法入侵。即使入侵不成功，不断尝试入侵的过程也可以造成终端忙于处理入侵信号，对正常数据失去处理能力，造成 DoS 攻击效果。如果这种攻击持续较长时间，则可以耗尽由电池供电的终感知端节点的电量，称为功耗攻击。产生功耗的原因是终端感知节点的资源有限，一些感知节点的电池电量有限，在不断对攻击者进行认证的过程中会产生大量功耗，从而导致电能耗尽，失去服务能力。这种攻击的效果等同于 DoS 攻击，也可以看作长效 DoS 攻击。注意对终端感知节点的 DoS 攻击与网络环境下的 DoS 攻击在攻击方法上是不同的。

其次，终端感知节点一般所处的环境具有公开性，容易遭到攻击者的非法捕获。最容易捕获的是感知节点发出的数据帧，不需要解析它们的预置密钥或通信密钥，就有可能鉴别出感知节点的种类。例如，检查感知节点是用于检测温湿度还是噪声等，有时这种分析对攻击者也是很有用的。因此，安全程度高的感知层应该有保护感知节点工作类型的安全机制。

最后，攻击者不仅可以捕获终端感知节点的数据，而且可以捕获终端感知节点的物理实体，然后进行离线分析，如带回到实验室对其进行侧信道攻击或进行解剖，这样可能会得到传感器所有的秘密信息，从而可以恢复该传感器之前的所有通信，甚至可以非法模拟传感器，接入感知层网络发送假数据。如果所有终端感知节点都使用同一个数据加密密钥，一旦一个终端感知节点的密钥被攻击者获得，整个感知层将失去安全保护。

2.3.2 网关节点的安全问题与技术

与终端感知节点类似，物联网的网关节点可能遇到的安全挑战包括下列情况。
- 对网关节点的 DoS 攻击，导致被攻击节点不能正常工作。
- 非法获取网关节点的有关数据，包括秘密配置数据，如数据加密等。
- 非法入侵网关节点，向后台数据处理中心发送伪造的数据。
- 非法入侵网关节点，对其所服务的终端感知节点发送伪造的指令数据。
- 非法入侵网关节点，使网关节点成为攻击者发起网络 DDoS 攻击的帮凶。

物联网网关节点一般在功耗上没有太大限制，多数可以保证能量供应。但是，物联网网关节点的设计是服务于少数终端感知节点的，而且每个终端感知节点与物联网网关节点之间的通信量一般很有限，物联网网关节点应对 DoS 攻击的能力也相当弱，在 DoS 攻击下容易导致计算资源耗尽。有时造成 DoS 攻击后果的不一定是 DoS 攻击，可能是入侵尝试过程造成的 DoS 攻击效果。当物联网的感知层接入互联网，成为物联网系统的一部分时，遭受 DoS 攻击的几率将会大大增加。因此，感知层能否抗 DoS 攻击是健康物联网系统的重要指标，也给物联网安全技术提出了一个挑战。

针对上述的安全问题，感知层的安全保护技术可以总结为如下几点。
① 节点认证 包括终端感知节点之间、终端感知节点与物联网网关节点之间的单向或双向认证，确保消息的来源或去向正确，以防假冒攻击。
② 消息机密性 保护数据不被非法截获者获知。实施中，需要考虑密钥管理问题。传感网使用公钥系统是不现实的，因为公钥系统消耗计算资源太多，而且公钥基础设施在传感网中使用有难度。如果使用对称密钥，无论给每一个终端感知节点赋予一个

单独的密钥，还是让一个传感网内的所有节点共享一个预置密钥，都是现实中需要考虑的问题。

③ 数据完整性　保护传输的数据不被非法修改，同时可以有效地拒绝攻击者制造的假消息。

④ 数据新鲜性　互联网中数据的新鲜性保障不是很强，而物联网感知层则需要保障数据的新鲜性。一方面，传感器这类感知节点上传的数据具有很高的时效性甚至实时性；另一方面，从数据中心传输给终端感知节点的消息一般是重要的控制指令，仅仅提供数据机密性和完整性还不能完全满足要求，因为简单的重放攻击可以通过消息机密性和数据完整性验证，可能会造成很大问题。例如，对控制开关开启和关闭指令的重放可以导致很严重的后果。

⑤ 密钥管理　虽然传感网多使用对称密码技术，但在资源有限的环境中对密钥的有效性和安全性管理同样具有技术挑战性。如果在物联网网关节点和终端感知节点使用同一个密钥，虽然有利于系统搭建，但只要攻击者控制了传感网中的一个感知节点，整个传感网将不再具有安全性；如果在每个终端感知节点使用一个不同的密钥，则物联网网关需要管理这些节点对应的密钥。另外，物联网网关节点处于相对公开的环境，易遭受入侵甚至物理攻击，这些与终端感知节点共享的密钥无论是长期密钥还是临时会话密钥都是技术挑战。

⑥ 安全路由　安全路由在一些传感网中非常重要，但不是所有传感网都需要安全路由，许多物联网行业中使用的传感网具有星形结构，无须使用路由设备，终端感知节点可以直接将感知数据传输给物联网网关节点。

⑦ 通信端口和地址限制　物联网网关应该有能力限制数据来源，减少来自互联网的攻击；应该有能力限制通信目标地址和通信端口，避免成为攻击者发起网络攻击的工具。

⑧ 抗 DoS 攻击　DoS 攻击不是互联网独有的，在物联网感知层中实施 DoS 攻击更容易。制造某个访问请求，接收节点需要对该请求进行一系列的认证过程（常包括解密或消息完整性计算等过程），许多这样的请求将导致许多次认证过程，对一个处理能力不强的物联网网关节点来说，很容易造成计算超载，从而导致拒绝服务；对于一个终端感知节点来说，就更容易瘫痪，甚至将电能很快耗尽；对终端感知节点来说，目前对抗这种攻击的有效手段是实施适当的睡眠机制；但对于物联网网关节点，睡眠机制在抵抗 DoS 攻击方面是否为最好的技术手段还有待研究。物联网感知层的抗 DoS 攻击能力是一种容易被忽略的安全需求。

2.3.3　RFID 的安全问题与技术

无线射频识别码（radio frequency identification，RFID）是一种电子身份标识，其性质相当于条形码，但其功能比条形码和二维码都强大。RFID 不仅提供电子身份标识，还具有少量的计算处理能力，在安全防护方面有着条形码等固定编码形式不可比拟的优势。

RFID 系统一般包括一个或多个 RFID 标签、一个（或多个）读卡器和一个数据库。

读卡器将通过与数据库的交互判断 RFID 标签提供的数据是否真实，RFID 标签也可以通过一些安全机制识别试图读取数据的读卡器是否合法。RFID 标签与读卡器之间的通信距离很短，特别是无源 RFID 标签，一般与读卡器之间的通信距离为几十厘米，有源 RFID 标签与读卡器之间的通信距离一般为几十米，而且在很短时间内就可以完成通信。

RFID 系统与传感器有着本质的区别。传感器传输的是所采集的环境信息，同时将自己的身份信息（固定不变）一起上传；而 RFID 只上传一个身份信息。表面上看 RFID 的工作机制要简单得多，但实际情况并非如此，因为 RFID 存在如下安全问题。

① 非法复制　对于条形码和二维码，非法复制是很容易的；而对于 RFID，同样也面临非法复制攻击，但 RFID 有能力抗非法复制。

② 非法跟踪　非法读卡器可能试图对合法 RFID 进行访问，试图获得合法 RFID 的身份标识，从而判断该 RFID 是否与在其他地方读取的 RFID 身份信息属于同一个标签。这种攻击的目的在于对某些 RFID 实施跟踪，在物流运输领域比较典型。

③ 限距离攻击　攻击者使用一对非法的 RFID 标签和读卡器，使用非法的读卡器接近一个合法的 RFID 标签，然后将该合法标签的数据传输给一定距离之外的非法标签；该非法标签试图接近一个合法读卡器，将非法读卡器传来的数据发送给合法读卡器，并将该合法读卡器返回的任何数据传输给一定距离之外的非法读卡器，然后非法读卡器将该数据转发给它所接近的合法标签。通过这样一种模式，将物理分类的合法 RFID 标签与合法读卡器连接起来，制造合法的 RFID 标签与合法的读卡器进行数据交互的假象，从而通过认证。这类攻击是近年来提出的，目的是非法进入通过 RFID 标签管控的重要门禁系统。

RFID 标签的主要用途是识别某个物品或某个账户，并能在数据库中记录该物品或该账户的有关信息。非法复制是攻击者的一种攻击方法。通过一些密码技术和物理保护手段，可以有效防止非法复制，至少可以将非法复制的成本大大提高。如果不能非法复制，追踪 RFID 也是重要的攻击手段之一。因此，对 RFID 身份标识的隐私保护是 RFID 安全的重要部分。除此之外，限距离攻击也对 RFID 安全提出了新挑战。

针对上述 RFID 的安全问题，相应的安全技术可以总结为如下几点：

① 密码技术　通过将 RFID 标签的机密信息（包括身份标识和可能的密钥信息）存储在一个抗破解的硬件区域，可以有效防止标签复制。同时，RFID 标签与读卡器之间的信息交互过程也需要精心设计，否则可能在信息交互过程中泄露 RFID 的标签信息。

② 身份隐私保护技术　通过密码手段，使 RFID 标签提供给读卡器的标识数据每次都变化，掌握秘密信息的数据库可以识别该标签，但作为非法截获数据的攻击者则无法识别这些不同的身份标识之间是否有关联，这样就可以避免标签被非法读卡器识别，从而提供隐私保护机制。

③ 抗限距离攻击技术　学术界对抗限距离攻击提出了许多方法，但需经过时间的检验才能过滤出哪些方法比较切实可行。针对这种攻击的研究尚停留在学术研究阶段。

2.3.4 感知层的安全技术

物联网感知层需要提供数据机密性、数据完整性和身份认证等安全服务，而物联网感知层的终端感知节点常受资源所限，只能进行少量的计算和通信。特别对一些资源非常受限的终端感知节点（包括 RFID 标签），如何提供所需的安全服务面临很多技术挑战。为此，针对物联网感知层的特点，需要轻量级密码算法和轻量级认证协议。

1. 轻量级密码算法

随着便携式电子设备的普及和 RFID、无线传感器网络等技术的发展，越来越多的应用需要解决相应的安全问题。然而，相比传统的台式计算机和高性能计算机，这些设备的资源环境通常有限，存在计算能力较弱、计算可使用的存储空间较少、功耗有限等问题。而经典密码算法不能很好地应用于这种环境，这样就使得受限环境中的密码算法成为一个迫切需要解决的热点问题。适宜资源受限环境使用的密码算法就称为轻量级密码算法。

轻量级密码算法与经典密码算法相互影响、相互促进。一方面，经典密码算法为轻量级密码算法的设计与安全性分析提供了理论支撑和技术指导；另一方面，轻量级密码的"轻量级"特点，使得一些安全性分析能够更加深入、全面地展开，在这个过程中，可能会衍生出新的问题，从而进一步带动和促进密码算法安全性分析的发展。

物联网的感知层安全需要轻量级密码算法，以适应资源受限的终端感知节点的环境需求。但是，轻量级没有严格的定义，也无法给出严格的定义，因为轻量级本身只是一个定性描述，而非定量。根据国际 RFID 标准委员会的规定，RFID 标签需留出 2000 门电路或相当的硬件资源用于密码算法的实现，因此，人们就相应地将轻量级密码算法定义为那些在 2000 门电路硬件资源之内可以实现的密码算法。确切地说，2000 门电路硬件资源只是一个参照，一些终端感知节点可以实现更大资源的密码算法，而另外一些终端感知节点（如植入式医疗传感器）对硬件资源的限制要苛刻得多。因此，轻量级密码算法可以有不同的性能参数指标。

源于应用的推动，近几年轻量级密码的研究非常火热。比利时鲁汶大学的 COSIC 实验室、法国国立计算机及自动化研究院（INRIA）、瑞士联邦理工学院（EPFL）等国际著名的密码学实验室，相继展开了轻量级密码的研究。欧洲的 ECRYPT II 项目专门设置了轻量级密码研究专题，轻量级密码逐步走向实用阶段。轻量级密码算法设计的关键问题是处理安全性、实现代价和性能之间的权衡。部分学者针对已有的标准分组密码算法如 AES 和 IDEA 等，进行高度优化并面向硬件平台尝试简洁实现，期待将资源降低到 RFID 所允许范围之内，但是效果并不理想。另外，还有学者对经典密码算法稍作修改，使其符合轻量级环境使用要求，如在 DES 基础上对 S 盒加以改进产生 DESL 算法；还有专门为低资源环境设计的分组密码算法，如 HIGHT、TEA、PRESENT、KATAN 和 KTANTAN 等。PRESENT 分组密码最早发布于 CHES 2007，Clefia 分组密码最早发布于 FSE 2007，这两个密码算法目前已成为 ISO/IEC 标准轻量级分组密码算法；DES 类轻量级密码最早公布于"RFIDSec 2006"，它是在 DES 的基础上进行了轻量化的设计；KATAN/KTANTAN 轻量级密码基于流密码算法 Trivium 设计；LBlock 是由我国学者设计的一种轻量级分组密码。

然而，对于很多轻量级密码算法，人们还缺乏全面、深入的安全性分析。例如，KATAN/KTANTAN 密码在发表后不到两年的时间就被破译；还有一些轻量级密码算法，其整体结构和算法模块的设计还有进一步轻量化的余地。因此，轻量级密码的商业化使用可能还需要些时日，特别是对轻量级密码算法的标准化更需要谨慎，因为标准化后的轻量级密码算法可能不适合许多感知环境的需求。

2．轻量级认证技术

认证技术通过服务基础设施的形式将用户身份管理与设备身份管理关联起来，实现物联网中所有接入设备和人员的数字身份管理、授权、责任追踪，以及传输消息的完整性保护，这是整个网络的安全核心和命脉。在 RFID、无线传感器网络等应用环境中，节点资源（包括存储容量、计算能力、通信带宽和传输距离等）受到比传统网络更加严格的限制。资源的严重受限使得传统的计算、存储和通信开销较大的认证技术无法应用，需要有轻量级特点的认证技术。

认证技术分为两类。一类是对消息本身的认证，使用的技术是消息认证码（message authentication code，MAC），其目的是提供消息完整性认证，使收信方能够验证消息是否在传输过程中被修改，MAC 算法是保证消息完整性和进行数据源认证的基本算法，它将密钥和任意长度的消息作为输入，输出一个固定长度的标签，使验证者能够校验消息在传输过程中是否被篡改；另一类是身份认证协议，用于对某个通信方身份进行合法性鉴别，常使用的技术是挑战-应答协议，身份认证也常常伴随着会话密钥的建立，在移动通信中的认证协议称为 AKA（authentication and key agreement）。

轻量级认证技术要适应不同环境对网络安全的不同需求，不容易建立国际标准。事实上，许多认证协议都没有国际标准，但可以有行业标准。

3．感知层的安全准则

建立感知层的安全机制，可以参考如下步骤。

1）确定安全需求。是否需要加密算法，是否需要消息认证码算法，是否需要挑战-应答协议，是否需要建立会话密钥，是否需要随机数或伪随机数发送器，是否需要时间戳等，所有这些需求将决定安全机制的建立。

2）根据安全需求提供安全服务。如果需要提供消息机密性，则选择合适的轻量级密码算法；如果需要消息认证，则选择合适的消息认证码算法；如果需要随机数或伪随机数发送器，则根据环境资源设计符合要求的随机数或伪随机数发生器；如果需要调整应答认证协议，则需确定使用什么挑战信息，如何应答；如果需要建立会话密钥，则应考虑如何在认证过程中建立会话密钥。

针对感知层对安全的需求，数据机密性不总是必需的，这要视具体行业和应用场景而定；数据的完整性（有时可以通过加密手段来实现）几乎是必需的，否则可能遭受伪造或恶意修改攻击；认证是不可缺少的。另外，重放攻击是物联网感知层容易遭受的一种攻击，这种攻击可以造成重大损失，因此，抗重放攻击是物联网感知层不可缺少的安全性能。

3）感知层安全认证的设计原则，包括如下几个方面。

- 尽量少用或不用公钥密码算法，一方面因为公钥密码算法在计算资源需求方面的轻量级程度还不够好；另一方面公钥密码算法的使用一般会伴随着公钥证书的使用，这会带来一系列额外的计算和通信代价。
- 尽量少用或不用挑战–应答协议，有时候使用一次消息传输就可以完成认证。
- 尽量不用随机数和伪随机数发送器，因为这将消耗额外的硬件资源。
- 如果系统没有时钟，认证时可使用计数器取代时钟的功能，以提供消息的新鲜性。
- 认证中尽量不需要时间同步假设。

2.4 传输层的安全机制

物联网的传输层主要用来将感知层收集到的信息安全可靠地传输到信息处理层，然后根据不同的应用需求进行信息处理。因此，传输层主要是网络基础设施，包括互联网、移动通信网和一些专业网（如国家电力专用网、广播电视网）等。近年来飞速发展的低功耗广域网（low power wide area network，LPWAN）则是物联网传输层的一种新类型。在数据传输过程中，可能经过一个或多个不同架构的网络进行交接。例如，普通座机与手机之间的通话就是一个典型的跨网络架构（又称跨域）的信息传输实例。在信息传输过程中跨网络传输是经常性的，在物联网环境中这一现象更普遍，但网络安全隐患可能潜藏于貌似正常且普通的通信过程中。

在物联网传输层，已经有许多成熟的网络安全技术在应用。这里以互联网安全和移动通信网络安全为例作简要介绍。

2.4.1 因特网的安全问题与技术

Internet，中文译名为因特网，又叫国际互联网（简称互联网），是由一些使用公共网络通信协议的计算机进行连接而形成的全球化网络。

Internet 经过多年的发展日趋完善，基础设施健全，覆盖面广，无疑在物联网传输层中将起到骨干的作用。考虑到物联网将有海量感知和应用终端的现实，以及 IPv4 地址配完毕的现状，基于 IPv6 的互联网成为物联网数据传输的最佳选择。IPv6 的地址长度为 128 位，是 IPv4 地址长度（32 位）的 4 倍，地址资源以指数级增加，在数量上可以为地球上的每一粒沙子分配一个 IP 地址，不会遇到 IPv4 地址资源枯竭的尴尬。除此之外，

IPv6 比 IPv4 提供了更好的安全保障。

但是，无论是基于哪种 IP 地址的网络，都难免遭受网络攻击。网络攻击的目标离不开连接网络的服务器，因此，对网络的攻击与对网关和网络服务器的攻击有时很难区分。

在物联网发展过程中，互联网无疑是物联网传输层的核心载体，多数的信息流量要经过互联网传输。互联网所遇到的 DoS 攻击和 DDoS 攻击仍然存在，需要有更好的防范措施和灾难恢复机制。考虑到物联网行业应用中连接到互联网的节点设备在抗网络攻击方面可能比较脆弱，所遭受的网络攻击类型也将与传统的网络攻击有所区别，因此，物联网环境下对互联网的攻击和防护机制都是有待进一步解决的问题。例如，可以设置物联网的网关节点，使其只接收来自某一个特定 IP 地址的访问，这种情况下可以有效避免 DDoS 攻击。因为网关节点可以直接用 IP 地址连接，而且常常不需要 Cache，所以 DNS（domain name system，域名系统）攻击和 Cache 攻击对物联网的网关节点效果不明显。

互联网的标准通信协议本身也可以提供一些安全服务，如 IP 层的 IPSec、TCP 层的 SSL 和 TLS、应用层的 SSH、HTTPS 等。在这些安全协议中，基于 IPv6 的物联网数据传输安全保护可能会更多地使用 IPSec。但是，互联网上的安全协议都只能保证消息的机密性、完整性和一定的认证功能，仍然不能抵抗种类繁多、变化多端的网络攻击。

2.4.2　移动通信网络的安全问题与技术

移动通信网络的发展早已超越提供语音服务的原始意义，移动设备的发展也给移动通信网络提供的服务不断提出新的需求。目前，移动通信网络所提供的服务包括移动互联网、多媒体服务、互动游戏、网络互动（如微博）等，对移动通信网络的攻击也已经超越窃听语音的目标。为此，从第二代移动通信开始，3GPP（Third Generation Partnership Project）国际组织就已经考虑网络安全问题，作为第二代移动通信典型代表的 GSM（global system for mobile），就提供了认证算法（A3 算法）、密钥生成算法（A8 算法）和数据加密算法（A5 算法）。但是，GSM 算法存在一些安全漏洞，在 GSM 的使用过程中，这些算法也得到更新。后来以语音通信为主的移动通信网络逐渐不能满足人们对数据通信的需求，需要发展具有更大带宽的第三代移动通信网络。第三代移动通信网络主要服务数据通信业务，该系统中使用了完全不同于第二代移动通信的密码算法。研究表明，第三代移动通信的密码算法具有更高的安全性。

随着人们对通信服务需求的提高，3G 通信也不能满足日益增加的需求，超越 3G 网络的 LTE（long term evolution）移动通信系统被广泛商用。LTE 也称 4G 网络，它是一种长期演化系统，理论上可以在使用过程中不断升级。新一代 5G 移动通信网络将来有可能会在很多业务领域中取代 LTE，因为 5G 网络的带宽更大，而且具有不同的配置：为小群体大数据快速网络需求提供实时服务的配置；为大群体小数据时延容忍性强的应用环境提供低速网络的配置。前者针对高端服务群体；后者针对物联网终端设备。

另外，针对物联网应用的低功耗广域网（LPWAN）技术已经快速推向市场。典型的这类网络包括 NB-IoT、LoRa 和 Sigfox 等。NB-IoT 技术进入市场的时机晚于 LoRa 等网络，但是因为 NB-IoT 网络是在现有移动通信网络基础设施（基站、服务器等）的基础上进行服务延伸，一般只需要软件升级和少数固件升级，所以普及更快，覆盖面更广（原则上无边界限制），比 LoRa 等网络在广域网领域具有更大的竞争力。为了避开与 NB-IoT 的竞争，LoRa 网络应用于相对近距离的网络时则显示出其优势，还可以用于取代 ZigBee 网络的局域网。这样，LoRa 和 NB-IoT 虽然最初设计是两种不同的 LPWAN，但可以在应用中相互配合，例如 LoRa 网络服务于近距离的局域网通信，NB-IoT 网络服务于远距离的广域网通信。

2.4.3 传输层的安全需求

物联网传输层的安全机制可分为端到端机密性和节点到节点机密性。对于端到端机密性，需要建立如下安全机制：端到端认证机制、端到端密钥协商机制、密钥管理机制和机密性算法选取机制等。在这些安全机制中，根据需要可以增加数据完整性服务。对于节点到节点机密性，需要节点间的认证和密钥协商协议，这类协议要重点考虑效率因素。机密性算法的选取和数据完整性服务也可以根据需求选取或省略。考虑到跨网络架构的安全需求，需要建立不同网络环境的认证衔接机制。另外，根据应用层的不同需求，网络传输模式可能区分为单播通信、组播通信和广播通信，针对不同类型的通信模式也应该有相应的认证和机密性保护机制。概括来讲，传输层的安全需求主要包括如下几个方面。

- 节点认证、数据机密性、完整性、数据流机密性、DDoS 攻击的检测与预防。
- 移动通信网络中 AKA 机制的一致性或兼容性、跨域认证和跨网络认证（基于 IMSI）。相应密码技术包括密钥管理（PKI 和密钥协商）、端对端加密和节点对节点加密、密码算法和协议等。
- 组播和广播通信的认证性、机密性和完整性安全机制。

2.5 处理层的安全机制

物联网的处理层就是感知数据的处理中心。从物联网的行业应用来看，处理层必须是具有一定规模的数据处理中心，否则不能承担起物联网行业应用的重担。为了支撑物联网产业的发展，目前许多地区已经建立了云计算基地。物联网处理层的安全机制主要是针对云计算平台而言的。

云计算平台需要有能力处理海量数据，除了需要具有很强的计算处理能力外，还必须具有容灾、备份等功能；云计算平台将应对大量不同用户和不同设备的访问，而这种访问不同于普通的网站，需要为用户提供私有数据空间和私有计算处理能力，因此虚拟化是云计算的典型特征；云计算平台难免遭受各类网络攻击和系统安全的威胁，还必须具有抗传统网络攻击（如抗 DDoS 攻击）和抗病毒的能力。无论哪种网络攻击，都是利用系统漏洞进行传播和执行，在深度安全防护的同时，及时修补系统漏洞是非常重要的。

物联网处理层的重要特征是智能，智能的技术实现少不了自动处理过程，其目的是使处理过程方便迅速，而非智能的处理手段可能无法应对海量数据。但自动处理过程对恶意数据特别是恶意指令信息的判断能力是有限的，而智能处理也仅限于按照一定规则进行过滤和判断，攻击者很容易避开这些规则，正如对垃圾邮件的过滤一样，一直是个棘手的问题，因为制定规则在先，攻击行为在后。制定规则时需要考虑尽可能多的攻击手段，而攻击者只需要应对已知的固定规则。处理层的安全挑战包括如下几个方面。

- 处理平台本身的安全问题，即是否存在漏洞，包括操作系统漏洞和应用软件漏洞，从而容易遭受网络攻击。
- 处理平台提供的安全服务，即能为用户提供哪些数据安全和应用安全服务。这些服务的提供可能存在协议漏洞，造成安全威胁。
- 处理平台的数据安全，能否在数据存储、备份和恢复等方面提供可靠的服务。
- 来自超大量终端海量数据的识别和及时处理。
- 对数据的智能处理能力是否会被攻击者利用，特别是人工智能技术是否在合法使用者的控制之内。
- 非法人为干预（内部攻击）的风险。

物联网时代需要处理的数据是海量的。为了处理海量数据，有些处理平台是分布式的。当不同性质的数据通过一个处理平台处理时，该平台需要多个功能各异的平台协同处理。但应该知道将哪些数据分配到哪个处理平台，因此，数据分类是必需的。同时，安全的要求使得许多信息以加密形式存在，如何快速有效地处理海量加密数据是智能处理阶段遇到的一个重大挑战。

计算技术的智能处理过程相比人类的智力来说有本质的区别。虽然计算机的智能判断在速度上是人类智力判断所无法比拟的，但其智力水平相比人类而言却相当低。智能处理如果不能恰当运用，可能让攻击者有机会躲过智能处理过程的识别和过滤，从而达到攻击目的。在这种情况下，智能处理可能会变成另外一种形式的缺陷。因此，物联网的传输层需要高智能的处理机制。

如果智能处理水平很高，就可以有效识别并自动处理恶意数据和指令。但再高的智能也存在失误的情况，特别在物联网环境中，即使失误概率非常小，由于自动处理过程中数据量非常庞大，失误的情况还是很多的。在智能处理发生失误而使攻击者攻击成功后，如何将攻击所造成的损失降低到最小，并尽快从灾难中恢复到正常工作状态，是物联网智能处理层的另一个重要问题。安全备份和数据恢复是物联网处理层安全的重要内容。

智能处理层虽然使用智能的自动处理手段，但还要允许人为干预，而且有时是必需的。人为干预可能发生在智能处理过程无法作出正确判断的时候，也可能发生在当智能处理过程中出现关键性中间结果或最终结果的时候，还可能发生在由于其他原因而需要人为干预的时候。人为干预的目的是使处理层更好地工作，但也有例外，那就是实施人为干预的人试图实施恶意行为时。来自人的恶意行为具有很大的不可预测性，防范措施除了技术辅助手段外，更多地需要依靠管理手段。因此，物联网处理层的信息保障还需要科学管理手段。

为了满足物联网智能处理层的基本安全需求，需要如下安全机制。

- 可靠的认证机制和密钥管理方案。
- 高强度数据机密性和完整性服务。
- 可靠的密钥管理机制。
- 密文查询、秘密数据挖掘、安全多方计算、安全云计算技术等。
- 可靠和高智能的处理能力。
- 抗网络攻击（如DDoS），具有入侵检测和病毒检测能力。
- 恶意指令分析和预防，访问控制及灾难恢复机制。
- 保密日志跟踪和行为分析，恶意行为模型的建立。
- 具有数据安全备份、数据安全销毁、安全审计能力。
- 移动设备识别、定位和追踪机制。

2.6 应用层的安全机制

在物联网架构中，一般不将物联网的应用作为一个独立的逻辑层考虑，而是将处理与应用放在一起，使物联网具有三层逻辑架构。但对于物联网安全来说，应将一些安全问题从几个逻辑层中分离出来，并作为应用层的安全问题进行考虑，因为这些安全很难归结为某个逻辑层的安全功能。物联网应用层的安全问题包括如下内容。

1. 隐私保护技术

隐私保护包括身份隐私保护、位置隐私保护、隐私数据保护。RFID系统的主要安全目标是提供身份隐私保护，但隐私保护的实施不是在物联网的某个逻辑层内完成的，而是整个RFID系统不同部件（RFID终端、读卡器、后台数据库）协同工作的结果。RFID系统的隐私保护就是一类典型的身份隐私保护。

除了RFID隐私性保护外，在智能医疗系统中，病人的身份信息与电子病历数据之间应该以一定机制进行有限关联，即病人自己和授权医生可以掌握，而病人身份信息数据库和电子病历数据库的管理者则无法知道哪个病历属于哪个病人，这样就提供了身份信息的隐私保护。电子病例要保护的不仅是病人的身份信息，还包括一切可能追溯到病人身份的任何信息，包括电话号码、住址、工作单位、社会兼职等，这类隐私保护实际是对敏感数据的保护，更确切地说是隐私数据保护。

对于位置隐私保护，一个典型的应用是儿童手机，这类手机根据需求将定位信息传输给监管人预置的号码，但如果这些信息被攻击者截获并能解读，那么位置隐私信息泄露将带来严重的安全隐患。

2. 物联网系统的整体安全性

不难理解，即使感知层、传输层和处理层都提供了可靠的安全保护，也不能保证整个物联网系统的安全，因为作为使用一个物联网行业应用系统的用户来说，可能不希望其业务数据在通过移动通信网络传输过程中，对移动通信网络提供商是透明的。要保证物联网整体安全性，除了有安全保密技术手段外，还需要一些技术管理，包括密钥管理机制。除此之外，物联网系统的安全测评也是物联网系统安全保障实施的重要监管手段。物联网系统的信任体系与密钥管理和物联网安全测评与运维监督构成物联网安全技术的两个重要基础支撑。

3. 用户终端设备的安全性

物联网的架构之一是"海网云"架构，其中"海"表示海量的终端。物联网的终端有两类，一类是感知原始信息的终端感知节点（包括 RFID 终端），为区分起见称为 A 类终端，通常是资源有限、成本低廉、数量巨大的微小单元；另一类是用户终端，称为 B 类终端，大量的 B 类终端是移动设备，包括手机、平板电脑、笔记本电脑等。物联网应用层需要关心 B 类终端的失窃问题（注意 A 类终端的失窃属于感知层安全问题）。如果一个用户终端被非法控制（如植入病毒软件或终端设备丢失），该终端所能控制的所有 A 类终端和其他设备都可能被盗窃者非法控制。非法入侵一个物联网系统可以不需要破解其中的安全技术，通过入侵一个可发送控制指令的 B 类终端也可以达到攻击目的。因此，终端安全是保障物联网系统整体安全性的重要组成部分。

物联网应用的目标之一是有效的数据共享。对于数据共享的需求，是根据不同应用需求分配不同的访问权限，而且不同权限访问同一数据可能得到不同的结果。例如，道路交通监控视频数据在用于城市规划时只需要很低的分辨率即可，因为城市规划需要的是交通堵塞的大概情况；当用于交通管制时就需要清晰一些，因为需要知道交通实际情况，以便及时发现哪里发生了交通事故，以及交通事故的基本情况等；当用于公安侦查时可能需要更清晰的图像，以便准确识别汽车牌照等信息。因此，如何以安全方式处理信息是应用中的一项挑战。

随着个人和商业信息的网络化，越来越多的信息被认为是用户隐私信息或隐私数据。对隐私保护有需求的应用至少包括如下几种。

- 移动用户既需要知道（或被合法知道）其位置信息，又不愿意非法用户获取该信息。
- 用户既需要证明自己合法使用某种业务，又不想让他人知道自己在使用某种业务，如在线游戏、网络购物等。
- 病人急救时需要及时获得该病人的电子病历信息，但又要保护该病历信息不被非法获取。事实上，电子病历数据库的管理人员有机会获得电子病历的内容，但是病历内容与病人身份信息在电子病历数据库中无关联，而且对这种关联有另外的管理和技术手段，因此病历数据管理页也不易非法获取病历信息。

- 许多业务需要匿名性，如网络投票。很多情况下，用户信息是认证过程的必需信息，但又需要对这些信息提供隐私保护。例如，对医疗病历的管理系统，需要病人的相关信息来获取正确的病历数据，但又要避免该病历数据与病人的身份信息相关联。在具体应用中，主治医生知道病人的病历数据，这种情况下对隐私信息的保护具有一定困难，可以通过密码技术手段，在医生泄露病人病历信息时留下一定证据。

物联网的主要市场是商业应用，商业应用中存在大量需要保护的知识产权，包括专利、商标、软件和电子产品等，尤其对电子产品的知识产权保护将会提高到一个新的高度，在技术上也是一项新的挑战。

基于物联网综合应用层的安全挑战和安全需求，需要如下安全机制。

- 有效的数据库访问控制和内容筛选机制。
- 身份隐私保护和位置隐私保护技术。
- 叛逆追踪和其他信息泄露追踪机制。
- 安全的电子产品和软件的知识产权保护技术。

这些安全机制需要一些相关的基础密码技术，包括访问控制、匿名签名、匿名认证、密文验证（包括同态加密）、门限密码、叛逆追踪、数字水印和数字指纹技术等。

2.7 物联网系统的信任体系与密钥管理

本书根据物联网的三层架构考虑物联网每个逻辑层的安全目标。感知层安全包括感知节点（包括终端感知节点和网关节点）的安全和感知层内部的传输安全，其中感知节点的安全是指节点不被攻击者控制，即攻击者不能获取感知节点的密钥，而感知层内部的传输安全是指消息传输过程中不能被非法窃听和恶意修改、伪造等；传输层安全主要是从感知层物联网网关节点到数据处理中心传递过程的安全，其目标是防止非法用户的窃听、伪造和篡改；处理层安全是指处理平台本身的系统安全和各用户数据和计算环境之间的边界控制（如使用虚拟计算）；应用层安全主要是针对不同行业特点提出的特殊安全需求，包括隐私保护、终端防护等。

不同阶段对网络安全的要求不同。在传输阶段，网络安全的目标是防止攻击者非法获取、篡改、伪造数据，而提供数据传输服务的运营商（如 ISP 和移动运营商等）则没有包括在内。但对整个物联网应用系统用户来说，ISP 和移动运营商可能会成为攻击者。简单的传输层安全防护虽然可以防止其他攻击者对信息的非法获取和恶意篡改与伪造，但对于移动运营商却没有防护能力。同样，处理层安全防护的目标是保证那些使用数据处理业务的用户之间的相互安全性，而没有对数据处理平台的运营商提供安全防护，即单纯的处理层安全防护不能防止内部攻击者的攻击，而处理层内部攻击者对于一个物联网系统来说，可能就是外部攻击者。因此，即使保证了物联网各个逻辑层的安全性，也不能保证物联网系统整体的安全性，问题在于什么是内部攻击者，什么是外部攻击者。

传统的网络安全技术通常只考虑对外部攻击者的防护，很难提防内部攻击行为。实际应用中，对内部攻击者多使用行政管理手段而非技术手段；而对于外部攻击者，技术手段是最主要的途径。针对不同的考虑范围，一个人可以是内部攻击者（如运营商内部工作人员、计算平台的维护者），又可能会在更大的物联网应用系统中成为外部攻击者，这是因为网络安全这一概念在实际中总是限定在某个范围之内，也就是说网络安全的定义是有边界的，一旦超越安全边界，原来意义上的安全可能就不再安全了。物联网系统就是这样一个超越传输层和处理层安全边界的应用系统。实际上某些情况下可以将安全边界定得更远一些，例如，从服务器 A 到服务器 B 的信息传输，中间需要互联网或无线网的多次路由传递，但无须对传递的数据进行处理，而服务器 A 和服务器 B 都在用户的控制之下，在这种情况下可以理解为整个系统没有超越网络安全边界。

要确定一个系统的安全边界在哪里，还要看具体情况。如果一个信息系统的整个信息处理流程完全由用户控制，就没有超越安全边界；如果在信息处理过程中不得不使用用户不能控制的服务，超出用户控制的地方就是安全边界所在。在电子商务和电子政务应用中，完全受控于某一机构的信息处理系统比较少，大多数的信息传递需要多个机构的控制，在这种情况下如何提供整个系统的网络安全就不仅是技术问题，还需要网络安全管理的参与。

网络安全管理的目标是在具有信任关系的个体之间建立信任体系，实现在不信任的用户之间建立信任关系，提供更广范围的网络安全。注意这里的“信任”不是传统意义的信任，而是对某种信息正确性的信心。例如，“A 信任 B”是指用户 A 相信用户 B 传来的数据是真实的，但不保证该数据的内容是无害的。在陌生用户之间建立信任的有效手段是使用可信第三方（trusted third party，TTP），前提是两个用户都相信 TTP，然后由该 TTP 建立两个用户之间的信任关系。这种理念被应用于公钥管理过程中，称为公钥基础设施（public key infrastructure，PKI）。典型的公钥基础设施是 X.509 系列国际标准，包括公钥证书格式、证书签发、证书注册、证书验证、证书撤销等各个过程。公钥基础设施是证明某用户拥有某个公钥的一个服务平台。如果用户 A 有一个公钥证书，证明公钥 PK 属于用户 A，则用户 B 拿到这个公钥证书后，可以验证这一事实，从而相信 PK 是 A 的公钥，这种相信就是一种信任的建立，当然其前提是用户 B 信任公钥证书签发中心。可能有人会问：为什么要信任公钥证书签发中心？因为这是商业活动的需要，而不是出自个人意愿。例如，病人找医生看病时选择信任医生，尽管医生也不是百分之百可靠；个人存钱时选择信任银行，尽管银行也不是百分之百可靠。同样在商业活动中需要对传输的消息进行安全保护时，选择依靠信任中心的帮助建立陌生用户之间的信任，尽管这些信任中心也不是百分之百可靠。

除了有 PKI 提供的信任中心外，还有许多其他类型的信任中心。一类特殊的公钥密码算法是基于身份的（后又扩展为基于属性的），对这类密码算法的使用需要信任中心的支持。目前网络实名制很难推行，一方面对身份真实性的核验困难，另一方面用户不愿意在网络上使用真实身份出现,这种情况同样发生在物联网系统中。因此,身份管理平台的建设将来可以为身份管理提供一个技术平台,为对身份(包括虚拟身份)的信任提供技术支撑。

信任的建立可能需要更复杂的信任传递过程。通俗地说,如果 A 信任 B,同时 B 信任 C,则可以建立 A 对 C 的信任。对于更长的信任路径也可以这样建立。在公钥基础设施系统对公钥证书的验证过程中,就体现了通过信任路径来传递信任的过程。而实际上,如果没有信任路径,信任的传递也不可能实现。

建立信任之后,就可以进行身份认证,同时建立可信赖的共享密钥,用于数据加密或数据完整性保护。当需要进行身份认证时,密钥的建立一般与身份认证过程同时进行。物联网的信任体系是身份认证的前提,身份认证又与密钥管理紧密结合,而密钥管理是保证物联网安全保护可以跨越不同逻辑层的技术支撑和保障。

2.8　物联网系统的安全测评与运维监督

物联网系统的安全测评与运维监督是保障物联网系统整体安全的另一个重要的基础支撑,其目的是更好地管控物联网系统在实际应用中的安全性。如果没有安全测评与运维监督,则物联网系统在应用中不一定使用安全防护技术;即使使用安全防护技术,这些安全防护手段是否使用恰当也不确定,安全防护水平是否符合要求也不能保证。物联网安全测评是管理部门为规范物联网相关行业在信息安全保护方面是否采取了必要、恰当的技术手段而进行的监督管理技术。

在物联网安全测评方面,国家正在制订相关标准,制定这些标准的目的是监督物联网系统的安全保护是否实施到位。当然,测评标准的实施也需要相关技术和产品的支撑。市场上已经出现一些针对物联网局部的安全测评工具,如针对物联网感知层的基于ZigBee 网络的安全测评工具,这对理解物联网系统的安全测评具有很好的参考价值。

针对物联网系统的安全测评技术,具体落实到物联网不同逻辑层时,包括针对物联网感知层的安全测评、针对物联网传输层的安全测评和针对物联网处理层的安全测评。物联网的传输层实际是传统的网络系统,针对传统网络系统的安全测评已经有比较成熟的方法。物联网的处理层一般指云计算平台,针对云计算的安全测评也有专门的技术,包括对云计算平台的安全测评、云计算数据的安全测评、云计算应用服务的安全测评等。对物联网系统的安全测评,主要是对感知层的安全测评。

对物联网感知层的安全测评,包括对物联网终端设备、网关设备、短距离无线网络的安全测评,测评范围包括物理安全、运行安全、通信安全、数据安全等,测评目标是检测被测设备和网络是否符合安全要求标准中的有关规定,包括身份认证技术、数据保密技术、数据完整性保护技术、数据新鲜性保护技术等。测评的具体方法包括符合性测评、渗透性测评等,通过一些技术手段及人工检查过程,确定被检测的设备和网络是否符合有关标准规范对网络安全要求的规定。

安全测评是对实际系统网络安全技术落实情况的监督手段，通过安全测评的系统不一定保证是安全的，但没有通过安全测评的系统一般具有很大的安全隐患。安全测评技术是安全管理的重要技术支撑。

2.9 小结

物联网系统的安全架构不是一种技术，也不是一种规范，而是认识物联网安全的一种角度，一种划分安全层次的方法。因此，不同的物联网安全架构之间没有正确与错误之分，只有在某些方面是否更适合的区别，如是否便于理解、便于实施、便于扩展等。

本章给出了物联网的一种安全架构，将物联网安全划分为感知层安全、传输层安全、处理层安全和应用层安全，以及两个基础支撑，简要分析了各个逻辑层的安全需求和安全目标，希望能以更清晰的角度给读者呈现出物联网安全从点到面的一种轮廓。对于如何实现这些安全目标，将在后面的章节中介绍一些已有的技术，有些安全目标是当前需要攻关的研究课题，有些技术则需要在性能上不断改进，从而更好地满足物联网这个庞大系统的发展需求。

物联网的传输层可以使用现有的传统网络设施，包括互联网和移动通信网络等。这些网络环境大都有一定的安全机制，例如，互联网可以提供网络层安全协议，移动通信网也有自己的 AKA 标准协议等；物联网传输层的安全在一定程度上可以使用现有技术；物联网的处理层以云计算为支撑。物联网安全层的安全问题已经被划分为云计算的安全问题，在该问题上有很多专有的研究计划；物联网的应用层因为没有一个标准模式，而且行业应用的多样化无法给出一个通用的标准模式，因而尚没有系统的安全措施。物联网应用层的安全应该根据行业应用的需求统一考虑，形成物联网行业系统的整体安全解决方案。因此，物联网安全在技术方面的短板是微观和宏观两个极端情况。微观上，感知层的安全缺少现成技术。在物联网时代之前，传感网的安全主要停留在学术研究阶段，也主要是功能方面的研究，而真正涉及性能的功耗控制成为网络安全的技术挑战，即如何在控制功耗情况下实现网络安全功能，包括认证性、机密性和完整性等。宏观上，物联网整体安全性没有现成的解决方案可以借鉴，这也是物联网安全的技术挑战。

习题

1. 物联网安全架构有哪几个逻辑层？每个逻辑层的内涵是什么？
2. 物联网安全架构中的信任体系与密钥管理的作用是什么？检测评估的作用是什么？

3. 如果在物联网系统中分别提供感知层、网络传输层和处理应用层的安全机制，还会有什么安全隐患？举例说明。

4. 如果让物联网终端设备直接接入 4G 移动通信网络，可能遇到哪些问题？

5. 互联网常见的网络攻击有哪些？物联网的安全问题与互联网安全问题有什么区别？

第 3 章　密码学与安全协议基础

3.1　引言

简单地说，密码学是一门提供网络安全保护技术的学科。物联网系统中的许多网络安全技术，都需要密码学的基本方法。因此，本章介绍密码学的基本内容，以期对本书中涉及的物联网安全技术相关概念及其对应的具体内容有所了解。

在物联网安全技术中，必然包括数据的机密性和完整性保护、身份认证技术，以及信任体系与密钥管理等。本章内容将针对这些网络安全保护技术，简单介绍相应的密码学方法。

密码学是实现网络安全具体技术的学科。古老的密码技术将要传递的消息转化为不可理解的形式，后来密码技术被广泛应用于军事，是一种秘密传递情报的技术。现代密码技术在第二次世界大战中起到了重要作用，之后各国对密码技术的研究达到了空前的重视。随着数字化通信的发展，特别是近年来网络通信技术的发展，密码学已成为保密通信不可或缺的技术学科。

现代密码学的基本内容包括加解密算法、数据完整性保护算法和数字签名算法等。其中，加解密算法用于保护通信消息的机密性，确保消息在通信中即使被攻击者捕获，也不能获得消息内容；数据完整性保护算法用于保护消息在传输过程中不能被非法篡改，任何篡改都可以被识别，通常使用 MAC 技术来实现数据完整性保护；数字签名算法则是一种模拟手工签名的算法，使签名结果能被公众检验，而且别人不能假冒签名，其除了可以提供消息完整性服务外，还可以提供签名者的非拒绝服务（non-repudiation）。

3.2　数据加密算法

在数字通信中，所有消息都是以数字形式出现的。一个消息可以被看作一个整数，或者一个字符串，其真实的意义需要通过信源编码和译码来体现。

密码学最基本的内容之一是对数据的加密算法和解密算法，简称为加解密算法。加密算法和解密算法都是一种数学变换，将输入的明文消息 P（即一种计算机格式的数据，可看作一个数或字符串）变换成一个密文 C，它是另外一个数或字符串。变换后的密文 C 看上去像随机数，不具有实际意义，但使用对应的解密算法和解密密钥，可以将密文 C 恢复出原始明文 P。

密码算法包括对称密钥密码算法（简称为对称密码算法）和公开密钥密码算法（简称为公钥密码算法），后者也称为非对称密钥密码算法。

3.2.1 对称密码算法

对称密码算法的加密密钥和解密密钥有着明确的关联关系，根据其中一个很容易计算出另一个。多数对称密码算法的加密密钥和解密密钥是同一个密钥。对称密码算法的加密过程可以表示为 $C=E_k(P)$，解密过程可以表示为 $P=D_k(C)$，如图 3.1 所示。

不难看出，将加密算法表达式代入解密算法表达式得到 $D_k(E_k(P)) = P$。

图 3.1
对称密码算法的
加密和解密过程

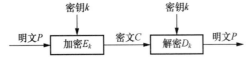

根据加密时处理明文的方式不同，对称加密算法又分为流密码算法和分组密码算法。记明文消息为 $P=(p_1, p_2, \cdots, p_n)$，如果加密时每次处理一个比特的明文，则称为流密码（stream cipher），也称为序列密码。如果加密时每次处理一组固定长度的明文，则称为分组密码。分组密码中对明文消息的每个分组称为一个"字"（word），如果明文长度不是分组长度的整数倍，则需要填充（padding）处理。随着硬件处理速度的提高，数字化存储以字节为最小单元，许多新型流密码的设计以字节为处理单元，这相当于长度为 8 位（比特）的分组密码，而且在内部处理技术上，流密码与分组密码也有着越来越多的共同特性。因此，分组密码与流密码之间的共性越来越大。当然，如果流密码处理消息的长度大于 8 位，再称为流密码就不合适了。

典型的对称密码算法包括 DES、3DES、RC2、RC4、IDEA、AES 等，其中 RC4 是流密码算法。这些算法的参数和简单说明如表 3.1 所示。

表 3.1 典型的对称密码算法

名称	密钥长度/位	种类	简介
3DES	112～168	分组密码	为提高 DES 的安全性而设计，简单来说就是 3 次调用 DES 算法。分为 3 次使用不同密钥的 3Key 方式和第 1、第 3 次调用使用相同密钥的 2Key 方式，被 NIST 作为 FIPS 标准向国际公开
IDEA	128	分组密码	IDEA（international data encryption algorithm）的分组长度为 64 位，具有较高的抵抗线性攻击及差分攻击的能力。由 Ascom-Tech 公司开发，并取得相应的专利

续表

名称	密钥长度/位	种类	简介
RC2	可变（8～1024）	分组密码	由 RSA 公司（后被 EMC 收购）开发，特点是密钥长度可变。作为 RFC 2268 标准公开，曾经被指出对于差分攻击的抵抗性不够好
RC4	可变（40～256）	流密码	由 RSA 公司在 1997 年开发，广泛应用于各种浏览器中
RC5	可变（≤2048）	分组密码	RSA 公司设计的作为 RC2 的下一代算法。实现简单，不需要很高的计算能力
CAST-128	可变（≤128）	分组密码	由 Entrust Echnologies 公司设计，抗线性攻击能力较强，作为 RFC 2144 标准公开
AES	可变（128、192、256）	分组密码	AES（advanced encryption standard）是 NIST 在 2001 年选中的标准。AES 的原始算法称为 Rijindael 算法

　　每种密码算法都有自己独特的设计，但从算法整体结构上，分组密码的设计分为 Feistel 结构和 S-P 结构。Feistel 密码结构是分组密码算法的一种对称结构，以它的发明者 Horst Feistel 命名的。Feistel 结构的特点是明文在加密过程中分为左、右两半，每一轮加密将上一轮的右半部分作为新一轮的左半部分，而新一轮的右半部分由上一轮的左、右两个半部分以及经过一个精心设计的轮密钥非线性函数产生。当然也可以设计为每一轮只加密左半部分。这种结构的特点包括：轮加密函数不要求可逆；每一轮加密实际只加密了一半的消息字段；解密算法与加密算法几乎完全相同，只是轮密钥使用次序与加密时相反，这样，在使用硬件实现时，只需要实现加密电路就行了，解密电路可以在加密电路的基础上切换到不同的轮密钥输入，因此这种设计可以节约硬件实现成本。同样，软件实现代价也节省了，因为解密过程可以调用加密过程和不同的轮密钥输入。当然，有时还要适当调整左半部分与右半部分消息的位置以保证解密的正确性。典型的基于 Feistel 结构的密码算法是 DES。

　　S-P（substitution-permutation）结构的本质是在轮加密中使用替换和置换运算。其特点是每一轮都对整个消息进行了加密，因此，解密算法必须是针对加密算法的完全逆运算，加密算法的每一个变化过程都必须可逆。典型的基于 S-P 结构的密码算法是 AES。

　　无论 Feistel 结构还是 S-P 结构，都需要执行多轮才能完成加密或解密过程。为此，这两种结构也分别称为 Feistel 网络和 S-P 网络，以表示网络状的变换过程。

　　本章不对这些经典密码算法作详细介绍，而是介绍一种适合物联网环境的轻量级密码算法 PRESENT。希望读者从本章对 PRESENT 算法的介绍中了解到一个密码算法是什么样子。

3.2.2　轻量级分组算法 PRESENT

　　2007 年 8 月，德国波鸿鲁尔大学的 Bogdanov 和丹麦科技大学的 Knudsen 等人提出了轻量级分组算法 PRESENT。设计者将密码本身的安全性和硬件效率放在同等重要的地位，在设计 PRESENT 时，保证充分安全性的前提下，始终追求硬件面积最优和功耗最优的效果。结果表明，硬件实现时，PRESENT-80 仅需 1570GE（gate equivalent，等效门），采取优化后可以达到 1000GE 以下。

PRESENT 的主要特点如下。

- 算法设计简单，使得对于 PRESENT 的差分分析和线性分析能够给出一个清晰的界。
- 密钥扩展算法合理，使得 PRESENT 对基于密钥编排方案的攻击有很强的免疫性。
- 线性层仅使用比特位置换操作，这对于硬件实现极其有利，基本不占用多余的面积。
- 与其他轻量级分组密码和较为流行的流密码相比，PRESENT 较小的硬件实现面积和相对可观的吞吐量很具吸引力。

下面简单介绍 PRESENT 算法。

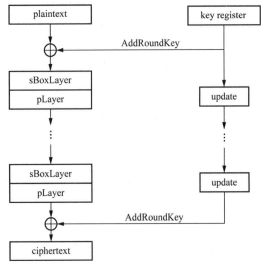

图 3.2 PRESENT 加密过程示意图

1. PRESENT 的加密算法描述

PRESENT 的主体结构为 S-P 网络，使用长度为 80 位或者 128 位的密钥来加密长度为 64 位的明文，获得长度为 64 位的密文，整个加密过程一共 31 轮。每一轮包括三个基本的步骤：轮密钥加运算、非线性替换运算以及线性置换运算。其中，经过 31 轮的轮变换之后，轮密钥 K_{32} 用于后期白化过程。在非线性替换运算中，并行使用了 16 个相同的 4 位的 S 盒。线性置换运算则显得非常简单，仅是一个线性按位置换。算法的加密过程如图 3.2 所示。

PRESENT 的算法可以用伪代码描述为

```
GenerateRoundKey()
   for i=1 to 31 do
      AddRoundKey(STATE,Ki)
      sBoxLayer(STATE)
      pLayer(STATE)
   end for
   AddRoundKey(STATE,K32)
```

下面给出每一个密码模块的具体描述。

（1）轮密钥加运算 AddRoundKey

轮密钥加运算 AddRoundKey 简单地将一个轮密钥按位异或到一个状态上。其中，轮密钥的长度是 64 位，一个状态也是 64 位。给定一个轮密钥 $K_i = \kappa_{63}^i \kappa_{62}^i \cdots \kappa_0^i$，$1 \leqslant i \leqslant 31$，

假定当前状态记为 $b_{63}\cdots b_0$，那么，轮密钥加运算的操作为

$$b_j \to b_j \oplus \kappa_j^i, 0 \leqslant j \leqslant 63$$

（2）非线性替换运算 sBoxLayer

PRESENT 中使用的 S 盒是 4 位到 4 位规模的非线性变换。这里的 S 盒变换如表 3.2 所示。

表 3.2　PRESENT 的 S 盒

变量	比特位															
x	0	1	2	3	4	5	6	7	8	9	A	B	C	D	E	F
$S(x)$	C	5	6	B	9	0	A	D	3	E	F	8	4	7	1	2

在 S 盒层，当前 64 位的状态 $b_{63}\cdots b_0$ 被分为 16 个千比特长的字 $w_{15}\cdots w_0$，满足

$$w_i = b_{4i+3} \| b_{4i+2} \| b_{4i+1} \| b_{4i}, 0 \leqslant i \leqslant 15$$

那么，w_i 经过 S 盒之后的输出 $S[w_i]$ 根据上述变换规则很容易得到。

（3）线性置换运算 pLayer

PRESENT 的线性层仅使用了比特位置换操作，即状态中处于位置 i 的比特位换位到位置 $P(i)$，具体的置换 P 可以用表 3.3 表示。

表 3.3　PRESENT 线性层的比特置换 P

置换 P	比特位															
$P_1(i)$	0	16	32	48	1	17	33	49	2	18	34	50	3	19	35	51
$P_2(i)$	4	20	36	52	5	21	37	53	6	22	38	54	7	23	39	55
$P_3(i)$	8	24	40	56	9	25	41	57	10	26	42	58	11	27	43	59
$P_4(i)$	12	28	44	60	13	29	45	61	14	30	46	62	15	31	47	63

2．PRESENT 的密钥扩展算法

PRESENT 的密钥长度可以为 80 位或者 128 位。首先，考虑密钥为 80 位的情形。提供给使用者的密钥存储在密钥寄存器 K 中，将 80 位的密钥表示为 $k_{79}k_{78}\cdots k_0$。在加密的第 i 轮，取当前寄存器 K 中最左边的 64 位作为相应的轮密钥，即第 i 轮的轮密钥为

$$K_i = \kappa_{63}\kappa_{62}\cdots\kappa_0 = k_{79}k_{78}\cdots k_{16}$$

提取出轮密钥 K_i 后，密钥寄存器 $K=k_{79}k_{78}\cdots k_0$ 按如下方式更新：

1）$[k_{79}k_{78}\cdots k_1k_0]=[k_{18}k_{17}\cdots k_{20}k_{19}]$。

2）$[k_{79}k_{78}k_{77}k_{76}]=S[k_{79}k_{78}k_{77}k_{76}]$。

3）$[k_{19}k_{18}k_{17}k_{16}k_{15}]=[k_{19}k_{18}k_{17}k_{16}k_{15}] \oplus \text{round\_counter}$。

因此，密钥寄存器首先向左循环移动 61 位，然后最左边的 4 位经过一次 S 盒变换；最后轮常量 round_counter 与 K 中的 5 个比特位 $k_{19}k_{18}k_{17}k_{16}k_{15}$ 进行异或。其中，轮常量的值为 i。

对于密钥长度为 128 位的版本，密钥存储在密钥寄存器 K 中。将 128 位的密钥表示为 $k_{127}k_{126}\cdots k_0$。在加密的第 i 轮，取当前寄存器中密钥最左边的 64 位作为相应的轮密钥，即第 i 轮的轮密钥为

$$K_i = \kappa_{63}\kappa_{62}\cdots\kappa_0 = k_{127}k_{126}\cdots k_{64}$$

提取出轮密钥 K_i 后，密钥寄存器 $K=k_{127}k_{126}\cdots k_0$ 按如下方式更新：

1）$[k_{127}k_{126}\cdots k_1k_0]=[k_{66}k_{65}\cdots k_{68}k_{67}]$。

2）$[k_{127}k_{126}k_{125}k_{124}]=S[k_{127}k_{126}k_{125}k_{124}]$。

3）$[k_{123}k_{122}k_{121}k_{120}]=S[k_{123}k_{122}k_{121}k_{120}]$。

4）$[k_{66}k_{65}k_{64}k_{63}k_{62}]=[k_{66}k_{65}k_{64}k_{63}k_{62}]\oplus \text{round\_counter}$。

因此，密钥寄存器首先向左循环移动 61 位；然后最左边的 8 位经过一次 S 盒变换；最后轮常量 round_counter 与 K 中的 $[k_{66}k_{65}k_{64}k_{63}k_{62}]$ 进行异或。这里，轮常量的值为轮数 i。

3.2.3 非对称密码算法

另外一类密码算法是非对称密码算法，加密与解密使用的密钥不同。由于其中一个密钥可以公开，因此也称为公开密钥密码算法，简称公钥密码算法。公钥密码的基本思想是将传统密码的密钥一分为二，分为加密密钥 pk 和解密密钥 sk，以及对应的加密算法 E 和解密算法 D，而且由加密密钥 pk 在计算上不能推导出解密密钥 sk。公钥算法的加密和解密过程可由图 3.3 表示。

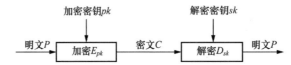

图 3.3
公钥密码算法的
加密和解密过程

一对加解密算法的应用，构成一个密码系统（也称为密码体制），这样一个系统由 5 部分组成，包括：

1）明文空间 P，它是全体可能明文（二进制字符串）的集合。

2）密文空间 C，它是全体可能密文（二进制字符串）的集合。

3）密钥空间 K，它是全体密钥的集合，其中每一个密钥 k 均由加密密钥 pk 和解密密钥 sk 组成。

4）加密算法 E，它是一簇由 P 到 C 的加密变换。

5）解密算法 D，它是一簇由 C 到 P 的解密变换。

基于公钥算法的特征，实际使用中可以将 pk 公开，任何人都可以使用 pk 向该用户发送加密数据，而通过信道获取密文后将无法获得原始明文消息，只有合法用户使用正确的解密密钥 sk 才可以解密数据，得到原始明文消息。

3.2.4 RSA 公钥密码算法

一个典型的公钥密码算法是 RSA 公钥密码算法。该算法是以发明该算法的三位密码学家 Rivest、Shamir 和 Adleman 的名字命名的，成为商业化最成功的算法之一。

在使用 RSA 算法之前，需要建立公钥和私钥。选择两个大素数 p 和 q，令 $n=pq$。按照一定规则随机选择小于 n 的整数 e 和 d，使其满足 $ed \bmod (p-1)(q-1)=1$。则公开 (e, n) 为用户公开密钥，保留 d 作为对应的用户私钥。

当其他用户需要将明文消息 m 加密后发给该用户时，加密过程（即密文 c 的计算过程）如下：$c=m^e \bmod n$。

当该用户收到密文 c 后，计算 $c^d \bmod n=m$ 就恢复出原始明文了，这就是对应的解密算法。值得注意的是，对所有满足条件 $m<n$ 的消息 m，解密算法都能正确恢复明文，这一性质已得到数学上的严格证明。

RSA 公钥密码算法的安全性基于大整数的素因子分解这个数学难题。如果大整数素因子分解问题存在有效算法，则破解 RSA 密文就变得容易。虽然还没证明 RSA 的安全性与大整数的素因子分解具有同等难度，即如果不能有效分解大整数的素因子，就不存在破解 RSA 公钥算法的有效算法这一问题未得到证明，但多数研究人员认为破解 RSA 公钥密码算法与大整数的素因子分解问题具有同等难度。

3.3　密码杂凑函数（Hash 函数）

密码学中有一类重要的函数，称为 Hash 函数，中文翻译为杂凑函数或散列函数，也有人直接音译为哈希函数。Hash 函数具有如下性质。

- 压缩性。Hash 函数将一个任意长度的输入 x，映射到固定长度的输出 $H(x)$。
- 正向计算简单性。给定 Hash 函数 H 和任意的消息输入 x，计算 $H(x)$ 是简单的。
- 逆向计算困难性。对给定的任意值 y，求使得 $H(x)=y$ 的 x 在计算上是不可行的。这一性质也称为单向性，也称为抗原像攻击性质。
- 弱抗碰撞性。给定一个输入 x，找到一个 x'，使得 $H(x)=H(x')$ 成立在计算上是不可行的。这一性质也称为抗第二原像攻击性质。
- 强无碰撞性。找出任意两个不同的输入 x 与 x'，使得 $H(x)=H(x')$ 成立在计算上是不可行的。这一性质也称为抗自由碰撞性质。

根据生日攻击算法，对一个输出长度为 n 的 Hash 函数，随机两个输入具有相同输出的概率为 $1/(2^{\frac{n}{2}})$。如果使用随机测试，则平均需要测试 $2^{\frac{n}{2}}$ 次就能遇到一次碰撞。如果要使这个计算成本不小于 2^{64}，需要 Hash 算法的输出长度至少为 128 位。著名的 MD5 算法就是输出长度为 128 位的 Hash 函数。

但随着密码分析研究的进展，输出长度为 128 位的 Hash 函数很难提供理想的安全强度，于是人们设计了更长输出和更复杂运算过程的 Hash 函数。典型的 Hash 函数包括 SHA-1、SHA-2、SHA-256、SHA-512、SHA-3 等。

3.4 消息认证码

MAC 是一种保护消息完整性的技术。在密钥 k 的控制下，消息 m 经过 MAC 映射到另外一个码 c。c 在传输过程中可能被攻击者非法篡改，但收信者根据密钥 k 进行验证，很容易发现非法篡改。

理论上实现消息认证码的方法有很多，但考虑到计算代价和通信代价，一般使用基于 Hash 函数的消息认证码。一个简单的实现方法如下：令 $d=H(k\|m)$，其中 m 是被保护的消息，k 是通信双方共享的密钥，H 是一个 Hash 函数，"$\|$" 是字符串连接符号，其输出为 d。要传输的消息 m 与消息认证码 d 连接在一起进行传输（不考虑消息机密性）。这样，无论攻击者非法篡改了 m，还是非法篡改了 d，或是将两个都进行了非法篡改，收信方根据接收到的消息和自己掌握的密钥 k 计算一个 Hash 值 d'，如果 d' 与 d 的值不同，则可判断为非法篡改情况。攻击者的随意篡改也可能偶尔刚好满足条件，从而成功破坏消息完整性，但这种可能性非常小，完全可以忽略不计。

密码学领域普遍认同的算法是 HMAC，它基于一个 Hash 函数，如 MD5 或者 SHA-1，在计算 Hash 值时将密钥和数据同时作为输入，并采用了二次 Hash 迭代的方式，实际计算方法如下：

$$HMAC(k, m)=H(k \oplus opad \| H(k \oplus ipad \| m))$$

其中，k 是密钥，长度应为 64 字节，若小于该长度，则自动在密钥后面用 "0" 补足。m 是消息，H 是 Hash 函数，opad 和 ipad 分别是由若干个 0x5c 和 0x36 组成的字符串，$\oplus$ 表示异或运算。

3.5 数字签名算法

数字签名算法是公钥密码算法的一种应用，只有满足特定条件的公钥密码算法才能被用于数字签名。数字签名是一种模仿实际手工签名的数字技术，满足如下条件。

① 不可伪造性　只有合法的用户才能对给定的消息计算生成数字签名。这里所谓合法的用户，是指拥有私钥的用户。

② 可验证性　数字签名的合法性可被公开验证。任何掌握签名者公钥的人都可以对数字签名的合法性进行验证。

虽然数字签名是公钥密码算法的一种应用，但有些公钥密码算法只用来进行数据加密，如 McEliece 公钥密码算法（一种基于纠错码设计的密码算法）；而有些公钥密码算法只用于数字签名，如数字签名标准（digital signature standard，DSS）；而 RSA 公钥密码算法，既可以用于数据加密，又可以用于数字签名。下面以 RSA 公钥算法说明数字签名的技术原理。

RSA 公钥密码算法的另一特点是可以用来作为数字签名算法。假设某用户的公钥为 $(e，n)$，私钥为 d。当该用户想对消息 m 进行数字签名时，计算 $s= m^d \bmod n$，得到的 s 就是消息 m 的数字签名。任何人使用对应的公钥可以验证是否满足如下等式

$$s^e \bmod n=m$$

注意在验证数字签名时，验证者应该掌握被签名的消息，否则无法验证。数字签名算法本身不提供消息机密性。如果需要对秘密消息进行数字签名，可以对消息及其数字签名再进行一轮的加密处理。

当被签名的消息较大时，加密时不得不分成多个消息块分别处理。但签名时还需要分别处理吗？一种更好的方法是使用 Hash 函数 $H(x)$，签名时只针对消息的 Hash 值进行签名，即签名算法为

$$s=H(m)^d \bmod n$$

相应地，对数字签名的验证算法为验证是否满足如下等式：

$$s^e \bmod n=H(m)$$

当然，除了 RSA 公钥密码算法和 RSA 数字签名算法外，还有多种其他公钥密码和数字签名方案。

3.6　密码算法提供的安全服务

不难看出，加解密算法用于保护消息（数据）的机密性（confidentiality），避免攻击者从通信信道中非法获得通信内容；Hash 函数是一个辅助函数，本身不提供安全服务，但可以在数字签名中得到应用；消息认证码用于提供消息（数据）的完整性保护（integrity），使得通信过程中对消息的任何修改，都将被收信方检测出来。基于 Hash 函数的消息认证码也可以被看作 Hash 函数的另一种应用；数字签名可以提供的服务包括消息来源认证（source authentication），即收信人根据对消息的数字签名，可以知道消息来源于谁，以及签名人对消息内容的非否认性（non-repudiation）服务。

在物联网系统中，经常需要身份认证。身份认证服务一般不是由某种密码算法提供，而是由安全协议完成的。在身份认证协议中，密码算法是必要的工具。身份认证协议所使用的密码算法可以是加密算法或数字签名算法，没有固定格式。在物联网环境中，身份认证一般不作为独立的安全协议存在，常常与消息的秘密传输结合在一起，以便节省通信资源。物联网系统中的身份认证协议需要根据具体应用场景和约束条件有针对性地进行设计，而且称为身份认证协议也不合适，因为可能包含了更多功能，但是可以笼统地称为安全协议。

3.7 网络安全协议基础

在网络环境应用中，许多安全保护目标不是简单地使用某个密码算法所能完成的，例如物联网系统中经常用到的身份认证。但网络安全协议不仅指身份认证协议，还包括密钥管理协议、隐私保护协议、网络投票协议等。本节介绍几种最基本的安全协议。

3.7.1 密钥协商协议

在对称密码算法中，加密和解密需要同一个密钥。那么在通信环境中，通信双方如何实现共同拥有某个密钥呢？在第二次世界大战中，这种密钥一般通过密码本的方式从一方由人工冒着风险传递给另一方。这种用于传递密钥的途径称为安全通道。对称密码的通信模型如图 3.4 所示。

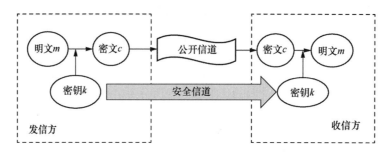

图 3.4
对称密码通信模型示意图

在网络环境中，假如有 n 个通信节点，两两通信节点之间有保密通信需求，则每个节点与其余 $n-1$ 个节点需要建立不同的密钥，总共需要建立 $n(n+1)/2$ 个密钥。由于密钥建立阶段需要使用安全信道，而这类信道的成本通常较高（如离线完成），需要有更高效的密钥分配协议。

1976 年，Diffie 和 Hellman 设计了一种使用公开信道实现通信双方得到共同密钥的方案，称为 Diffie-Hellman 密钥协商方案（或协议）。在该密钥协商方案的准备阶段，通信双方 A 与 B 协商一个大素数 p 和一个小的整数 g，然后 A 和 B 分别秘密选取一个随机数 r_A 和 r_B，然后执行如下协议流程：

1）A 计算 $\alpha = g^{r_A} \bmod p$，将计算结果 α 发送给 B。

2）B 计算 $\beta = g^{r_B} \bmod p$，将计算结果 β 发送给 A。

3）A 计算 $k_1 = \beta^{r_A} \bmod p$。

4）B 计算 $k_2 = \alpha^{r_B} \bmod p$。

不难验证，上述步骤执行的结果，使 A 和 B 双方得到密钥 $k=k_1=k_2$。

注意在消息通信过程中，攻击者可以截获所有通过信道传输的消息，包括 p、g、α 和 β。那么攻击者是否能根据这些信息得到协议所协商的密钥 k 呢？这就是著名的 Diffie-Hellman 难题，这一难题被认为与离散对数问题具有同样的难度，虽然没有得到严格的数学证明。

Diffie-Hellman 密钥协商协议解决了使用传统对称密码算法时的密钥分配难题,因为不需要安全信道的存在,使用公开信道就可以建立秘密信息。在此之后不久,公钥密码体制的提出,将这一问题又推进了一步,无须进行消息交互,直接由通信一方产生消息加密会话密钥,然后使用另一方(收信方)的公开密钥进行加密。收信方收到消息后使用自己的私钥进行解密,就可以得到数据加密的会话密钥,从而完成了密钥分配。现在许多安全通信协议都使用这种方式,只不过将密钥分配过程与数据传输过程结合在一起,即使用收信方的公钥加密一个会话密钥(发信方产生的一个随机数),然后使用这个会话密钥加密业务数据,将加密的会话密钥和加密的业务数据一起发送给收信方。收信方使用自己的私钥解密所接收到的密钥加密数据,从而得到会话密钥,然后使用会话密钥解密业务数据。

但是,Diffie-Hellman 密钥协商协议仍然存在安全隐患,这就是中间人攻击(man-in-the-middle attack)。中间人攻击过程可以简单地描述如下:假设 Alice 与 Bob 之间要使用 Diffie-Hellman 协议进行密钥协商,攻击者 Eve 假冒 Bob 与 Alice 运行 Diffie-Hellman 协议,得到共享密钥 k_1,然后假冒 Alice 与 Bob 运行 Diffie-Hellman 协议,得到共享密钥 k_2。这样,Eve 可以截获 Alice 发给 Bob 的消息,使用密钥 k_1 解密,然后使用密钥 k_2 进行加密后发给 Bob,这样 Bob 会误认为消息的确是从 Alice 发来的。对 Bob 发给 Alice 的消息也可以类似处理。图 3.5 展示了中间人攻击的原理。

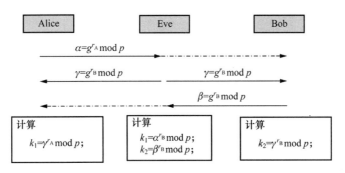

图 3.5
Diffie-Hellman 密钥协商协议的中间人攻击原理

Diffie-Hellman 密钥协商协议存在中间人攻击是因为在协议执行过程中不能确定通信双方的确切身份,这实际上是通信中的身份认证问题,这一问题的解决首先需要建立信任模型,从初始信任出发,逐步实现更大范围的信任。

3.7.2 公钥基础设施

什么是通信环境的信任?如果用户 A 掌握一个属于用户 B 的信息,并且这个信息可以得到验证,则说 A 信任 B,或 A 建立了对 B 的信任。例如,A 与 B 共享一个密钥,或 A 得到 B 的公钥而且确信公钥属于 B,则都表示 A 建立了对 B 的信任。

为了在通信中建立信任,避免像中间人攻击一类的安全隐患,在使用公钥时需要掌握真实的公钥。但如何知道一个公钥是否为某个用户的真实公钥呢?公钥基础设施很好地解决了这一问题。在公钥基础设施中,有一个可信第三方对用户的公钥及其他相关信息进行签名，产生一个用户的公钥证书。这个可信第三方称为证书签发机构（certification authority，CA）。CA 之所以称为可信第三方，是因为假设所有用户都有 CA 的公钥，而且确信是真实的公钥，这就是信任的基础，称为信任根。

当 A 得到 B 的公钥证书后，通过对证书的验证，可以确信 B 的公钥是真实的，于是建立了 A 对 B 的信任。也就是说，A 向 B 发送秘密消息时，中间人攻击几乎没有成功的机会。注意对身份真实性的信任，不代表 A 相信与其正在通信的某个远程端点就是 B，这需要进行身份认证才能确定。

最著名的公钥基础设施是 X.509 国际标准，这是由国际电信联盟（ITU-T）制定的数字证书标准。公钥证书有规范的格式，对证书的签发、验证、撤销等都有规范流程。

3.7.3 身份认证协议

身份认证最自然的含义是人身份认证。在实际网络环境中，对个人身份的认证通常使用账户名和口令的方法，这类方法称为基于口令的认证协议。需要说明的是，虽然用户在身份认证过程中每次使用的口令相同，但一个安全的身份认证协议应保证网络传输的内容每次都不同，否则重放攻击可以让非法用户成功登录。有时为了更高的安全性，可能还使用多因子认证协议，即除使用口令外，还有另外一种认证途径，如 U-key 或指纹等。

在物联网环境中，设备也有身份。设备的身份信息通常称为设备身份标识。除了对人需要进行身份认证外，还需要对设备进行身份认证，而且对设备的认证更为频繁。例如，手机作为一种特殊的物联网终端设备，需要与网络之间不断进行双向身份认证。在一般网络环境中，对设备的身份认证通常使用"挑战-应答"协议方法。对手机 SIM 卡的身份认证也是一种"挑战-应答"协议，对自动取款机（ATM）上的取款操作也使用"挑战-应答"认证协议。许多密码学专著中都对多种安全协议进行了详细介绍。本章仅介绍两种安全协议的基本原理，更详细的技术内容请参考有关文献。

1．网络认证协议 Kerberos

一种典型的对设备的身份认证协议是 Kerberos。Kerberos 是一种网络认证协议，其设计目标是通过密钥系统为客户机/服务器应用程序提供强大的认证服务，特点是用户只需输入一次身份认证信息就可以获得 TGT（ticket-granting ticket）票据，然后可以使用票据访问多个服务。因为在每个客户端（client）和服务器（server）之间建立了共享密钥，所以该协议具有相当高的安全性。Kerberos 在认证过程中使用了传统的密码技术。

Kerberos 协议中有三种服务中心，一个认证服务器（AS）、一个或多个票据许可服务器（TGS）、多个数据服务器（server）。认证服务器和票据许可服务器一般都属于密钥分发中心（KDC）的成员。

Kerberos 协议的认证过程如下：首先 client 向 AS 发送自己的身份信息和目标 TGS 的身份信息，请求 TGT 票据，然后 AS 签发一个 TGT 票据，包括使用与该 client 之间的共享密钥加密的 $K_{C,tgs}$（用于随后该 client 与 TGS 之间的保密通信）和使用与 TGS 共享密钥加密的该 client 使用的票据；其次 client 向 TGS 发送自己的信用信息和从 AS 那里得到的票据，TGS 则签署票据允许该 client 使用 server 的服务，同时提供一个密钥，用于这种服务过程中的数据保密；最后 client 就可以向 server 请求服务了，当然还需要提供自己的信用信息。整个认证过程如图 3.6 表示。

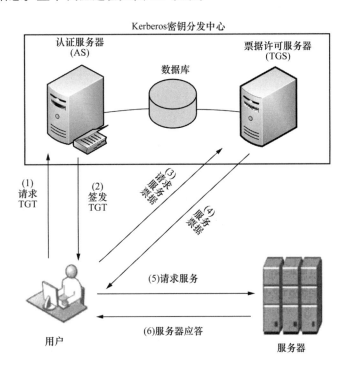

图 3.6
Kerberos 认证过程
示意图

在图 3.6 中，步骤（1）发送的数据为客户身份 ID_C 和目标 TGS 的身份 ID_{tgs}；步骤（2）发送的数据为使用客户密钥加密的用于客户和 TGS 通信的密钥 $\{K_{C,tgs}\}K_C$，以及使用 AS 与 TGS 共享密钥加密的该客户的服务票据 $\{T_{C,tgs}\}K_{tgs}$；步骤（3）发送的数据为 $\{A_{C,S}\}K_{C,tgs}$ 和 $\{T_{C,tgs}\}K_{tgs}$，其中 $A_{C,S}$ 为客户的信用信息；步骤（4）发送的数据为 $\{K_{C,S}\}K_{C,tgs}$ 和 $\{T_{C,S}\}K_S$；步骤（5）发送的数据为 $\{A_{C,S}\}K_{C,S}$ 和 $\{T_{C,S}\}K_S$；步骤（6）发送的数据为 $\{data\}K_{C,S}$。上述花括号中的数据为被加密的数据，花括号外的密钥为加密所使用的密钥。

2．Schnorr 身份认证协议

假定 A 和 B 都是网络中的成员，针对特定的数字签名算法，每个参与者都有相应的公钥和私钥。在这种环境中，总是需要提供一种装置来证实网络中其他用户的公钥，这就需要某种 PKI。总之，假定有一个可信的授权机构（trust authenticator，TA），由它来签署网络中所有用户的公钥，所有用户都知道 TA 的公开验证密钥 Ver_{TA}。

Schnorr 身份认证协议融合了几种身份认证协议的思想，主要有 ElGamal 签名算法、Fiat-Shamir 身份认证协议和 Chaum-Evertse-Van de Graff 交互式协议等，其安全性建立在离散对数问题的困难性之上。

Schnorr 身份认证协议需要一个可信中心 TA。TA 选择下列参数。

1）p 是一个大素数($p>2^{1024}$)，在 Z_p^*（模 p 整数环上的非零元构成的乘法群）上计算离散对数是困难的。

2）q 是一个大素数($q>2^{160}$)，并且 q 是 $p-1$ 的一个因子，即 $q|(p-1)$。

3）$a \in Z_p^*$，阶数为 q（例如可取 $a=g^{(p-1)/q}$，g 为 Z_p^* 的本原元）。

4）一个安全参数 t，$2^t<q$（对大多数应用来说，取 $t=40$ 可以提供足够的安全性。为了更高的安全性，Schnorr 建议取 $t=72$）。

5）一个安全的签名方案，记签名算法为 Sig_{TA}，对应的签名验证算法为 Ver_{TA}。

6）一个安全的 Hash 函数。所有的信息在签名之前先进行 Hash 函数运算，为了便于阅读，在描述协议时将略去 Hash 函数运算这一步。

以上参数 p、q、a，算法 Ver_{TA} 以及 Hash 函数都是公开的。

TA 给每个用户颁布一个证书。当 A 想从 TA 那里获得证书时，A 和 TA 执行下列协议。

1）TA 给申请者 A 建立并颁布一个标识串 ID_A，ID_A 包含 A 的相关信息，如姓名、性别、生日、职业、电话号码等识别信息。

2）A 秘密地选择一个随机指数 r，$0 \leqslant a \leqslant q-1$，计算 $v=a^r \bmod p$ 并将 v 发送给 TA。

3）TA 对(ID_A,v)签名，$s=Sig_{TA}(ID_A,v)$。TA 将证书 $C(A)=(ID_A,v,s)$ 发送给 A。

证明者 A 向验证者 B 证明其身份的协议，即 Schnorr 身份认证协议可描述如下。

1）A 随机选择一个数 k，$0 \leqslant k \leqslant q-1$，计算 $\gamma=a^k \bmod p$。

2）A 将其证书 $C(A)=(ID_A,v,s)$ 和 γ 发送给 B。

3）B 通过检查 $Ver_{TA}(ID_A,v,s)$ 是否为真来验证 TA 的签名。

4）B 随机选择一个数 r，$1 \leqslant r \leqslant 2^t$，并将 r 发送给 A。

5）A 计算 $y=(k+ar) \bmod q$，并将 y 发送给 B。

6）B 通过验证 $\gamma=a^y v^r \bmod p$ 是否成立来识别 A，只要等式成立，B 就承认 A 的身份。

下面对 Schnorr 协议做一些解释。第 1）步可进行预处理，即在 B 出现之前完成。设置安全参数 t 的目的是阻止攻击者 C 伪装成 A 猜测 B 的挑战数 r。因为如果 t 不够大，C 有可能事先猜测到 r 的正确值，那么 C 在第 1）步任取 y，计算 $\gamma=a^y v^r \bmod p$，当 C 收到 B 发送来的挑战数 r 时，C 将已选好的 y 提供给 B，那么 y 和 γ 必能通过第 6）步 B 的验证。将 γ 发送给 B，如果 B 随机地猜测 r，那么 C 能猜中的概率是 2^{-t}。这样对大部分应用来说，$t=40$ 将是一个合理的选择。

签名 s 用来证明 A 的证书的合法性。当 B 验证了 TA 对 A 的证书的签名后，B 就相信 A 的证书是真实的。A 秘密选择的数值 a，它使 B 相信完成认证协议的的确是 A。数字 a 在用于认证方面的功能上类似于个人识别号 PIN，但它与 PIN 有本质的差别：在认证协议中，a 的值一直没有被泄露，但 A 却向 B 证明了其知道 a 的值。这一证明过程在认证协议的第 5）步完成，它使 A 能够争取计算 y 的值，用于响应 B 的认证挑战。

下面简单分析一下 Schnorr 协议的安全性。

首先，攻击者 C 通过伪造一个证书 $C'(A)=(ID_A, v', s')$，$v \neq v'$，来模仿 A 是难以成功的，因为这里的 s' 必须是 TA 对(ID_A,v')的签名，才能通过协议步骤 3）中 B 的验证。但只要 TA 的签名方案是安全的，C 就不能伪造 TA 的这个签名 s'。

其次，C 改用 A 的正确证书 C(A)= (ID$_A$,v,s)（证书不保密，是公开的）来模仿 A 也是难以成功的。因为此时 C 必须猜出 A 的密钥 a，才能在步骤 5）中计算出 $y=(k+ar) \bmod q$ 来响应 B 的挑战 r。但是求解 a 涉及离散对数问题，而已经假定 Z^*_p 上计算离散对数不可行。

尽管如此，到目前为止，仍然没有证明 Schnorr 协议是安全的。

Schnorr 协议从计算量和需要交换的信息量两方面来看都是很快和有效的。它也极小化了 A 需要完成的计算量。这是考虑到在实际应用中，A 的计算将由一个低计算能力的 Smart 卡来完成，而 B 的计算将由一个具有较强计算能力的计算机来完成。

在物联网环境中，需要轻量级认证协议。轻量级就是在身份认证过程中消耗的资源较少。目前对什么是轻量级认证协议没有严格定义，但可以通过一些具体的例子来说明。轻量级身份认证协议将在物联网感知层安全的章节中进行讨论。

3.7.4　秘密共享协议

秘密共享（secret sharing）的概念是由 Shamir 和 Blakley 于 1979 年分别独立提出的，也称为秘密分享。秘密共享就是将一个秘密消息（如密钥）分成许多部分，每一部分称为一个分享，然后将每一个分享秘密地分配给一些分享持有人，使得当分享持有人中足够多的一部分人同时给出他们的分享信息后可以重建密钥，而单个分享或少部分分享不能重建密钥。

例如，某银行有三位出纳，他们每天都要开启保险柜，为防止每位出纳可能出现的监守自盗行为，银行规定至少有两位出纳在场才能开启保险柜，银行的这个开启保险柜的问题可以利用秘密共享方案来实现。

举一个简单例子。假设密钥 k 是一个要分享的原始秘密，现在将 k 分享给三个人，使得其中任何两个人可以恢复原始秘密。首先产生两个与 k 同样大小的随机数 r_1 和 r_2，将这两个随机数分配给 A，将 r_1 和 $r_2 \oplus k$ 分配给 B，将 $r_1 \oplus k$ 和 r_2 分配给 C。这样，任何两个人的分享信息可以用来恢复出原始秘密 k，而任何一个人所掌握的分享不足以猜测出 k。

Shamir 门限秘密共享协议是最具代表性的一种协议，另外还有很多在此协议基础上的扩展。秘密共享技术在物联网中的应用不是很广泛，本章不作详细描述。

3.8　小结

密码学和安全协议是研究物联网安全的核心基础。本章介绍了密码学的基本概念，几种典型的密码体制，几种常见的认证协议，包括密钥协商协议、身份认证协议等。

密码算法是具有通用性的网络安全基础技术，安全协议则是具有针对性的网络安全保护方式。实际使用中可选取的密码算法以国际标准和国家标准为准，而实际使用的安全协议，除了标准通信协议中所嵌入的一些标准流程（如 IPSec、SSL 等）外，许多安全协议都需要根据实际应用环境设计。

本章还简单介绍了身份认证协议和其他几种典型的安全协议，并介绍了这些安全协议的基本原理，目的是让读者了解一个安全协议是什么样子，通过什么样的步骤达到什么安全目的。

习题

1. 密码算法有几种？各有什么特点？

2. 分组密码算法有哪些不同的结构？PRESENT 是一种什么结构的密码算法？

3. 为什么说 PRESENT 是一种轻量级密码算法？

4. 公钥密码算法与对称密码算法的本质区别是什么？在用途上有哪些不同？

5. RSA 如何加密和解密数据？如何进行数字签名和验证签名？

6. 为什么说数字签名不提供数据的机密性？如果需要数字签名，同时也需要数据的机密性保护，举例说明如何处理，包括具体步骤。

7. 什么是公钥证书？如何验证一个公钥证书是否合法？验证合法后得到什么信息？

8. 在对称加密算法中，加密算法为 $C=E_k(P)$，解密算法为 $P=D_k(C)$。将解密算法表达式代入加密算法表达式，得到 $E_k(D_k(C))=C$。这个表达式对任意数组 C 都成立吗？为什么？

9. Diffie-Hellman 密钥协商协议存在什么安全漏洞？这是否说明 Diffie-Hellman 密钥协商协议不安全？

10. 给定一个公钥密码算法（加密算法 E 和解密算法 D），设计一种方法使 A 与 B 之间实现密钥协商。

11. 用户 A 需要对用户 B 进行身份认证，结果用户 B 向用户 A 提供了自己的公钥证书以证明身份。这种方式的身份认证合适吗？请给出具体分析说明。

技术篇

第4章 物联网的信任体系与密钥管理

4.1 引言

一个信息系统的安全性不完全取决于技术实现，还需要结合有效的管理。物联网可以发展成庞大的系统，技术管理更是不可缺少的元素。在网络安全技术中，提供网络安全服务的有各类密码算法和安全协议，包括身份认证、密钥管理、其他专有协议等。这些方案通常将一些特定的（有时可以是通用的）密码算法和必要的安全协议结合到一起，实现技术支撑下的管理。注意这里的管理主要指技术管理。

为了说明技术管理的重要性，这里举一个例子。随着物联网体系规模的发展，参与到物联网体系中的设备可能由多家生产，这些设备的使用也可能超越任何一个利益团体的管控。如何实现这些设备之间的保密通信不是简单的技术问题。比如，有两个设备 A 和 B，它们之间的保密通信可以使用密码算法来实现，但密码算法又必须有密钥为前提。如何建立密钥来实现 A 与 B 之间的保密通信问题就超越了密码算法本身所能提供的服务，这个问题就是密钥管理问题。

简单地说，物联网的信任体系与密钥管理，是物联网系统实施安全保护的基础，是物联网安全的基础支撑。本章主要介绍作为物联网安全基础支撑的身份标识技术、身份认证技术（也称为身份鉴别技术）和密钥管理技术。

4.2 物联网系统的身份标识与身份认证

身份标识与身份认证是物联网系统信任体系与密钥管理中的核心。没有身份标识，就谈不上身份认证。有些物联网系统可能使用了不科学的身份标识方法，这种方法在小范围内还没有多大问题，但当物联网系统的互联互通范围扩大后，身份标识格式不统一，标识冲突等一系列问题就逐步显现出来。因此，科学的身份标识是解决安全问题的第一步。

首先，需要明确网络环境中具有身份标识的个体。从物理实体上可以分为人、机、物，在非物理实体方面可以包括计算进程、电子文档、通信流程等。物联网环境主要关注物理实体，即"人""机""物"。

一般来说，"人"在网络环境中的身份以用户名和密码为辨别和认证依据，但不一定具有真实性，即一个人可以有多个账户，即使单一账户，也可能不能对应到某个具体的人。对人的身份信息的有效管理就是实名制。

身份证是一种实名证件，但各国的身份证号码格式不一致，很难做到全球统一。但是，手机号码中的 IMSI 码是全球统一格式的。假设手机号码是实名制登记的（理论上做到实名制登记是可行的)，可以根据手机号码来确定一个人在网络上的真实标识。因此，网络环境中对人的标识，虽然在不同的应用平台以个人账户名呈现出来，但都可以绑定到一个手机号码，而这个手机号码又与一个人的真实身份进行绑定，于是就唯一确定了一个人。即使一人使用多个手机号码，这种逆向对应，也能根据网络平台的用户账号唯一确定一个真实的人。人作为最终用户，在不同的平台可能有着不同的身份信息，包括登录账号和密码等。因此，网络环境中的个人身份信息一般不涉及全球范围内冲突的问题。一个人即使在不同平台使用同样的账户名和登录密码，也并不会引起冲突，因为平台的不同就保证了这些账户的不同。

然后，考虑"机"在网络环境中的身份标识。一般地，"机"是指计算机设备，可以是具有计算能力和网络通信能力的任何设备。这类设备有一个特点，就是通信地址。在互联网上，计算机设备一般具有一个 IP 地址，或外网地址，或内网地址。如果需要在全球范围内具有唯一性，目前较好的解决方案是使用 IPv6 类型的地址作为其身份标识。虽然 IP 地址是虚拟的，但作为计算和通信设备的身份标识是很合适的。

最后，考虑"物"在网络环境中的身份标识。所谓"物"，是指那些没有网络通信能力的物理实体，这类物理实体出现在网络环境中时，通常以某个识别码表示。当前有多种不同类型的识别码，包括条形码、二维码、RFID 等。在物联网环境中，理论上可以使用 RFID 将所有"物"标识出来。当然，RFID 本身在物品标识编码方面也有不同的国际标准，因此如何将设备身份与其他网络身份统一起来，目前还没有成熟的方法。

从上面的分析可以看到，物理实体在网络环境中的身份标识有两种类型：一类是地址类身份，这类身份标识可以直接用于传递信息；另一类是标识类身份，这类身份依托某个平台或数据库进行识别，不是直接通信的对象，但可以通过通信载体或平台进行信息交互和利用。

4.2.1 账户类身份

人作为物联网系统使用的主体，需要通过一定的方式来获取和发送信息。常用的人机交互方式是通过个人账户登录到一个管理平台，该管理平台对登录的个人进行身份认证来确定是否允许其访问数据和发送消息。通常由物联网的数据处理中心对设备、数据和用户（账户）进行管理。因此，人在管理中心平台的身份标识就是账户名，而用于用户身份认证的秘密信息就是用户的口令。个人账户类身份的认证方式通常是基于口令的认证。如果对安全性要求较高，还可以使用多因子认证，即除口令之外还需要另外的认证信息，如使用 USB Kcy 或指纹等。

4.2.2　地址类身份

地址类身份一般属于具有通信能力的设备，如计算机、路由器、移动通信设备、各种物联网终端设备等。这类设备在网络中的身份就是其通信地址。为了规范这类身份标识，可以使用 IPv6 类型的地址，因为这类地址资源丰富，而且正在逐步被商业应用所接受。

移动通信设备也在 LTE 技术的支持下使用移动互联网技术实现语音和数据的融合，其中 IP 通信协议将成为主要通信技术。这类设备的身份标识虽然在各个运营商内部具有不同的标识（如 international mobile subscriber identity，IMSI），但可以统一映射到 IPv6 类型的身份标识。

地址类身份需要在通信边界内具有独立性，否则容易出现地址错乱现象。由于通信边界可能会扩展到全球范围内，地址类身份最好具有全球唯一性。考虑到 IPv6 地址具有这种性质，从原理上可以将地址类身份定义为 IPv6 类型的 IP 地址。

4.2.3　标识类身份

标识类身份一般属于那些本身不具有通信能力的设备，如人、各类物品的编码、RIFD 电子标签等，这类身份需要借助有通信能力的设备或平台完成通信。

标识类身份无须在全球内唯一，但需要在其所在的平台（一般为数据库）内唯一。由于数据库在录入这些标识类身份时，有的身份（如人的身份，即账户名）需要平台分配，有些身份（如 RFID 电子标签）已经存在，为了保证在平台内的身份不发生冲突，对于后者，需要具有全球唯一性。好在 RFID 电子标签的编码方法有多种国际标准，其编码结果都满足全球唯一性。

4.2.4　身份标识的统一性问题

对物联网系统中的身份标识是否需要统一，目前有不同的观点。一种观点是没有必要将各种类型的身份标识进行统一，而且进行身份标识的统一要花很多代价，包括管理代价、系统更新代价等。例如，标识类身份只存在于某个固定平台，离开那个平台就可能失去意义，如果需要在全球范围内进行识别，首先需要识别平台的身份，然后再确定目标身份。在全球范围内，确定标识类身份的唯一性需要与其所在平台的身份相结合。而标识身份所在的平台本身具有地址类型的身份，满足全球唯一性要求。因此，要解决身份标识的全球唯一性问题，无须各类身份标识在格式上统一。

4.2.5　账户类身份认证

网络环境下账户类身份是针对人的一种标识。虽然人在网络环境中不一定以实名出现，但需要一个明确的身份标识，以便进行身份认证。

账户类身份标识的目标是将现实世界的访问者与数据库系统中的主体标识相关联。每一个人在出生时都会被赋予名字，这是人在现实世界的标识符号。身份认证的目的是核查用户身份的合法性，例如通过挑战-应答等方式让用户来证明他自己。现实世界中，在银行进行取款操作时需要输入银行卡密码，这就是一种简单身份认证的范例，取款人通过提供密码来证明他就是这个账户的主人。

1. 用户身份标识

在数据库系统之中采用了类似的管理模式，当一个人希望连接数据库获取数据时，数据库首先会为他分配一个标识符，让他在数据库中拥有一个身份，这一过程用专业术语表达就是"主体标识"。主体是在数据库中发起数据访问请求的主动实体，当然主体不仅限于是人，也可以是一台服务器或者进程。当主体实际进行数据访问时，主体必须首先向系统表明他是谁，在表明的过程中，他需要提供一些证据来证明自己。完成了身份标识与认证，现实世界的人和数据库中的主体建立了关联，提供了其他安全功能实现的前提。

对注册到数据库管理系统中的用户要进行标识。用户标识信息是公开信息，一般以用户名和用户 ID 实现，为了管理方便，可将用户分组，也可使用别名。

在数据库中对于主体进行标识需要遵循唯一性原则，是指在一个数据库系统中，一个标识只能分配给一个主体，不能有重复。这就像每个身份证号码只能分配给一个人，否则必然会带来混乱。此外，用户标识在数据库系统的生命周期内有效，已删除的用户不得再次使用。例如，已经离职的职工，就不应该再拥有可以访问数据库的账户。最后，应对标识信息进行管理、维护，确保其不被非授权地访问、修改和删除。

2. 用户身份认证

一般而言，用户身份认证可以基于如下一个或几个因素完成。

- 用户知道的信息，如静态口令。
- 用户具有的生物特征，如指纹、声音、虹膜识别等。
- 用户拥有的物品，如智能卡等。

第一种用户身份认证最常见的是使用用户名加口令的方式。该方法简单方便，不需要额外的装置（如智能卡）并且应用广泛，但是非常容易通过口令猜测、线路窃听、重放攻击等手段导致伪造合法身份。

第二种用户身份认证方法是生物特征识别技术（包括指纹、声音、人脸、手迹、虹膜等）。该技术以人体唯一的生物特征为依据，比较稳定和可靠，具有很好的安全性和有效性。指纹识别技术已经得到非常广泛的应用，在某些系统中也已经见到声音识别和人脸识别的应用，但其他几项生物特征识别技术因为实现的技术复杂，技术也不够成熟，在应用中尚不多见。

第三种用户身份认证方法是双因子认证技术。该技术使用两种用户特有的信息进行认证，防止一种信息被窃或伪造，造成非法登录。双因子认证通常使用口令与用户具有对生物特征或用户拥有对物品相结合的方式。以口令与 USB Key 的身份认证为例，为了操作和管理方便，有时将用户口令与 USB Key 相结合，表现为口令控制下对 USB Key 的工作模式。该方法具有以下特点。

① 双因子认证　每一个 USB Key 都具有硬件 PIN 码保护，PIN 码和硬件构成了用户使用 USB Key 的两个必要因素，即所谓"双因子认证"。用户只有同时取得了 USB Key 和用户 PIN 码，才可以登录系统。

② 带有安全存储空间　USB Key 具有安全数据存储空间，可以存储数字证书、用户密钥等秘密数据，对该存储空间的读写操作必须通过程序实现，用户无法直接读取，其中用户私钥是不可导出的，杜绝了复制用户数字证书或身份信息的可能性。

③ 硬件实现加密算法　USB Key 内置 CPU 或智能卡芯片，可以实现 PKI 体系中使用的数据摘要、数据加解密和签名的各种算法，加解密运算在 USB Key 内进行，保证了用户密钥不会出现在计算机内存中，从而杜绝了用户密钥被黑客截取的可能性。

在开放共享的多用户系统环境下，为了防止各种假冒攻击，在执行真正的数据访问操作之前，要在客户和数据库服务器之间进行双向身份认证，比如用户在登录分布式数据库时，或分布式数据库系统服务器与服务器之间进行数据传输时，都需要验证身份。著名的 Kerberos 协议是一种基于对称密码体制的身份认证协议。在该协议中各站点从一个密钥管理中心站点获得与目标站点通信用的密钥，从而进行安全通信。该协议的优点为支持单点登录，支持双向认证，可以防止网络窃听和重放攻击。但是该协议的应用场合存在着一定的局限性，因为密钥管理中心负责管理和安全分发大量密钥，容易造成系统性能瓶颈，而且系统内必须有一个被所有站点信任的密钥管理中心。

为了简化站点间通信密钥的分发，开放式网络应用系统一般采用基于公钥密码体制的双向身份认证技术。在这种技术中，每个站点都生成一个非对称密码算法（如 RSA）的密钥对，其中的私钥由站点自己保存，并可通过可信渠道将自己的公钥分发给分布式系统中的其他站点。这样，任意两个站点均可利用所获得的公钥信息相互验证身份。X.509 方案是这种技术的代表，该方案的核心内容是与每一个用户相关的数字证书，这些数字证书由可信任的权威机构 CA 来颁发，由于采用了 PKI 机制，降低了密钥交换的风险，所以为身份认证服务提供了很好的支持。

4.3　网络环境下信任的定义和信任的建立

有了身份标识，并不意味着就可以使用密码算法进行安全通信了。从第 3 章中的 Diffie-Hellman 密钥协商协议不难看出，要实现保密通信，还必须实现密钥分配，而要实现密钥分配，还需要知道与某个通信节点进行通信的远程目标到底是不是真实的目标通信节点。这就是网络环境下的信任问题。

网络环境下信任的内涵不同于在日常生活中的信任。日常生活中不同范围的信任也有局限性。例如，对医生的信任，仅用于找医生看病；对银行的信任，仅用于去银行存钱。但是，这些信任的内涵不同，不可以交换角色使用。在网络环境和虚拟世界中定义的 A 信任 B，是指用户确信 A 掌握了 B 的某些确定而且具有个性化的信息，比如 A 掌握确实属于 B 的公开密钥信息，就是一种网络环境下的信任，而不是上述在人们生活中受感情支配意义上的信任。如果 A 与 B 之间预置了一个共享密钥，可以说在 A 与 B 之间建立了一条信任路径，即 A 与 B 相互信任了。因此，信任的建立可以通过密钥预置，或后期通过某个可信第三方的证明。公钥证书就是一种第三方证明，可以在后期为通信的双方（或单方）建立信任。

一般情况，网络环境下的信任是不可逆的。如果 A 信任 B，这并不意味着 B 也同时信任 A。下面将看到，在预置密钥情况下可以建立 A 与 B 之间的相互信任，但在公钥证书情况下不能同时建立双向信任，这时各个方向的信任需要分别建立。虽然在实际应用中信任的建立通常是双向的，但也并不总是双向的。

信任是可以传递的。A 信任 B，同时 B 也信任 C，则可以建立 A 对 C 的信任，这种属性对网络环境下的信任建立非常重要。信任的传递可以通过认证协议的方式实现，也可以通过公钥证书的方式实现。例如，在公钥密码体制下，B 信任 C，则 B 可以为 C 的公钥签署一个"证书"（不必要是标准的公钥证书），然后将该证书传输给 A；A 因为信任 B，所以可以通过验证该证书的合法性接纳 C 的公钥，从而建立起对 C 的信任。

需要注意的是，信任不能无中生有，必须从某个信任基础进行传递。如果失去了信任基础，则信任无从建立。那么，最初的信任（称为初始信任）如何建立呢？一般需要离线设置，例如设备在出厂时配置的秘密信息就可以作为初始信任的信息。

4.3.1 初始信任的实现方法（一）：预置对称密钥

如果在通信双方之间预置同一个密钥，则双方可以使用对称密钥密码算法进行保密通信。更为重要的是，这种方式可以为双方建立初始信任。也就是说，通信的任何一方不用担心另一方是假冒的，因为假冒者没有能力获得他们之间共享的密钥，这也是最基本的安全假设。

在移动通信系统中，每个用户购买 SIM 卡（就是电话卡）时，SIM 卡内预置了一个密钥，运营商的数据库中也记录了这个密钥，于是在移动手机用户和运营商之间预置了一个共享密钥，这样就在移动手机用户和移动通信网络运营商之间建立了相互信任关系。这种信任关系不是人与运营企业之间的信任，而是设备之间进行保密通信时不受第三方欺骗的一种信任。

4.3.2 初始信任的实现方法（二）：预置公钥根证书

公钥证书是一种公开的密钥管理技术，通过公钥证书，使在陌生通信节点之间实现可靠的保密通信变得可行。所谓陌生节点，是指之前没有建立任何通信联系的节点。这种属性适合在大范围的应用场景，包括全球范围内的应用场景。例如，网络投票就可以使用公钥证书来确认投票者的合法身份。

公钥证书就是将用户的公钥、用户身份等信息，由一个证书签发机构（CA）进行数字签名，当其他用户验证签名的合法性后，就验证了证书的合法性，从而获得证书用户的公钥，建立了对该证书用户的信任。

仅仅靠提供公钥证书不能建立信任，因为验证公钥证书的合法性需要信任假设。如前所述，对公钥证书合法性的验证就是验证公钥证书签发机构的数字签名是否正确，而数字签名具有公开可验证的属性，为什么还需要信任呢？公开验证的属性，是在掌握验证数字签名对应的公钥条件下的公开验证，而信任的问题是如何确认验证者掌握了 CA 的公钥。这实际就是初始信任问题。

为了解决这一问题，需要验证者以某种可信的方式获得 CA 的公钥，商业应用中一般通过给验证者预置 CA 的根证书来实现。一般地，一个使用公钥证书的设备在出厂时，预置 CA 根证书（用于对其他设备的公钥证书进行验证）和该 CA 给自己签发的公钥证书（用于提供给其他设备），以这种方式可以在任何时候通过对公钥证书的验证来实现这些设备之间的信任。

4.4　公钥基础设施（PKI）简介

在利用公钥加密时，首先应将自己的公钥传输给对方。但是与面对面的谈话不同的是，由于网络通信不能进行直接确认身份，因此，在得到一个公钥后，并不能马上确定这就是自己所希望通信的对方的公钥，必须要对对方公钥的真实性进行认证。

在通信双方 A 与 B 互不信任的情况下，要想使 B 确信某个公钥的确属于用户 A，必须有一个 B 信得过的第三方 T 向 B 证明，而 T 又必须有能力知道该公钥的确属于 A，从而可以向 B 提供真实信息。为了使这种证明可以离线工作，即不必要由 T 亲自向 B 证明，只要 T 预先出具一个证明，A 通过向 B 提供这个证明即可。公钥证书的作用就是提供这种证明。如上所述，公钥证书是一个所有用户都信任的称为证书签署中心（CA）的第三方，向每一个合法用户的公钥签署一个凭证，该凭证包含用户身份信息（如 IP 地址）、用户公钥信息、证书的签发时间和有效期等信息。CA 对这些信息进行数字签名，该签名就是公钥证书。任何人收到这样一个公钥证书后，通过验证 CA 的签名是否合法以及证书是否还有效，就可知道证书中所包含的公钥属于谁。

公钥证书是一种提供公钥认证服务的有效方法。为了规范对公钥证书的管理，便于基于公钥证书的认证服务规模化应用，需要规范公钥证书的签发、验证、撤销等过程。这种规范化管理系统称为 PKI。PKI 是一种签署和管理公钥证书的标准体系，它看起来似乎是件容易的事，但具体成为标准则需要考虑很多方面的问题，如证书格式、证书的撤销和更新过程、证书的存放和查询、证书的验证，特别是跨 CA 的证书的验证等。

实际应用中的 PKI 是由一系列软件、硬件、人、策略及流程组成的，用于创建、管理、分发、使用、储存及撤销的数字证书管理平台，它能够为网络通信应用提供加密和数字签名等密码服务以及这些密码服务过程所需要的密钥和证书管理体系。简单来说，PKI 就是利用公钥理论和技术，为网络上的一系列安全服务，如防止窃听、非法入侵、篡改、否认等威胁而建立的基础设施。PKI 技术是网络安全技术的核心，也是物联网、电子商务、电子政务等相关服务的关键和基础技术。

公钥在数据表现形式上就是一个字符串。如何检验一个公钥的真实性，无法通过公钥本身来实现。一种有效的方法是通过可信第三方（TTP）来协助完成。通俗地说，就是两个相互不认识的双方都认识 TTP，在 TTP 的介绍下双方就认识了。

在 PKI 中，需要有一个 TTP 作为证书签发中心（CA）。该 CA 的职责是为用户签发公钥证书，用户需要有该 CA 的正确公钥才能验证其所签发的公钥证书的真伪。这样通过对公钥证书的合法性验证，可以将对 CA 的信任传递到终端用户之间。

在实际的 PKI 系统中，除了 CA 外，还包括其他一些辅助的可信机构，如注册登记机构（registration authority，RA）。

CA 有以下三个职能。

- 对于所有符合要求的公钥所有者颁发公钥证书。
- 当已经颁布的证书不再使用时，对这个证书进行撤销处理，并定期更新证书撤销列表（certificate revocation list，CRL）。
- 为了使所有的用户能够看到证书，将证书和 CRL 在数据库中公布。

RA 是一个辅助机构，其目的是当 PKI 的规模很大时，RA 将颁布证书的权限单独管理，以减少运营成本。RA 的职能如下。

- 当 PKI 用户申请发行证书时，对用户进行身份认证。
- 对 CA 新颁发的证书进行合法性验证，验证通过后才发给用户。

4.4.1 X.509 公钥证书

公钥证书的主要国际标准是国际电信联盟的电信标准分局（ITU-T）主导制定的 X.509 标准。X.509 是 X.500 系列标准之下的一个子标准，作为 ISO/IEC 的标准在国际上通用。

X.509 的最初版本（X.509v1）是 1988 年颁布的，1997 年颁布的 X.509v3 是最新版本，包括了扩展域，使其可以根据需求适当扩展。2000 年对 X.509v3 做了进一步修改，明确了 CRL 和属性证明的定义。

为了使 X.509v3 能够与 Internet 结合应用，国际互联网工程任务组（The Internet Engineering Task Force，IETF）的 PKIX 部门将其定义为 RFC 2459 标准。RFC 2459 主要参照了 1997 年的 X.509v3 证书和 CRLv2 的有关格式，其修改版作为 RFC 3280 公开。

根据用途将证书分为表 4.1 所示的种类。这里说的证书，指的都是公钥证书。

表 4.1　公钥证书的种类

种类	说明
普通公钥证书（public key certificate）	证明公钥及其所有者身份
属性证书（attribute certificate）	证明拥有公钥证书的用户的权限。可以和公钥证书一起使用，在 2000 年的 X.509 中追加的种类
特定证书（qualified certificate）	对于自然人颁发的证书，主要用于数字签名

此外，根据颁发证书的对象不同，又分为根证书和普通用户的公钥证书。根证书是 CA 给自己颁发的公钥证书，使用 CA 自己的私钥通过数字签名技术证明自己的身份和自己的公钥之间的关联。验证根证书对安全性的意义不大，因为验证的前提是相信 CA 的公钥，而验证的结果也是相信 CA 的公钥。但对根证书的验证有益于对公钥证书验证流程的标准化。

X.509 证书以及相关技术的格式，通常以 ASN.1 的标记方法标注。ASN.1 是一种可以描述复杂数据结构的标记方法。数据主要由类型标识、数据块长度、数据块的值以及数据块结束标记构成。各个区域表示的数据种类如下。

① 类型标识　指定 ASN.1 值中含有的数据类型，如整型、比特串、字符串等，用 1 字节表示。

② 数据块长度　表示数据块的字节数，用 1～128 字节表示。

③ 数据块的值　数据块的内容，具有前面定义的长度，或者不定长。

④ 数据块结束标记　用 2 字节（0×0000）表示数据块的结束，只有在长度值为不定时才会出现。

X.509 证书将证书所有者和 CA 的名字，以发行者识别名 DN（distinguished name）的形式来描述。DN 具有全球唯一性，由属性（attribute）和属性值（attribute value）依次排列而成。属性类型指定属性值的种类，有国别（c）、组织（o）、组织单位（ou）、名称（cn）等。属性值中存放着实际的数据。

X.509 证书中包含证书主体部分、签名算法（signatureAlgorithm）及签名值（signature-Value），如图 4.1 所示。证书主体中包含证书的所有人、公钥、有效期等信息，签名值中包

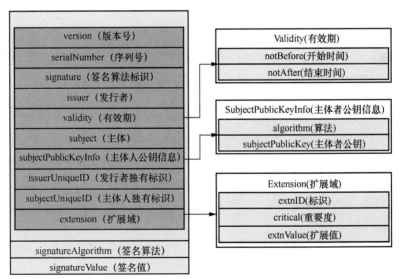

图 4.1
X.509 证书的结构

含 CA 对于证书主体的数字签名。

4.4.2 X.509 公钥证书的使用过程

X.509 证书是一个管理系统，其中包括一个证书签署中心（CA）、一个证书注册中心（RA）、一个复杂的存放证书的公共数据库。证书的签署和使用等包括下列几个过程。

① 证书签署　用户向 CA 证明自己的合法身份并提供公钥，CA 对此公钥签署公钥证书。用户可以对公钥证书进行正确性验证。用户的公钥证书可以证明该公钥属于该用户，需要使用该用户公钥的人都可以在获取该证书后进行验证以确信公钥是真实的。

② 证书存放　如何让其他需要使用该证书的用户得到该用户的公钥证书呢？最直接的方法是向该用户索取。但该用户并不是总处于在线状态，即使在线，也不一定能随时应答索取公钥证书的询问。另一种方法是将用户的公钥证书放在自己的个人网页上，但问题是并非所有用户都有自己的个人网页，即使有个人网页，需要使用该证书的用户也不一定容易找到该个人网页。因此 PKI 的解决方案是将公钥证书放在一个标准数据库中，需要使用公钥证书的用户可以到该数据库查询。所以当用户在申请到公钥证书时，需要到 RA 那里去注册，RA 验证证书合法性后，将证书连同用户信息存放在证书数据库中。

③ 证书注销和更新　尽管公钥证书有其有效期，但因为各种原因，一个公钥证书可能在有效期内就需要更换或注销。当用户申请注销公钥证书时，用该公钥对应的私钥对一个固定格式的消息进行数字签名并传给 RA，当 RA 验证签名合法后，将证书从数据库中删除，同时在一个叫作证书注销表（CRL）的数据库中添加被注销的证书信息。当用户需要更新自己的证书时，选取一个新的公钥，用原来公钥对应的私钥对新公钥进行签名，将签名信息传给 CA，CA 验证签名有效后签署一个新的公钥证书。用户再将该新公钥证书连同用原私钥签名的证书更新请求传给 RA，RA 在验证签名以及新证书的合法性后，将原来的证书从数据库中删除，添加新证书，同时在证书注销表中添加被注销的证书信息。

④ 证书的获取　当其他用户需要某个用户的公钥证书时，向 RA 提出咨询请求。RA 根据请求所给出的用户信息查找到公钥证书，然后将公钥证书传给咨询者。有时候，咨询者已经有某个用户的公钥证书，只想查看一下该公钥证书是否仍然有效。对这种需求，RA 只需检查 CRL 中是否包含所咨询的公钥证书的信息即可。为查询方便，每个公钥证书都有一个身份标识，因此查询有效性时不需要把整个证书数据在网上传输，只需要传输证书的身份标识以及其是否被注销的信息即可。

⑤ 证书的验证　当得到某个用户的证书后，需要验证证书的合法性，以确定证书中所含的公钥信息的真实性。当验证者和证书持有人有着相同的 CA 时，这个问题很容易解决，因为验证者知道 CA 的公钥信息，通过验证 CA 在证书上的数字签名，即可确定证书的合法性。

4.4.3 X.509 中 CA 的信任关系

在实际应用中，只有一个 CA 的公钥证书系统只可能在小范围内使用。在 X.509 体系中，允许有多个 CA。如果验证者和证书持有人没有相同的 CA，这时证书的合法性验证问题就变得复杂一些，需要在验证者和证书持有人之间存在一条信任路径，否则无法对证书的合法性讲行验证。这就需要 CA 之间存在某种信任关系。对多个 CA 的情况，有几种不同的信任架构，例如自上而下的树状 CA 结构、双向树状 CA 结构、平级 CA 结构。下面分别作简单介绍。

（1）自上而下的树状 CA 结构

有一个种子证书签发中心 CA_0，它负责给一些子 CA（如 $CA_1, CA_2, \cdots, CA_n$）发放公钥证书。每个 CA_k 又负责给自己的一些子 CA（如 CA_{k1}，CA_{k2} 等）发放公钥证书。这样经过几层后，支端的 CA 就给用户发放了公钥证书。这种树状结构如图 4.2 所示。

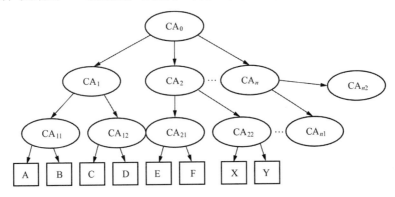

图 4.2
自上而下的树状 CA 结构

在图 4.2 所示的结构中，箭头表示发起端给指向端签署发放公钥证书。假设所有用户拥有种子 CA_0 的公钥信息，当一个用户得到另外某个用户的公钥证书时，自上而下进行验证。比如，当用户 A 得到用户 X 的公钥证书后，需要用 CA_0 的公钥来验证 CA_2 的公钥证书的合法性，然后从 CA_2 的公钥证书中得到 CA_2 的公钥信息，再由此验证 CA_{22} 的公钥证书的合法性，然后从 CA_{22} 的公钥证书中得到 CA_{22} 的公钥信息，再由此验证 X 的公钥证书的合法性，最后提取 X 的公钥信息。

自上而下的树状 CA 结构有其明显的缺点。首先，假设所有用户拥有 CA_0 的公钥信息就有点困难，不是技术上做不到，而是假如让该系统在一定范围内使用的话，特别是在世界范围内使用的话，在哪里设置 CA_0 比较现实，这可能会遇到一些诸如政治因素等障碍。另外，即使 A 要验证 C 的公钥证书，也要通过自上而下的复杂过程，而通常的证书验证所跨越的 CA 数很少，因此应该找到能使近距离证书验证更方便的方法。于是有了下面的双向树状 CA 结构。

（2）双向树状 CA 结构

双向树状 CA 结构与图 4.2 类似，但区别是连接两个 CA 的箭头的方向是双向的，即除了图 4.2 中表示的所有证书外，CA_1 还为 CA_0 签署一个证书，同样 CA_2, $\cdots$，CA_n 也分别为 CA_0 签署一个证书。类似地，每个其他的子 CA 也为它们的父 CA 签署一个公钥证书。CA_1 为 CA_0 所签署的公钥证书不是直接给 CA_0 的用户使用的，而是为了在该结构所连接的任何两个叶子用户（即图 4.2 所示的最底层的用户）之间建立一条信任路径，通过这条信任路径，用户之间可以相互验证公钥证书，而所有用户只需要拥有他们的直接 CA 的公钥即可。

现在用一个例子说明用户 A 如何验证用户 C 的公钥证书。从图 4.2 以及上述的修改描述中可以看出，用户 C 的公钥证书是 CA_{12} 签发的，因此用户 A 必须得到 CA_{12} 的真实公钥才能验证。但用户 A 并不掌握 CA_{12} 的公钥，但可以得到 CA_{12} 的公钥证书，这个证书是 CA_1 签署的。同样，用户 A 并不掌握 CA_1 的公钥，但可以得到 CA_1 的公钥证书。CA_1 的公钥证书至少有两个，一个是 CA_0 签署的，一个是 CA_{11} 签署的。用户 A 因为掌握 CA_{11} 的公钥信息，因此需要由 CA_{11} 签署那个公钥证书。这样，用户 A 可以用 CA_{11} 的公钥验证 CA_1 的公钥证书，然后提取公钥信息后用以验证它所签署的 CA_{12} 的公钥证书，然后再提出公钥信息后用以验证它所签署的用户 C 的公钥证书。注意从用户 A 到用户 C 有一条最短的连通路径，因为连接 CA 之间有相互的公钥证书，因此可以不经过 CA_0 就完成对用户公钥证书的验证。另外，对 CA 的信任假设也更合理，所有用户只需要信任当地的 CA，而用户的身份也由当地的 CA 来确认。这里所说的信任是指掌握真实的公钥信息并确信这一事实。这是比较实用的，也是被推荐的方法。

（3）平级 CA 结构——CA 桥

上述双向树状 CA 结构仍然有缺点，比如当某一个 CA 需要更新证书时，所有与其连接的其他 CA 都需要更新公钥证书。但其在实用方面已经比自上而下的树状 CA 结构改善了很多。但不管哪种结构，都需要整个结构是连通的，即存在从用户所信任的 CA 出发到所要验证证书的用户的一条信任路径。但是在公钥证书体系的建立过程中，其结构是逐渐形成的，而且会有很多小的独立的 CA 结构，当发展到一定规模后，这些 CA 结构之间需要互通，但又不便于找到一个更高层的机构作为它们共同的 CA。因为各个证书结构之间内部是连通的，只要在不同的结构之间架起一座桥梁，就可以使两个结构互通。因此可以选取各个结构中的最高层 CA 做代表，两个代表之间互相签署公钥证书，这样就将两个结构连通了。如果多个结构希望做到互通，只要选取每个结构的最高层 CA 代表，使这些代表之间两两建立信任连接（即相互签署公钥证书），就可以将这些结构都连通起来。这种连通起来的结构称为平级 CA 结构。平级 CA 结构的优点在于，不管各个证书结构的内部是怎么运行的，通过最高层的 CA 互通，可以使任何一个结构中的任一用户能够验证另外任何一个结构中的任何用户的公钥证书，当然验证方需要知道各个 CA 结构的内部结构（比如自上而下的树状 CA 结构还是双向树状 CA 结构）以实施验证步骤。

4.5 适合物联网应用的小证书

所谓小证书，就是在标准 X.509 证书的基础上进行简化，去掉那些不重要的部分，保留关键元素，使其满足资源受限环境的应用需求。简化的证书无疑会在使用上节省成本。至于证书中哪些部分是重要的，哪些是不重要的，则要根据具体应用环境来定。在物联网应用中，可参考无线通信领域对 X.509 证书的简化方式。无线通信中的证书与标准 X.509 证书之间的关系可从表 4.2 看出。

表 4.2　标准 X.509 证书与 WTLS 证书的格式比较

X.509 证书	WTLS 证书
版本（version）	版本（version）
序列号（serial number）	
算法标识符（algorithm identifier）	算法标识符（algorithm identifier）
发行者名称（name of issuer）	发行者名称（name of issuer）
有效期限（period of validity）	有效期限（period of validity）
证书所有者（属主）（subject）	属主（subject）
属主公钥（subject's public key）	属主公钥（subject's public key）
发行者身份标识（issuer ID）	
属主身份标识（subject ID）	
证书签名算法（certificate signature algorithm）	证书签名算法（certificate signature algorithm）
发行者签名（issuer's signature）	发行者签名（issuer's signature）
扩展项（可选的）	

从表 4.2 中可以看出，WTLS 证书是在标准 X.509 证书的 12 个标识域中去掉了 4 个，从个数上节省了 33%，但在数据量上的节省却并不乐观，因为不同部分的数据大小是不一样的。比如序列号，可能只需要 4~6 个字节就够了，其他 ID 也一样，而公钥信息和签名信息可能要大得多。事实上，考虑到发行者身份标识可以融合到发行者名称域内，同样属主身份标识可以融合到属主名称域内，因此即使是对标准 X.509 证书的实现，有时也省略两个身份标识。这样 WTLS 实际省去的是证书序列号和扩展项。扩展项的主要目的是对证书的应用有没有附加限制，比如只能应用某些场景而非其他一些场景。但当一个应用场景已经确定，而且所有证书有着相同的限制时，则没必要对每个证书具体说明，因此可以删除扩展项。对证书序列号的必要性还没有强烈的支持论据，因此在小证书中省去了，因为看不到其用途。

为了更好地了解 X.509 证书的格式以及 WTLS 证书可能的格式，下面给出一个标准 X.509 证书样本：

```
Certificate:
  Data:
    Version: 3 (0x2)
    Serial Number: 1 (0x1)
    Signature Algorithm: md5WithRSAEncryption
    Issuer: C=ZA, ST=Western Cape, L=Cape Town, O=Thawte Consulting cc,
        OU=Certification Services Division,
        CN=Thawte Server CA/emailAddress=server-certs@thawte.com
    Validity
```

```
            Not Before: Aug  1 00:00:00 1996 GMT
            Not After : Dec 31 23:59:59 2020 GMT
        Subject: C=ZA, ST=Western Cape, L=Cape Town, O=Thawte Consulting cc,
                OU=Certification Services Division,
                CN=Thawte Server CA/emailAddress=server-certs@thawte.com
    Subject Public Key Info:
        Public Key Algorithm: rsaEncryption
        RSA Public Key: (1024 bit)
            Modulus (1024 bit):
                00:d3:a4:50:6e:c8:ff:56:6b:e6:cf:5d:b6:ea:0c:
                68:75:47:a2:aa:c2:da:84:25:fc:a8:f4:47:51:da:
                85:b5:20:74:94:86:1e:0f:75:c9:e9:08:61:f5:06:
                6d:30:6e:15:19:02:e9:52:c0:62:db:4d:99:9e:e2:
                6a:0c:44:38:cd:fe:be:e3:64:09:70:c5:fe:b1:6b:
                29:b6:2f:49:c8:3b:d4:27:04:25:10:97:2f:e7:90:
                6d:c0:28:42:99:d7:4c:43:de:c3:f5:21:6d:54:9f:
                5d:c3:58:e1:c0:e4:d9:5b:b0:b8:dc:b4:7b:df:36:
                3a:c2:b5:66:22:12:d6:87:0d
            Exponent: 65537 (0x10001)
    X509v3 extensions:
        X509v3 Basic Constraints: critical
            CA:TRUE
    Signature Algorithm: md5WithRSAEncryption
        07:fa:4c:69:5c:fb:95:cc:46:ee:85:83:4d:21:30:8e:ca:d9:
        a8:6f:49:1a:e6:da:51:e3:60:70:6c:84:61:11:a1:1a:c8:48:
        3e:59:43:7d:4f:95:3d:a1:8b:b7:0b:62:98:7a:75:8a:dd:88:
        4e:4e:9e:40:db:a8:cc:32:74:b9:6f:0d:c6:e3:b3:44:0b:d9:
        8a:6f:9a:29:9b:99:18:28:3b:d1:e3:40:28:9a:5a:3c:d5:b5:
        e7:20:1b:8b:ca:a4:ab:8d:e9:51:d9:e2:4c:2c:59:a9:da:b9:
        b2:75:1b:f6:42:f2:ef:c7:f2:18:f9:89:bc:a3:ff:8a:23:2e:
        70:47
```

从上述样本可以看出，在实现对应的 WTLS 证书时，原 X.509 证书的内容基本被保留了下来，只是扩展项被去掉了。因此，小证书比标准 X.509 证书实际上没有小多少。

4.6 小结

本章简要介绍了物联网的信任体系与密钥管理技术，这些技术是实现物联网安全的基础支撑。内容主要包括物联网系统中对人、机、物等身份如何科学标识，如何建立初始信任以实现身份认证和密钥协商，最后简要介绍了 PKI 公钥证书技术，这是一种应用广泛的公钥证书管理方面的标准技术方案体系。

习题

　　1. 某用户在银行中办理了网银业务，并从银行柜台拿到了一个 U 盾，U 盾中有银行数据服务中心的公钥证书，但该用户不信任网银业务，那么他与银行数据服务中心之间的通信能否建立起信任关系？为什么？

　　2. 什么是地址类身份？什么是标识类身份？各有什么特点？举例说明。

　　3. 什么是身份认证？给出互联网上的一种身份认证方法。

　　4. 什么是公钥证书？公钥证书中一般包括哪些内容？哪些内容是必不可缺的？

　　5. 如何建立物联网设备的初始信任，以实现这些设备之间的身份认证？根据对称密钥和非对称密钥密码技术分别说明。

第 5 章 感知层安全关键技术

5.1 引言

物联网被认为是互联网向物理世界的延伸，是虚拟世界与物理世界的结合。而延伸到物理世界的关键部分，就是物联网的感知层。

从物联网的架构上看，物联网包括感知层、网络传输层和处理应用层。在网络安全技术方面，网络传输层和处理应用层都有一些信息系统领域成熟的技术可以使用，但在物联网的感知层，传统信息系统的安全保护技术很难直接移植到这里，因此，物联网感知层的安全技术是物联网安全最脆弱也是最缺乏的技术。

但是，物联网感知层设备（简称物联网设备）种类繁多，性能差异巨大，而且具有如下特点。

- 许多物联网设备部署在无人值守的开放环境中，这些物联网设备的物理安全无法保证，很难甚至无法给予物理接触上的维护，有些设备可能产生永久性的失效。在这种环境中的物联网设备容易遭到破坏和入侵攻击，特别是军事应用中的物联网更易遭受针对性的入侵攻击。
- 无线通信技术的开放性使攻击者可以轻易地监听信道、向信道中注入伪造的消息、重放以前监听到的数据等。
- 物联网设备资源有限，包括有限的存储容量、计算能力、通信带宽和传输距离等。一些传感器体积较小，而且由于环境的限制，通常由电量有限的电池供电，这些物联网设备对计算和通信所使用的功耗也有限制。
- 低成本物联网设备容易失效或者被攻击者俘获。由于单个物联网设备在各方面的能力相对较低，攻击者很容易使用常规设备对其发起点对点的不对称攻击。
- 一些物联网设备虽然在功耗方面限制不大（如交流电供电），但仍然有许多设备没有采取专业性的网络安全保护技术，其根本原因是管理和安全意识方面的问题。

　　不难看出，对物联网感知层资源受限的设备进行网络安全保护时，需要具有轻量级的安全技术，包括轻量级密码算法和轻量级安全协议。

　　在第 3 章中已经介绍了密码算法和安全协议的概念和基本技术。所谓轻量级密码算法，是指在资源消耗方面很有限的密码算法。一般考虑密码算法的轻量级程度，主要以实现算法所用硬件资源的大小为衡量标准。考虑到 RFID 标签的资源情况，一般认为硬件实现代价在 2000GE 之内的属于轻量级算法。除此之外，软件实现代价和数据处理吞吐量也是衡量一个轻量级密码算法的重要指标。

5.2　物联网感知层的安全威胁

　　物联网感知层所遭受的网络攻击，与传统信息系统所遭受的攻击不完全一样。传统信息系统中的许多攻击方法在物联网感知层仍然有效，另外还有一些专门针对物联网感知层的攻击手段。在网络安全技术方面，不考虑对物联网设备和网络设施的物理破坏，因为这种攻击不是网络安全技术能解决的；也不考虑信号干扰和信号屏蔽一类的攻击，因为这种攻击与破坏物理设备的效果相同，只不过持续的时间不同。但在实际部署物联网感知层设备时，应考虑这两种攻击的可能性，并采取适当措施予以防护。

　　按照攻击性质的不同，可以分为被动攻击和主动攻击两大类。被动攻击包括只对信息进行监听，而不对其进行修改。主动攻击包括故意对信息进行修改。被动攻击比主动攻击更容易实现，实施攻击所花的代价也小，但防护也相对较容易。

　　对物联网感知层的被动攻击包括如下两种。

　　① 窃听　为了部署方便，物联网感知层常使用短距离无线通信技术。由于无线通信技术的开放特性，攻击者容易通过监听无线传输的数据，获取数据内容。

　　② 流量分析　即使物联网感知层的通信使用了数据保密技术，攻击者也可以通过流量分析发现有用的信息，包括消息来源的位置、通信量变化规律等，从而可辅助猜测业务数据的状态。

　　对物联网感知层的主动攻击包括如下几种。

　　① 数据伪造攻击　攻击者伪装成物联网系统中的一个合法节点设备，对要攻击的目标节点发送伪造的数据。要攻击的目标节点可以有多个，例如通过广播形式发送伪造数据的行为，就可以同时针对多个目标进行攻击。

　　② 身份假冒攻击　攻击者假冒物联网系统中某个合法节点设备的身份，与目标节点设备进行通信，其目的是发送假的数据或假的控制指令。

　　③ 数据内容篡改攻击　攻击者截获正常传输的数据，进行非法篡改，然后发给目标接收设备，期望目标接收设备不能识别被恶意篡改后的数据。对数据的修改有多种手段，包括数据注入、数据删除、数据替换等。

　　④ 设备俘获攻击　物联网设备俘获攻击是最有威胁的攻击之一。由于一些用于感知

环境信息的物联网设备（如传感器）通常部署在无人值守的开放环境中，并且缺乏物理保护，攻击者可以轻易俘获这些设备，直接进行物理破坏。这类攻击无法通过设备本身的网络安全保护技术进行保护。攻击者俘获设备的另一种攻击方式是对设备的核心芯片进行侧信道攻击，获取芯片内部的关键信息，包括密钥信息。如果一个区域内的所有物联网设备都使用同一个密钥，则这种攻击可以让整个网络的安全保护失去作用。

⑤ 终端设备复制攻击　一些低成本物联网终端设备没有特殊的硬件保护机制，攻击者俘获一个终端设备后，可以得到该设备的所有秘密信息，进而可以复制大量同样的设备；又由于部署环境的开放性，攻击者可以将复制的设备放置到网络中的任意位置，使后台数据处理中心得到大量假数据。

⑥ 女巫攻击　女巫攻击又称为 Sybil 攻击。攻击者可以通过伪造许多虚假身份或假冒其他设备的身份发送假的数据信息。实施这种攻击无须使用多个真实的物联网设备，可以使用一台计算机另加一个视频模块，用计算机设备伪造或假冒身份制造信息，由视频模块发送伪造的身份和数据，这样一台设备就可以伪造和假冒许多设备，造成网络数据混乱。

⑦ DoS 攻击　针对物联网设备的 DoS 攻击是指任何能够削弱或消除物联网设备正常工作能力的行为或事件。攻击者可以通过拥塞、冲突碰撞、资源耗尽、方向误导、去同步等多种方法进行攻击。对一些资源受限的物联网设备，最有效的攻击是功耗攻击，这类攻击将导致物联网设备的功耗快速耗尽，从而失去正常工作的能力，导致拒绝服务。

⑧ 重放攻击　攻击者向目标设备发送已接收过的历史数据。如果目标设备是一个执行器，则这种攻击将导致目标设备在错误的时刻执行错误的指令，后果非常严重。重放攻击可以绕开很多网络安全保护技术，包括设备身份认证、数据机密性保护、数据完整性保护等，因为历史数据对这些安全保护方法来说都是合法的。进一步，重放攻击的改进形式是修改历史数据后进行重放攻击，称为修改重放攻击。

针对一些特殊的物联网感知层，特别对物联网感知层中的路由协议，还有其他一些攻击方法和相应的安全保护方法，在此不作详细介绍。

5.3　物联网感知层的安全需求和安全保护技术

由于物联网感知层存在许多安全威胁，需要有不同的网络安全保护技术。首先针对上一节中介绍的安全威胁，给出相应的安全保护技术。不难看到，同一种安全保护技术，可以应对不同的安全需求。

1. 应对窃听攻击

对数据内容的机密性保护，相应的技术方法是数据加密技术。将传输中的数据进行加密，即使攻击者实施了窃听，所获得的密文对掌握数据内容没有帮助，这实际上保护了数据内容的机密性。

例如，要传输的原始数据为 data，而实际传输的数据为对应的密文 $c = E_k(\text{data})$。当攻击者通过信道窃听获得密文 c 后，如果没有解密密钥，则不能恢复原始数据 data，仅获得密文 c 不能得到数据 data 的内容。这样，通过简单的数据加密技术就可以实现对数据内容的机密性保护。

2. 应对流量分析攻击

需要流量均衡策略。这不仅是一种密码技术，还是一种策略方法。也就是说，无论原始数据大小如何，加密后的数据大小相当。达到这一效果的方法有很多，例如在有效数据后面进行填充（padding），然后加密，这样密文大小就不受明文大小影响了。但这种方法的弊病是占用了通信信道，本来可以传输少量数据，但因为填充的原因，实际传输的数据没有减少。因此，流量分析攻击不是所有物联网感知层都存在的威胁，也不是所有物联网感知层都需要应对措施。

例如，在智能电表抄表应用中，用户用电数量如果为零，则表现在数据部分可能是很小的数。即使抄表数据为加密数据，攻击者通过观察数据的大小也能获取某些信息。通过填充后，无论实际消耗的用电量如何，表现在密文的大小都差不多，通过流量分析很难获得有用的信息。

3. 应对数据伪造攻击

应对数据伪造攻击的方法有很多。一种方法就是使用身份认证与数据传输同时进行，在完成身份验证后决定接受或丢弃数据。当然为了其他安全因素，此时所传输的数据应该有其他安全保护措施。例如，对数据进行了加密处理，甚至在加密处理过程中还添加了其他辅助信息，如身份标识、计数器等。

另一种应对数据伪造攻击的方法就是直接使用数据加密技术。由于伪造的数据不能正确执行加密算法，因此接收端可以根据解密后的数据格式判断数据是否合法。需要注意的是，当所传输的数据不具有固定格式时，如温湿度数据，此时无法通过解密后的数据格式来判断是否合法，需要在数据中添加辅助信息，例如发送方或接收方的身份标识。这样，通过验证解密后身份标识那部分数据的格式是否正确，就可以判断数据是否合法，从而可避免对数据的伪造攻击。

4. 应对身份假冒攻击

应对身份假冒攻击的科学方法就是使用身份认证技术。在第 3 章中已经介绍了身份认证协议。在物联网应用环境中最好使用轻量级身份认证协议，即协议过程和协议数据量都比较少。由于身份认证的目的是传递共享密钥，从而可以建立安全信道，因此实际使用的身份认证协议一般为身份认证与密钥协商协议，即在完成身份认证的同时，也完成了密钥协商过程。

在物联网应用中，还可以将身份认证过程与数据的秘密传输过程结合起来，使得通过一个协议过程就可以完成身份认证、密钥协商、数据的秘密传输，这在总体上可以达到更轻量化，是物联网安全保护技术应使用的方法。

5. 应对数据内容篡改攻击

应对数据内容篡改攻击需要数据完整性保护技术。数据完整性保护技术的原理是对数据的任意非法篡改，收信人都能检测到。一种常用的方法是消息认证码（MAC）技术。这种技术常用一个 Hash 函数来实现。但这不是实现数据完整性保护的唯一手段，正确使用加密方法也可以实现数据完整性保护。

如果使用 Hash 函数，在一个完整性密钥 ik 的控制下，可以构造一个数据认证码算法 MAC，对数据 data 进行完整性保护，得到 $t=\text{MAC}(ik, \text{data})$。实际传输的数据为 data$\|t$，其中 t 是对数据 data 的完整性的校验。收信方使用同样的算法和密钥可以计算 $t'=\text{MAC}(ik, \text{data})$，如果 $t'=t$，则数据完整性验证通过。不难看出，攻击者在不掌握密钥 ik 的情况下，无论篡改 data，还是篡改 t，或两部分都篡改，最终能通过收信人验证的可能性是非常小的。

6. 应对设备俘获攻击

试图通过网络安全技术防止设备俘获是不可能的，但可以在设备被俘获后，使攻击者获取有用信息的难度增大。这方面的技术包括芯片封装技术、芯片管理技术、抗侧信道攻击技术等。

7. 应对终端设备复制攻击

只要攻击者不能获得终端内的秘密信息即可。同样可以使用对芯片的安全防护技术达到这一安全目标。

8. 应对 Sybil 攻击

需要对设备身份进行认证，使得伪造和假冒的身份都不能通过身份认证过程。但是，如果攻击者掌握了一个物联网设备的合法身份标识和密钥，则假冒这个身份是可能的。但从接收和处理数据的平台来说，如果发现从同一身份标识发来的信息内容差距很大，则可以通过对终端设备的行为分析发现异常。这种方法不是普通的密码技术，而且在资源受限的物联网终端设备上实现也有一定难度。

9. 应对拒绝服务攻击

资源受限的物联网终端设备基本没有什么能力。但是，休眠却是最有效的方法。物联网终端设备可设置合理的休眠机制，定期醒过来检查侦听有没有需要执行的任务。如果有任务，则执行完任务然后再休眠，如果没有任务，则在醒过来一段时间（相对休眠时间，通常为很短的时间）后，再进入下一轮休眠。在拒绝服务攻击下，物联网终端设备侦听不到需要执行的任务，其功耗仅仅在侦听阶段消耗，受影响较小。休眠是芯片技术的一种管理策略，不是传统意义的网络安全技术，但在物联网终端的抗 DoS 攻击方面非常有效。

例如，一个抄表终端，平时需要抄报数据的机会很少，可以每分钟休眠 59 秒钟，醒过来侦听一秒钟。如果在这一秒钟的清醒期内没有任务，则继续休眠 59 秒钟，然后再醒一秒钟。当后台服务器需要发送抄表指令时，这种指令的传输需要每秒钟发送不少于 2 次，保证抄表终端在侦听期间能接收到指令，而且需要持续至少一分钟，保证在终端醒过来时仍然在发送指令。这样，抄表指令能正常执行，而拒绝服务攻击也在一分钟内只能影响抄表终端一秒钟的资源浪费。

10．应对重放攻击

应对重放攻击需要提供数据的新鲜性。数据的新鲜性是指传输的数据携带一种表明数据在时间上是有效的，或在行为上是有效的标签。如果数据接收时间与发送时间差小于预先设置的最大误差，则在时间上有效；如果数据不是最新接收的数据及其之前发送的任何数据，则在行为上有效。

需要注意的是，标注数据新鲜性的标签需要受到安全保护，否则攻击者可以非法篡改，使其失去新鲜性的作用。例如，发送数据时添加时间戳 T，数据格式为 $T\|E_k(T\|data)$，则收信方解密后验证时间戳是否在可允许的范围之内即可。不难看出，在加密数据之外还有一个时间戳 T，这个数据不是必需的，但可以方便验证，如果时间戳不合法，则直接将数据忽略，无须执行解密算法，因为执行解密算法的功耗要明显大于执行时间戳合法性检验所需功耗。

如果物联网终端没有时钟，则可以使用一个计数器值 Ctr 实现消息新鲜性保护，每次发送数据时将计数器的值 Ctr 递增，然后发送 $Ctr\|E_k(Ctr\|data)$。收信方检查 Ctr 是否比本地记录的值大，以确定数据是否新鲜。同样，放在加密算法之外的部分用于方便验证，放在加密算法之内的部分用于保护数据不受攻击者非法篡改。

5.4　小结

本章主要介绍物联网感知层安全关键技术，以及传感器网络的安全需求、安全威胁、安全设计以及安全测评等方面的基础知识，重点针对传感器网络节点资源受限等特点。

从本章介绍的内容来看，物联网感知层安全技术要根据具体设备资源情况进行设计，物联网感知层的安全测评更好兼顾不同资源和种类的物联网感知层设备。对于物联网行业应用，感知层安全的重大挑战是资源的限制，包括功耗、硬件资源、计算能力等，如何在这些限制条件下提供安全保护功能，包括实现身份认证、数据机密性和完整性保护等，还存在许多技术挑战。对物联网感知层的安全测评，需要解决的技术问题还有很多，例如如何有效判定小数据的随机性问题。

目前在轻量级密码算法的设计方面和轻量级认证协议的设计方面有着很大的需求，需要大量研发才可能推动商业化的快速发展。

物联网感知层除了传感网络外，还应包括 RFID。但由于 RFID 系统架构的特殊性和在物联网系统中的重要性，其安全技术将作为单独一章进行介绍。

习题

1. 物联网感知层安全包括哪些方面？
2. 什么是数据新鲜性？为什么物联网感知层数据需要新鲜性保护？
3. 什么是物联网感知层的 DoS 攻击？一般防护方法是什么？

第 6 章　传输层安全关键技术

6.1　引言

　　物联网传输层的功能是将感知层的数据传输到数据处理中心（即处理层），一般从数据采集到数据处理需要远距离传输。物联网传输层一般是广域网。

　　传统的广域网技术可保护互联网和移动通信网。随着互联网技术的发展和广泛应用，数据远距离传输基本以互联网为主，即使使用移动通信网络，也仅仅是在无线通信部分使用移动通信网络的设施，当数据到达移动通信网络运营商的基站后，再使用互联网技术进行大量数据的远距离传输。使用移动通信的数据业务也称为移动互联网业务。

　　虽然除了互联网外还有其他种类，具有远距离传输功能的网络，如电力线载波宽带、广播电视网等，但在物联网应用中，几乎都在使用互联网和移动通信网络，本章考虑的传输层只包括互联网和移动通信网络，以及近年来发展起来的低功耗无线广域网。

　　图 6.1 给出了物联网传输层的一个简单拓扑结构。在传输层中涉及的现有网络主要包括有线网络和无线网络两种，其采用的相关技术分别称为有线通信技术和无线通信技术。

图 6.1
物联网传输层拓扑结构

6.2　广域网通信技术简介

　　广域网为中长距离通信网络，可以通过有线或无线的方式实现。有线通信的特点是部署困难，但通信带宽容量大，窃听困难。无线通信的特点则相反，部署相对容易，但通信带宽容量相对较小，窃听容易。因此，需要对通信内容实施机密性保护，防止其被非法窃听。随着无线通信技术的发展，无线通信的带宽越来越大，通信速率逐步赶上有线通信的效果。

6.2.1 有线网络通信技术

有线网络是指利用金属导线、光纤等有形媒质传输信息的一种通信方式。其相关技术按照通信距离可分为中长距离通信技术和短距离通信技术。其中，长距离通信技术主要包括如下几种。

1. 互联网

互联网汇聚了丰富的信息，已逐渐成为日常生活接触最多的一种网络。当前在互联网上有数以亿计的万维网信息站点。通过搜索引擎，人们可以方便地查找和浏览各种信息，获取所需要的信息资源。在互联网中，最著名的通信协议就是 TCP/IP 栈，它们一起定义了各种电子设备如何接入互联网以及数据如何在这些电子设备之间进行传输的通信标准。在 TCP/IP 模型中，IP（internet protocol，网际协议）主要提供面向数据的报文交换服务，其核心是 IP 地址。有两种 IP 地址已经在实际中得到应用，即 IPv4 和 IPv6。其中，IPv4 采用 32 位数组定义一个 IP 地址，是目前互联网的主要地址格式；IPv6 则采用 128 位数组定义一个 IP 地址，其目标是最终替换 IPv4。由于 IPv4 的 IP 地址数量较少，不能满足全球网络飞速发展的需求，而 IPv6 中的 IP 地址共有 128 位，从数量上来说，可以为地球上每一粒沙子分配一个 IPv6 地址。基于 IPv6 网络，任何电器设备都有可能接入互联网。

另外，TCP（transmission control protocol，传输控制协议）和 UDP（user datagram protocol，用户数据协议）位于传输层，它们主要用于控制数据流的传输。其中，TCP 主要提供高可靠性的数据流传输服务；UDP 提供不可靠的数据流传输服务。

2. 公共交换电话网

公共交换电话网（public switched telephone network，PSTN），简称电话网，是一种用于全球语音通信的电路交换网络。公共交换电话网最早是在 1876 年由贝尔发明的电话的基础上开始建立的，并经历了磁石交换、空分交换、程控交换、数字交换等阶段，发展到现在几乎全部是数字化的网络。公共交换电话网主要由交换系统和传输系统两大部分组成。其中，交换系统中的主要设备是电话交换机，其随着电子技术的发展也经历了磁石式、步进制、纵横制交换机，最后到程控交换机的发展历程。传输系统主要由传输设备和线缆组成，传输设备由早期的载波复用设备发展到同步数字体系（synchronous digital hierarchy，SDH），线缆由铜线发展到光纤。为了适应业务的发展，公共交换电话网正处于满足语音、数据、图像等传送需求的转型时期，正在向下一代网络（next generation network）、移动与固网融合的方向发展。公共交换电话网中使用的技术标准由国际电信联盟（ITU）规定，采用 E.163/E.164（称为电话号码）进行编址。

3．家庭宽带网

家庭宽带网（asymmetric digital subscriber line，ADSL）是一种通过现有普通电话线为家庭、办公室提供宽带数据传输服务的网络。家庭宽带网因为上行和下行带宽不对称（即上行和下行的速率不相同），被称为非对称数字用户线路。它主要采用频分复用技术将普通的电话线分成了电话、上行和下行三个相对独立的信道，从而避免了相互之间的干扰。通常 ADSL 在不影响正常电话通信的情况下可以提供最高 3.5Mb/s 的上行速率和最高 24Mb/s 的下行速率。由于受到传输高频信号的限制，家庭宽带网接入最大距离一般为 3～5km。

4．有线电视网

有线电视网（cable television network，CATV）是一种使用同轴电缆或者光纤作为介质直接传送电视、调频广播节目到用户电视的网络系统。有线电视网是一种高效廉价的综合网络，具有频带宽、容量大、功能多、成本低、抗干扰能力强，并支持多种业务连接千家万户的优势。当前，电视机已成为家庭入户率最高的信息工具之一，有线电视网已成为最贴近家庭的多媒体渠道。宽带双向的点播电视（VOD）及通过有线电视网接入 Internet 进行电视点播、CATV 通话等是有线电视网的发展方向，最终目的是使 CATV 网走向宽带双向的多媒体通信网。

6.2.2 移动通信网络技术

一般的无线通信是指利用电磁波信号可以在自由空间中传播的特性进行信息交换的一种通信方式。其相关技术按照通信距离可以分为短距离通信和中长距离通信。短距离无线通信技术主要包括 ZigBee、Wi-Fi（wireless fidelity）、蓝牙（bluetooth）、近场通信（near field communication，NFC）和全球微波互联网（worldwide interoperability for microwave access，WiMAX）等。在物联网系统中主要用于感知层的数据传输，而物联网传输层主要使用中长距离的无线通信技术，这类技术主要是移动通信技术。

移动通信技术是一种广域网的特殊无线通信技术，最初主要服务于语音业务和少量的数字业务。随着移动通信技术的发展，移动通信技术逐步以数据业务为主，语音业务逐步成为数据业务中占有少量资源的一部分业务。今天智能手机的用途不仅仅是打电话，更多的业务以数据通信为主，属于移动互联网上的服务。

移动通信技术最早基于模拟信号通信技术，从第二代开始使用数字通信技术，基于数字通信技术的系统才可能提供数据业务。目前,移动通信技术已经发展到第四代的 LTE 技术，而且第五代移动通信技术（称为 5G 网络）正在建设中。

基于数字通信的移动通信网络包括如下几种。

1．GPRS 网络

GPRS（general packet radio service）是一种通用分组无线服务技术，是 GSM（global system of mobile communication，全球移动通信系统）移动电话用户的一种移动数据业务,

它主要基于 GSM 的无线分组交换技术,给用户提供端到端的、广域的无线 IP 连接。GPRS 最初由欧洲电信标准组织（European Telecommunications Standards Institute，ETSI）进行标准化工作，后移交给 3GPP（The 3rd Generation Partnership Project，第三代合作伙伴计划）负责，在 Release 97 之后被集成进 GSM 标准。跟旧的电路交换数据（circuit switching data，CSD）不同，GPRS 基于分组交换，多个用户可以共享一个相同的传输信道，而每个用户只有在传输数据的时候才会占用信道，这就意味着所有的可用带宽可以立即分配给当前发送数据的用户。GPRS 报文数据交换速率理论上大约为 170Kb/s，而实际速率只有 30～70 Kb/s。对 GPRS 射频部分进行改进而来的 EDGE（enhanced data rate for GSM evolution，增强数据速率的 GSM 演进）技术，可以支持从 20～200Kb/s 的传输速率。其最大数据速率取决于同时分配到的 TDMA（time division multiple access，时分多址）帧的时隙。一般来说，数据速率越高，其传输的可靠性就越低。

2. 3G 网络

3G（3rd Generation）网络是第三代移动通信的简称，是一种支持高速数据传输的蜂窝移动通信技术。目前 3G 存在三种标准：CDMA2000、WCDMA、TD-SCDMA。其典型特征是能够同时支持声音和数据信息的高速传输，速率一般可达到几百千比特/秒到几兆比特/秒。同 2G、2.5G 技术相比，3G 采用了更高的频带和更先进的无线（空中接口）接入技术，其网络通信质量有了很大提高，能够在全球范围内更好地实现无线漫游，并处理图像、音乐、视频流等多种媒体形式，提供网页浏览、电话会议、电子商务等多种信息服务。

3. LTE 网络

LTE（long term evolution）网络是继 3G 网络之后发展起来的一种移动通信网络，基于长期演进的技术架构，是对 3G 技术的长期演进。LTE 始于 2004 年 3GPP 的多伦多会议，已于 2010 年 12 月被国际电信联盟正式定义为 4G 技术。LTE 是应用于手机及数据卡终端的高速无线通信标准，该标准基于原有的 GSM/EDGE 和 UMTS/HSPA 网络技术，并使用调制技术提升网络容量及速度。该标准改进并增强了 3G 的空中接入技术，采用 OFDM 和 MIMO 作为其无线网络演进的唯一标准，在 20MHz 频谱带宽下能够提供下行 326Mb/s 与上行 86Mb/s 的峰值速率。此外，LTE 还改善了小区边缘用户的性能，提高小区容量和降低系统延迟。

4. 5G 网络

5G（5th Generation）是第五代移动通信技术的简称。5G 网络作为下一代移动通信网络，比现在 4G 网络的传输速度快数百倍。未来 5G 网络的传输速率最高可达 10Gb/s，这意味着手机用户在不到 1 秒的时间内即可完成一部高清电影的下载。

5G 网络的目标不仅支持高速率无线通信服务,还支持物联网系统的数据远距离传输业务。由于物联网设备一般具有低功耗、低数据速率等特点，5G 网络也将灵活地适应不同的需求。5G 网络在不同配置下,可以为少数用户提供高速率数据业务服务,也可以为大数量的物联网设备提供低速率数据业务服务。但理想的状态是,使用人工智能等相关技术,为通信终端提供动态化带宽需求服务,因为即使需求高带宽业务的终端,实际使用高带宽的机会也不多,因此,动态化带宽服务可以更有效地服务更多终端设备。但在数据高峰时刻,需要根据优先级提供服务,保证重要数据的服务质量。

6.2.3 低功耗广域网无线通信技术

低功耗广域网(low power wide area network,LPWAN)是一种特殊的无线通信技术。之所以在此单独介绍,是因为 LPWAN 技术是为物联网应用而打造的一类特殊无线网络,既满足长距离通信需要,又满足低功耗需求。为实现此目标,必须牺牲数据传输速率的性能指标,这在物联网应用中是满足条件的,因为物联网系统中所传输的数据一般都是小量数据。因此,LPWAN 技术适合资源受限的物联网设备使用。

面向物联网特点专门研发的低功耗广域网有多个不同的种类,有几种不同的 LPWAN 技术方案被提出,如 LoRa、SigFox、LTE-M(NB-IoT)、NWave、OnRamp、Platanus、Telensa、Weightless、Amber Wireless 等。其中一些低功耗广域网已经开始商业化部署,其中具有代表性的是 LoRa 和 NB-IoT。

LoRa 是 Semtech 公司研发的一种基于 1GHz 以下的超长距离、低功耗数据传输技术,并于 2013 年 8 月向业界发布了其 LoRa 芯片。目前 LoRa 联盟已经联合了全球多家公司,LoRa 产品也已经在不同的物联网设备中使用。

NB-IoT 是面向物联网应用的另一种低功耗广域网技术。NB-IoT 支持待机时间长、对网络连接要求较高设备的高效连接。NB-IoT 是国际移动通信组织 3GPP 发布的标准,基于当前的移动通信网络进行构建,可直接部署于 GSM 网络、3G 网络或 LTE 网络,可以低成本快速部署,实现移动通信服务与物联网数据业务的平滑升级。表 6.1 列出了 LoRa 和 NB-IoT 网络的一些特性,由此可以看到两种网络之间的区别。

表 6.1 LoRa 和 NB-IoT 网络的部分特性

功能	NB-IoT	LoRa
技术特点	蜂窝	线性扩频
网络部署	复用移动通信网络基站	独立建网
网络拓扑	星形	星形
能量收集	支持	支持
频段	运营商频段	非授权频段
传输距离	远距离	远距离(1～20km)
传输速率	<100Kb/s	0.3～50Kb/s
连接数量/cell	200	200～300
安全措施	支持	128 位 AES
终端电池工作时间/年	3～10	3～10

6.3　物联网传输层的典型特征

物联网是传统网络的有效扩展和延伸。物联网传输层在现有网络技术的基础上构建了一个物联网世界的信息传输"高速公路"。同传统网络相比,物联网传输层不仅拥有传统网络的所有特征,还具有如下新特点:

① 异构网络融合　物联网传输层需要同时支持有线和无线两种传输技术,其中既有中长距离通信,也有短距离通信。此外,还需要支持不同网络传输技术之间的互联互通,因而物联网传输层同传统网络结构相比更复杂。

② 泛在接入　在物联网中,接入设备多样化。其接入过程具有可移动性、突发性等特点,由此带来信息的移动以及上下文环境的变化等,因而传输层需要支持泛在设备的接入。

③ 海量信息传输　在物联网中终端数量巨大,数据来源广泛,传输信息海量,需要传输层高效地传递信息并保护传递信息的机密性、完整性和真实性等。

6.4　物联网传输层面临的安全威胁

目前,物联网的产业规模还不够大,不同行业之间的协同也未形成大的氛围,物联网应用在相当一段时间内都将主要在内网和专网中运行,仍然是分散的众多"物连网"。这可能使得物联网传输层的安全问题显得并不突出。然而上述局面最终将会被打破,形成真正意义上的"物联网"。此时传输层涉及的异构网络融合问题、IP 地址问题以及各种安全问题等都将成为"木桶理论"的重要环节,需要得到及时有效的解决。

传输层面临的安全威胁主要来自两个方面:一方面是传统网络内部的安全威胁。例如,数据信息在互联网中传输时,原有的针对互联网的各种攻击方法在物联网传输层中同样适用,包括如下几类攻击。

① 基于通信协议的攻击　包括基于路由的欺骗攻击,基于 DNS 的欺骗攻击,基于 RIP 的欺骗攻击和基于 ICMP 的欺骗攻击等。

② 基于数据信息的攻击　包括数据的机密性获取、完整性破坏和数据发送源欺骗(身份假冒、身份伪造)等。

③ 基于服务的可用性攻击　如拒绝服务攻击等。

另一方面,由于传输层涉及异构网络融合、泛在终端接入、数据来源多样化等问题,除上述传统的网络安全威胁外,还可能面临一些新的安全问题。例如:

① 数据接入链路具有脆弱性　物联网数据的接入一般借助无线、红外线等射频信号进行通信,在通信的过程中没有任何物理或可见的接触,而无线网络固有的脆弱性使 RFID 系统很容易受到各种形式的攻击。攻击者可以通过发射干扰信号使读写器无法接

收正常 RFID 电子标签内的数据，造成通信中断。

　　② 数据传输协议标准不统一　物联网在核心网络之间使用的是现有的互联网通信协议，但是核心网络与终端设备之间的通信并没有统一标准，多数是通过无线信号进行传输，这将导致终端设备信号传输过程中难以得到有效防护，容易被攻击者劫持、窃听甚至篡改。

　　③ 易受到拒绝服务攻击　物联网核心网络虽然具有相对坚实的安全防护能力，但是由于物联网中节点数量庞大，且以集群方式存在，攻击者可以利用控制的节点发动拒绝服务攻击，致使网络拥塞。

6.5　传输层安全关键技术

　　传输层的主要目的是实现数据信息在感知层和处理层之间安全可靠的传输。为了保障数据安全可靠地传输，传输层使用了两大类安全关键技术：一类是数据安全关键技术；另一类是网络安全关键技术。其中，数据安全关键技术主要提供数据信息的机密性、完整性和真实性保护，能够避免非法用户读取机密数据，能够校验数据是否被修改，以及能够避免节点被恶意注入虚假信息等；网络安全关键技术主要提供网络系统的可靠性和可用性，能够防止因误用、滥用路由协议而导致网络瘫痪或信息泄露，能够容侵容错，避免入侵或攻击对系统造成的严重影响。简单而言，传输层需要提供以下安全防护机制。

- 数据信息的机密性和完整性保护机制。
- 端到端的身份认证机制、密钥协商机制、算法协商机制和密钥管理机制等。
- 网络节点间的认证和密钥协商、密钥管理机制。
- 跨域网络的认证机制和认证衔接机制。
- DoS/DDoS 攻击的检测和防护机制等。

　　下面将主要介绍物联网传输层中的一些典型通信技术和安全协议，包括有线通信技术和无线通信技术两大类。其中绝大部分技术和协议均来自现有的网络系统，感兴趣的读者可以进一步参考与该技术相关的书籍。

6.6　互联网安全技术

6.6.1　概述

　　互联网的目的是实现信息资源共享，方便人们获取各种有用的信息。核心是一簇通信协议，如图 6.2 所示。其中，最底层的是 IP，主要定义了数据包在网际传送时的格式，目前使用最多的是 IPv4；中间层是 UDP 和 TCP 等，它们主要用于控制数据流的传输；

最上层则是一些应用协议，如域名服务（DNS）、文件传输协议（FTP）、超级文本传输协议（HTTP）、邮局协议（POP3）、简单邮件传输协议（SMTP）、远程登录（Telnet）等。正是借助这些协议，互联网提供了各式各样的服务，包括 WWW 服务、电子邮件服务、网络新闻组服务、文件传输服务、远程登录服务以及各种会话服务等。

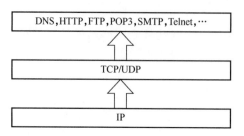

图 6.2
互联网协议簇

互联网的一个重要特性就是开放性，即互联网各种技术规范都是公开的。任何厂家根据这些规范生产的计算机都能够接入互联网，实现相互之间的通信。

互联网在快速发展的同时，也产生了一系列问题。由于任何网络都可以接入互联网，其泛在特性导致互联网是一个无中心的网络，没有整体规划和设计，网络拓扑结构不清晰，且缺乏容错和可靠性。此外，由于互联网自身结构的特点（脆弱性），容易受到各种攻击，如线路窃听、身份欺骗（IP 地址欺骗）、数据篡改、口令盗用、中间人攻击、拒绝服务攻击等。特别在商业领域，安全性问题是困扰用户的一个大问题。

为了保障互联网的安全，人们提出了一系列方案。在 IP 层，提出了 IPSec 协议，以次可建立虚拟专用网协议（VPN）；在 TCP 层，提出了 SSL/TLS 协议，成为许多应用层安全的支撑；在应用层，提出了 SSH（secure shell，安全壳）协议、安全超文本传输协议（HTTPS）、安全邮件协议（PGP）等。另外，还有在身份认证授权方面的 Kerberos 协议，在公钥证书管理方面的 X.590 标准协议栈等。

IP 层的安全协议 IPSec 对所有通信的数据提供安全保护，但安全保护范围介于支持 IPSec 协议的两个通信节点，一般网络边界的防火墙可称为 IPSec 的通信节点。TCP 层的安全协议 SSL/TLS 用于那些调用该协议的任何应用。例如，HTTP 在调用 SSL 后变成 HTTPS，其安全保护范围在浏览器（应用程序）和服务器（应用提供端）之间。应用层专门设计的 PGP，则将安全保护范围扩大到用户应用程序和应用服务器（邮件服务器）之间，几乎是端到端安全。因此，越底层的安全协议，应用范围越大，但安全保护范围越小；相反，越高层的安全协议，应用范围越小，但安全保护范围越大。

下面对部分协议作进一步介绍，用于说明这些协议的工作方式和安全目标是如何实现的。

6.6.2 IPSec 协议

IPSec（Internet protocol security）是由互联网工程任务组 IETF 负责开发和制定的一簇网络协议，其主要通过端到端的加密和认证来保护 IP 层通信的安全。IPSec 协议簇主要由两大部分组成：一是建立安全分组流的密钥交换协议；二是保护分组流的协议。前者为互联网密钥交换（IKE）协议；后者包括加密分组流的封装安全载荷（ESP）协议和认证头（AH）协议，主要用于保护数据的机密性、来源可靠性（认证）、无连接的完整性，同时提供抗重放攻击。它们分别在 RFC 的相关标准规范中定义，如表 6.2 所示。

表 6.2　与 IPSec 相关的 RFC 规范

RFC 规范序号	相关内容
2401	定义 IPSec 的安全架构
2402	定义 IPSec 的认证头
2406	定义封装安全载荷
2407	定义 ISAKMP 的 IPSec 解释域
2408	定义互联网安全关联与密钥管理协议 ISAKMP
2409	定义互联网密钥交换（IKE）协议

1. IPSec 协议框架

IPSec 是一簇网络协议，其框架如图 6.3 所示。封装安全载荷（ESP）主要提供数据包的加解密以及与使用 ESP 相关包的格式的封装/解封等；认证头（AH）主要被用来保证被传输的数据包的完整性和可靠性；加密算法主要描述各种加解密密码算法以及如何调用这些算法进行数据包的加密和解密；认证算法主要描述各种认证算法以及如何使用它们实现对 ESP 数据内容的认证选项；解释域（domain of interpretation，DOI）主要实现对数据包格式标识符和相关参数的解析；密钥管理主要实现 IPSec 中密钥的产生和管理，包括使用 IKE 实现会话密钥的协商等；策略主要用来决定通信双方是否能够通信以及如何通信等。

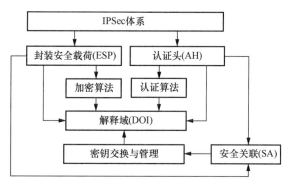

图 6.3
IPSec 协议框架

2. IPSec 协议运行原理

IPSec 主要用于端到端的通信，其运行原理如图 6.4 所示。当有数据包发送到 IP 模块时，IP 模块将查询安全策略数据库（SPD）来决定对当前数据包进行丢弃，或者绕过 IPSec 处理模块直接上传给 TCP，或者提交给 IPSec 模块进行处理。如果是前两种，即 IP 模块选择直接丢弃该数据包或者将它们转发给 TCP 模块，则 IPSec 不需要作任何处理。当 IP 模型将数据包提交给 IPSec 模块时，IPSec 模块将根据数据包的方向（即是发送的数据包也是接收的数据包）来决定下一步如何处理。此时，IPSec 模块会根据安全关联（security association，SA）来决定是否创建安全连接，是加密还是解密，是否对数据包进行验证等。

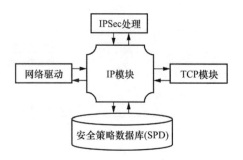

图 6.4
IPSec 模块的运行原理

3. 认证头（AH）

AH 用来保证被传输分组的完整性和可靠性。此外，它还保护网络不会受到重放攻击。AH 试图保护 IP 数据包的所有字段，只有那些在传输 IP 分组的过程中要发生变化的字段被排除在外。AH 格式如表 6.3 所示。

表 6.3 AH 格式

0	1	2	3
0 1 2 3 4 5 6 7	0 1 2 3 4 5 6 7	0 1 2 3 4 5 6 7	0 1 2 3 4 5 6 7
下一个头	载荷长度	保留	
安全参数索引（SPI）			
序列号			
认证数据（可变长度）			

AH 各字段含义如下。
① 下一个头　标识被传送数据所属的协议。
② 载荷长度　载荷数据的字节数。
③ 保留　暂时没定义，为将来的扩展应用保留（默认值都置为 0）。
④ 安全参数索引　与 IP 地址一同用来标识安全参数。
⑤ 序列号　IP 包序号，单调递增的数值，用来防止重放攻击。
⑥ 认证数据　包含了认证当前包所必需的数据。

4. 封装安全载荷

封装安全载荷（encapsulating security payload，ESP）协议对分组提供了源可靠性、完整性和保密性的支持。与 AH 不同的是，IP 分组头部（即 IP Header）不被包括在内。ESP 格式如表 6.4 所示。

表 6.4　ESP 格式

0	1	2	3
安全参数索引（SPI）			
序列号			
载荷（可变长度）			
填充（0~255 字节）			
		填充长度	下一个头
认证数据（可变长度）			

EPS 各字段含义如下。

① 安全参数索引　与 IP 地址一同用来标识安全参数。

② 序列号　单调递增的数值，用来防止重放攻击。

③ 载荷数据　实际要传输的数据。

④ 填充　某些基于数据块的加密算法用此将数据填充至块的长度。

⑤ 填充长度　填充数据的字节数。

⑥ 下一个头　标识被传送数据所属的协议。

⑦ 认证数据　包含了认证当前包所必须的数据。

5．IPSec 的工作模式

封装 IPSec 数据包有两种不同的工作模式，分别为隧道模式（tunnel mode）和传输模式（transport mode）。在隧道模式中，用户的整个 IP 数据包被用来计算 AH 或 ESP 头，且被加密。AH 或 ESP 头和加密用户数据被封装在一个新的 IP 数据包中；在传输模式中，只有传输层的数据被用来计算 AH 或 ESP 头，AH 或 ESP 头和被加密的传输层数据被放置在原 IP 包头后面。

IPSec 的隧道模式通常用于两个安全网关之间的通信，而传输模式通常用于两台主机之间的通信，或一台主机和一个安全网关之间的通信。

6．互联网密钥交换协议

互联网密钥交换（Internet key exchange，IKE）协议是 IPSec 体系结构中的一种主要协议，它是一种混合协议，由互联网安全关联和密钥管理协议（Internet security association key management protocol，ISAKMP）和两种密钥交换（OAKLEY 与 SKEME）协议组成。IKE 协议创建在由 ISAKMP 定义的框架上，沿用了 OAKLEY 协议的密钥交换模式以及 SKEME 协议的共享和密钥更新技术，还定义了它自己的两种密钥交换方式。当应用环境的规模较小时，通信实体可以手工配置 SA；而当应用环境规模较大、参与的节点位置不固定时，需要 IKE 协议自动为参与通信的实体协商 SA，并对安全关联数据库（security association database，SAD）进行维护，保障通信安全。

IKE 协议使用两阶段的 ISAKMP：第一阶段，协商创建一个通信信道（IKE SA），并对该信道进行验证，为双方进一步的 IKE 协议提供数据的机密性和完整性保护以及对消息源的验证服务；第二阶段，使用已建立的 IKE SA 建立 IPSec SA。

在上述两阶段 ISAKMP 中，IKE 共定义了 4 种交换模式：主模式、积极模式、快速模式和新组模式。前面 3 个模式用于协商 SA，最后一个用于协商 Diffie-Hellman 算法所用的组。主模式和积极模式用于第一阶段；快速模式用于第二阶段；新组模式用于在第一个阶段后协商新的组。下面分别对这 4 种交换模式作简单介绍。

（1）主模式

主模式（main mode）主要提供身份保护机制，需经过 3 个步骤，共交换 6 条消息。3 个步骤分别是策略协商交换、Diffie-Hellman（D-H）公开值、nonce 交换及身份认证交换。具体过程如图 6.5 所示。

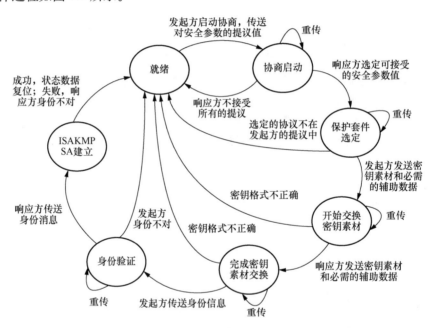

图 6.5
主模式状态转换图

（2）积极模式

积极模式（aggressive mode）也分为 3 个步骤，但只交换 3 条消息：第一条消息为协商策略，用于交换 D-H 公开值所必需的辅助数据和身份信息；第二条消息为响应方提供的在场证据；第三条消息为发起方提供的在场证据。具体过程如图 6.6 所示。

（3）快速模式

快速模式（quick mode）通过 3 条消息建立 IPSec SA：第一条消息协商 IPSec SA 的各项参数值，并生成 IPSec 使用的密钥；第二条消息为响应方提供的在场证据；第三条消息为发起方提供的在场证据。具体过程如图 6.7 所示。

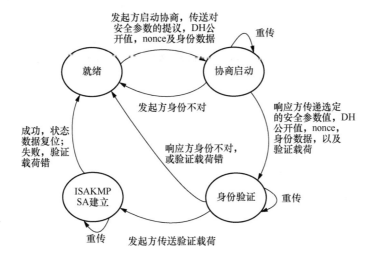

图 6.6
积极模式状态转换图

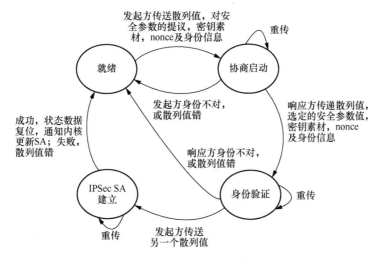

图 6.7
快速模式状态转换图

（4）新组模式

新组模式（new group mode）用于通信双方协商新的 Diffie-Hellman 组。新组模式属于一种请求/响应交换。发送方发送提议的组的标识符及其特征，如果响应方能够接收提议，就用完全一样的消息应答。具体过程如图 6.8 所示。

图 6.8
新组模式示意图

6.6.3　SSL 协议

SSL（secure socket layer，安全套接层）协议是以公钥为基础的网络安全解决方案。SSL 是由 Netscape 公司提出的一种建立在网络传输层 TCP 之上的安全协议标准，主要用来在客户端和服务器之间建立安全的 TCP 连接，并向基于 TCP/IP 的客户端和服务器提供双向安全认证以及数据机密性和完整性保护等服务。

SSL 协议当前版本为 3.0，其和后继者传输层安全（transport layer security，TLS）协议均在传输层提供对数据的加解密操作和完整性保护。它们的优点在于协议本身与应用层的协议相互独立，没有关联。高层的应用层协议（如 HTTP、FTP、Telnet 等）能透明地建立于 SSL 协议之上。SSL 协议在应用层协议通信之前就已经完成加密算法、通信密钥的协商以及服务器认证工作。在此之后应用层协议所传送的数据都会被加密，从而保证通信的私密性。SSL 协议的具体工作流程如下。

1）客户端向服务器发送一个开始信息"Hello"，要求建立一个新的安全的会话连接。

2）服务器根据客户端的信息和客户端进行协商，确定用于加密的算法和安全强度。

3）服务器在协商好算法之后，将自己的公钥证书和 CA 的签发证书一起发送给客户端。

4）客户端根据 CA 的公钥信息验证服务器公钥证书的合法性。在确认合法性后，客户端产生生成会话密钥的信息，并用服务器的公钥进行加密后，发送给服务器。

5）服务器利用私钥解密该消息，并利用它生成会话密钥，然后用客户端的公钥进行加密后发送给客户端。

6）客户端验证会话密钥是否合法，从而认证服务器。当服务器认证通过后，客户端和服务器同时拥有相同的会话密钥。

6.6.4　VPN

VPN（virtual private network，虚拟专用网）是一种在公用网络上建立专用网络的技术。之所以称为虚拟网络，主要是因为整个 VPN 网络的任意两个节点之间的连接并没有传统专网所需的端到端的物理链路，而是架构在公用网络服务商所提供的网络平台之上的逻辑网络，如互联网、ATM（异步传输模式）、FR（帧中继）等，用户数据在逻辑链路中传输。它涵盖了跨共享网络或公共网络的封装、加密和身份认证链接专用网络的扩展。VPN 主要采用了隧道技术、加解密技术、密钥管理技术和使用者与设备身份认证技术。虽然基于 IPSec 可以建立 VPN，但这不是唯一实现 VPN 的方法，基于 SSL 协议也可以建立 VPN 连接。下面就 VPN 的基本功能、分类和隧道技术等逐一介绍。

1. VPN 的基本功能

在这里谈论的 VPN 主要是指基于 IP 的 VPN，其相关框架体系符合 RFC 2764 中的规范。对于任一基于 IP 的 VPN 都应该具备以下功能。

（1）不透明包传输

由于在 VPN 上传输的用户数据可能已经经过多层协议的封装，其与 IP 骨干网上的数据没有任何关系，这就要求 VPN 必须具有不透明包传输的功能。

（2）数据安全性

数据安全性是 VPN 的一个基本要求。用户在使用 VPN 进行数据传输时，需要在一定程度上保障用户数据的机密性和完整性等。在 VPN 中，根据用户是否相信业务提供商提供的安全机制可以划分为两种信任模型：一种模型是用户不相信业务提供商提供的任何形式的安全，他们会用实现了防火墙、使用了安全隧道互联的 CPE 设备去实现 VPN，这种情况下业务提供商仅仅被用来传输 IP 包；另一种模型是用户相信业务提供商可以提供一个安全管理的 VPN 业务，就像用户相信公用 FR 和 ATM 交换业务一样，用户相信数据包不会走错方向，不会不经过授权就进入网络，不会被窃听，不会被修改，不会被非授权方进行流量分析。在第二个模型中，提供防火墙功能和保护包传输的安全是业务提供商的责任，提供商的骨干网在不同场合下可能需要不同的安全等级。如果 VPN 的数据交易只发生在一个业务提供商的 IP 骨干网中，那么就不大需要太高的安全机制（如IPSec）提供的骨干网节点的隧道安全；如果 VPN 数据交易横跨了多个管理者的 IP 骨干网络，启用高安全机制就很有必要。

（3）服务质量

除了保证通信的专有性，建立在物理层或者链路层上的专用网络技术也提供不同类型的服务质量（QoS）保证，租用线和拨号线都能够提供带宽和时延的保证，ATM 和 FR 的专用连接也能够提供类似的保证，IP VPN 在更广的范围被采用之后，市场也需要这样的保证，以便能够保证端到端的应用透明性。IP VPN 的 QoS 保证主要依赖于基础 IP 骨干网相应的能力，随着它们的发展，VPN 框架也必须提供这样的手段，让 VPN 系统能够利用这种能力。

（4）隧道机制

VPN 的实现必须通过隧道机制，以便 VPN 的包格式和地址与 IP 骨干网上的隧道包互不相干，隧道使用特定的格式，可以提供一定水平的数据安全，还可以通过其他一些机制（如 IPSec）来加强。

2．VPN 的分类

根据不同的划分标准，VPN 有着不同的分类。

（1）按 VPN 所采用的隧道协议分类

根据实现 VPN 所采用的隧道协议可以将 VPN 划分成不同类型的 VPN。典型的隧道协议有三种：PPTP、L2TP 和 IPSec。其中，PPTP 和 L2TP 工作在 OSI 模型的第二层，依次建立的 VPN 称为二层隧道协议，分别称为 PPTP VPN 和 L2TP VPN；IPSec 是第三层隧道协议，依次建立的 VPN 称为 IPSec VPN，也是最常见的协议。L2TP 和 IPSec 配合使用是目前性能最好、应用最广泛的一种方式。

（2）按 VPN 的应用分类

VPN 按照其应用类型可以分为以下三类。

① Access VPN（远程接入 VPN） 客户端到网关，使用公网作为骨干网在设备之间传输 VPN 的数据流量。

② Intranet VPN（内联网 VPN） 网关到网关，通过公司的网络架构连接来自同公司的资源。

③ Extranet VPN（外联网 VPN） 与合作伙伴企业网构成 Extranet，将一个公司与

另一个公司的资源进行连接。

（3）按所用的设备类型分类

网络设备提供商针对不同客户的需求,开发出不同的 VPN 网络设备,主要为交换机、路由器和防火墙。根据所采用的设备不同,VPN 可以分为如下三类。

① 路由器式 VPN　部署较容易,只要在路由器上添加 VPN 服务即可。

② 交换机式 VPN　主要应用于连接用户较少的 VPN 网络。

③ 防火墙式 VPN　最常见的一种 VPN 的实现方式,许多厂商都提供这种配置类型的 VPN。

3. VPN 的隧道技术

隧道是 VPN 中最基本的概念,它是指利用一种协议来封装传输另外一种协议的技术。在 VPN 网络中,连接两个 VPN 端点的 IP 隧道是一个基本的构件,其运行在 IP 骨干网之上,发送到隧道中的数据对 IP 骨干网络是不透明的,在效果上 IP 骨干网相当于链路层,隧道形成了点到点连接。

VPN 中的隧道可以建立在链路层或网络层上,其应满足以下要求。

① 复接　在相同的两个 IP 端点之间可能存在建立多个 VPN 隧道的要求,这时隧道协议中应该有一个复接域标识数据包所属的那个隧道。

② 信令协议　在隧道建立之前端点必须知道一些配置信息,如远端 IP 地址以及隧道所要求的相关隧道属性(如安全水平)。一旦这些信息配置完成,隧道便可以通过管理操作或信令协议两种方式完成建立,其中信令协议可以动态建立隧道。

③ 数据安全　VPN 隧道协议必须支持用户所要求的任何档次的安全,包括认证和不同强度的加密能力。除了 IPSec,其他的协议都没有内在的安全机制,它们依赖于基础 IP 骨干网络本身的安全特性。特别是,MPLS 依赖显式的标记交换通道来保证它的信息包不会传错方向,其他的隧道协议可以用 IPSec 来提供安全保障。

④ 多协议传输　由于在许多应用中要求 VPN 承载不透明多协议数据,因此,隧道协议必须能够支持多协议传输。

⑤ 帧序列　用户所要求的 QoS 属性之一便是 VPN 帧序列,类似于物理租用线或专线的特性。特定端到端协议和应用的有效操作可能需要帧序列,为了实现帧序列,隧道机制必须支持序列域。

⑥ 隧道维护　VPN 端点必须监视 VPN 隧道的运作,保证连接不丢失,如果发生意外应该采取适当的措施(如路由重计算)。VPN 隧道协议应该具有隧道维护功能。

除了上述要求外,VPN 隧道还需具有流量和拥塞控制、QoS 保障等功能。当然这些要求并不是每个隧道协议都必须全部实现。例如,IP-in-IP(一种隧道协议)没有复接域;IPSec 不支持多协议传输。下面介绍典型的隧道协议,包括 PPTP 和 L2TP, IPSec 已经在前面介绍过了,这里不再赘述。

（1）PPTP

PPTP(point-to-point tunneling protocol,点对点隧道协议)是一种支持远程用户通过

拨号接入本地 ISP，通过互联网或其他网络实现远程安全地访问公司资源的技术。它是在 PPP（点到点协议）的基础上开发的一种新的增强型安全协议，可以通过 PAP（密码身份认证协议）、EAP（可扩展身份认证协议）等方法增强安全性。PPTP 在 PPP 的基础上将 PPP 帧封装成 IP 数据包，以便能够在基于 IP 的因特网上进行传输。PPTP 使用 TCP 管理连接的创建、维护与终止，并使用 GRE（通用路由封装）将 PPP 帧封装成隧道数据。被封装后的 PPP 帧的有效载荷可以被加密或者压缩或者同时被加密与压缩。

PPTP 支持多协议传输，它工作在 OSI 模型的第二层，即传输层。PPTP 总是假定在客户机和服务器之间有连通并且可用的 IP 网络。当客户机尚未连入网络时，客户机必须通过某种方式首先接入到 IP 网络，如拨号方式。由于 PPTP 只能通过 PAC 和 PNS 来实施，其他系统没有必要知道 PPTP。

PPTP 使用 GRE 的扩展版本来传输封装用户数据的 PPP 包。这些增强允许为在 PAC 和 PNS 之间传输用户数据的隧道提供底层拥塞控制和流控制。这种机制允许高效使用隧道可用带宽，并且避免了不必要的重发和缓冲区溢出。PPTP 没有规定特定的算法用于底层控制，但它确实定义了一些通信参数来支持这样的算法工作。在 RFC 2637 中，已经为 PPTP 定义了一套完整的信令，对各种通信参数有着详细的定义，在这里不一一介绍，有兴趣的读者请直接参考有关 RFC 2637 的资料。

需要指出的是，PPTP 尽管是为中小企业提供的一种 VPN 解决方案，但是在其实施过程中存在重大的安全漏洞。已有的部分研究表明，PPTP 在某种意义下甚至比 PPP 还要弱，不适合用来建立安全的 VPN 隧道。

（2）L2TP

L2TP（layer 2 tunneling protocol，二层隧道协议）是由 IETF 在综合 PPTP 与 L2F（第二层转发）优点的基础上推出的一种技术。L2TP 已经被众多大型公司采纳，成为 IETF 有关二层通道协议的工业标准。

L2TP 整合了多协议拨号服务。由于 PPP 中已经定义了多协议跨越第二层点对点链接的一个封装机制，于是用户可以通过拨号 POTS、ISDN、ADSL 等连接到网络访问服务器，然后在此连接上运行 PPP。

L2TP 在逻辑上扩展了 PPP 模型，它允许第二层和 PPP 终点处于不同的设备。通过 L2TP，用户在第二层连接到一个访问集中器（如调制解调器、ADSL 等），然后由这个集中器将单独的 PPP 帧路由到 NAS。上述过程实际上将 PPP 包的处理过程与 L2 连接的终点分离开来。对于这样的分离，其明显的一个好处是：L2 连接可以在一个电路集中器上终止，然后通过共享网络扩展逻辑 PPP 会话，而不用在 NAS 上终止。从用户角度看，直接在 NAS 上终止 L2 连接与使用 L2TP 没有任何功能上的区别。此外，L2TP 也用来解决"多连接联选组分离"问题。多连接 PPP 一般用来集中 ISDN 的 B 通道，此时需要构成多连接捆绑的所有通道在一个单网络访问服务器上组合。

L2TP 与 PPTP 都使用 PPP 对数据进行封装，然后添加附加包头用于数据在互联网络上的传输。尽管它们非常相似，但是仍存在以下区别。

● PPTP 要求互联网络为 IP 网络，L2TP 只要求隧道媒介提供面向数据包的点对点的连接。L2TP 可以在 IP（使用 UDP）、帧中继永久虚拟电路、X.25 虚拟电路或 ATM 网络上使用。

- PPTP 只能在两端点间建立单一隧道，L2TP 支持在两端点间使用多隧道。使用 L2TP，用户可以针对不同的服务质量创建不同的隧道。
- L2TP 可以提供包头压缩，当压缩包头时，系统开销（overhead）占用 4 字节，而 PPTP 中要占用 6 字节。
- L2TP 可以提供隧道验证，而 PPTP 则不支持隧道验证。但是当 L2TP 或 PPTP 与 IPSec 共同使用时，可以由 IPSec 提供隧道验证，不需要在第二层协议上验证隧道。

6.7 移动通信网络安全技术

6.7.1 概述

第二代移动通信使用了数字通信技术，使得对数字的灵活处理成为可能，从而在移动通信系统中增加了身份认证、数据加密等功能。移动通信技术发展到现在，在带宽和服务质量方面都比之前有非常大的提升，成为推动移动互联网业务的重要技术。

为移动通信提供服务的移动通信网络是一种无线蜂窝网络，每个蜂窝区域以基站为中心，服务一定数量的终端设备。不同的蜂窝之间有交互，这样当终端设备从一个蜂窝覆盖区域移动到另外一个蜂窝覆盖区域时，在两个蜂窝相交的区域切换基站，保持数据通信的连续性。当切换基站所占时间很短，不影响语音传输质量时，在用户体验方面是一种连续的通信服务。

移动通信网络也经历了几次变化，从 2G 网络发展到 3G 网络，然后是 LTE 网络（也称为 4G 网络），现在正在推出 5G 网络技术。本章以 LTE 网络技术为代表，介绍移动通信中如何实现数据安全和用户的身份认证。

6.7.2 LTE 网络简介

LTE（long term evolution，长期演进）网络是由 3GPP 组织为保持其在未来移动通信技术中的有利位置，同时有效地填补第 3 代移动通信系统和第 4 代移动通信系统之间存在的巨大技术差距，于 2004 年开始启动的一项针对现有通用移动通信系统（universal mobile telecommunications system，UMTS）的演进技术。LTE 主要使用 OFDM（orthogonal frequency division multiplexing，正交频分复用）和 MIMO（multiple input multiple output，多输入多输出）技术，支持在 20MHz 频谱带宽下提供下行 326Mb/s、上行 86 Mb/s 的峰值速率。2010 年 12 月国际电信联盟正式确定 LTE 为 4G 技术。

LTE 网络由用户设备（user equipment，UE）、接入网以及核心网组成。其针对空中接口和核心网络的演进技术分别被称为演进的通用陆地无线接入网（evolved universal

terrestrial radio access network, E-UTRAN) 和演进的分组核心 (evolved packet core, EPC)
系统。因此, LTE 网络有时也被称为演进的分组系统 (evolved packet system, EPS), 其
架构如图 6.9 所示。

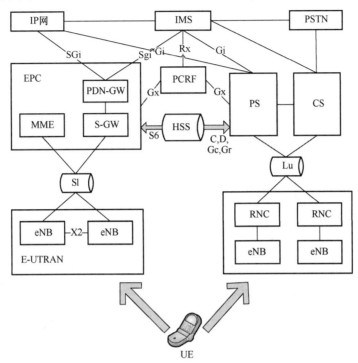

图 6.9
LTE 网络整体架构

6.7.3 LTE 网络的构成

LTE 网络中主要涉及用户设备 (UE)、演进的基站 (evolved node base, eNB)、移
动管理实体(mobility management entity, MME)、用户归属服务器(home subscriber server,
HSS) 等实体, 它们的功能划分如下。

1. UE

UE 允许一个合法用户通过它接入移动通信网络, 并在通信过程中代表合法用户的
身份。可以把 UE 理解为手机设备或其他具有手机通信功能的设备, 如平板电脑、电话
手表等。

2. eNB

eNB 主要实现无线资源的管理功能; IP 头压缩和用户数据流加密; 当无法根据 UE
提供的信息路由到一个 MME 时, 为 UE 附着选择一个合适的 MME; 为用户层数据传输
到安全网关进行路由; 寻呼信息的调度与传输; 广播信息的调度与传输; 对于移动性和
调度的测量及测量报告配置等。可以把 eNB 理解为一种特殊的地面天线接收设备。

3．MME

MME 主要实现会话管理和移动性管理，包括寻呼、安全控制核心网的承载控制，以及终端在空闲状态下的移动性控制等功能。

4．HSS

HSS 主要用于存储用户签约信息的数据库。存储的信息包括用户标识信息、用户安全控制信息、用户位置信息、用户策略控制信息等。

6.7.4　LTE 网络安全架构

LTE 网络安全架构如图 6.10 所示。

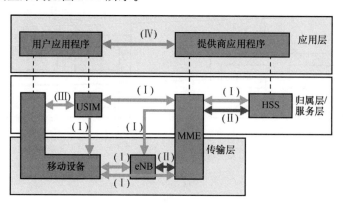

图 6.10
LTE 网络安全架构

在 LTE 网络的安全架构中定义了 5 个安全特征集，每个特征集完成各自特定的安全目标。

① 网络接入安全（Ⅰ）　该安全特征集负责用户安全接入服务，特别是要防止（无线）接口链路攻击。

② 网络域安全（Ⅱ）　该安全特征集负责保护网络节点之间安全传递信令数据和用户数据，包括 eNB 与 MME 间以及 eNB 内的数据，并防止有线网络受攻击。

③ 用户域安全（Ⅲ）　该安全特征集负责提供到移动站的安全接入。

④ 应用域安全（Ⅳ）　该安全特征集负责保证在用户和提供者间的应用层面安全地交换信息。

⑤ 安全的可知性和可配置性（Ⅴ）　该安全特征集负责使用户知道一个安全特征组是否在运行，以及服务的应用和设置是否应该依赖于该安全特征。

6.7.5　LTE 两层安全体系

LTE 在安全方面建立了两层安全体系（见图 6.11），将用户安全在 AS（在 eNB 端的 RRC 安全）和 NAS 信令之间分离开，并在 eNB 上终止用户层安全。这种设计的目的是使 E-UTRAN 安全层（第一层）和 EPC 安全层（第二层）相互之间的影响最小化。该原则提高了系统整体的安全性。对运营商来说，允许将 eNB 放置在易受攻击的位置而不存在高的风险。同时，在多种 3GPP 或非 3GPP 无线接入技术连接到 EPC 的场景下，对整个系统安全性的评估和控制也更加容易。

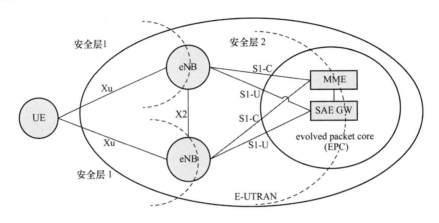

图 6.11
LTE 网络中的两层
安全体系

6.7.6　LTE 密钥管理

LTE 为了实现两层安全架构，采用了多级密钥的思想。UE 和 HSS 共享一个根密钥 K。根据这个根密钥 K，依次导出 UE 与 MME、UE 与 eNB 共享的各级子密钥。具体密钥层次如图 6.12 所示。

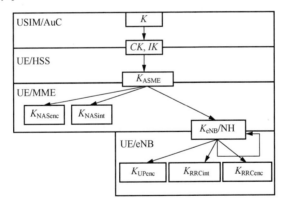

图 6.12
LTE 的密钥层次

密钥层次包含下列密钥：K_{eNB}、K_{NASint}、K_{NASenc}、K_{UPenc}、K_{RRCint} 和 K_{RRCenc}。

1.　用于 eNB 的密钥

K_{eNB} 在 ME 和 MME 中由 K_{ASME} 来推导，或者由 ME 和目标 eNB 来推导。

2.　用于 NAS 通信的密钥

K_{NASint} 是用于 NAS 通信的完整性保护算法的密钥。该密钥在 ME 和 MME 中由 K_{ASME} 和完整性保护算法标识通过一个密钥导出函数（key derivation function，KDF）来推导。

K_{NASenc} 是用于 NAS 通信的加密算法的密钥。该密钥在 ME 和 MME 中由 K_{ASME} 和加密算法标识通过 KDF 来推导。

3. 用于用户面通信的密钥

K_{UPenc} 是用于用户面通信的加密算法的密钥。该密钥在 ME 和 eNB 中由 K_{eNB} 和加密算法标识通过 KDF 来推导。

4. 用于 RRC 通信的密钥

K_{RRCint} 是用于 RRC 通信的完整性保护算法的密钥。该密钥在 ME 和 eNB 中由 K_{eNB} 和完整性保护算法标识通过 KDF 来推导。

K_{RRCenc} 是用于 RRC 通信的加密算法的密钥。该密钥在 ME 和 eNB 中由 K_{eNB} 和加密算法标识通过 KDF 来推导。

6.7.7 移动通信中的 AKA 协议

AKA（authentication and key agreement，认证和密钥协商）协议是移动通信系统中最基本的安全保障，主要用于 UE 与 HSS 之间的双向认证，同时建立用于数据加密的会话密钥 CK 和用于数据完整性保护的会话密钥 IK。基于 CK 和 IK，UE 与 MME 之间、UE 与 eNB 之间将导出共享的会话密钥，包括用户层（UP）、RRC、NAS 加密密钥，以及 RRC 和 NAS 完整性保护密钥等。

1. AKA 用户身份认证过程

AKA 用户身份认证过程如图 6.13 所示。

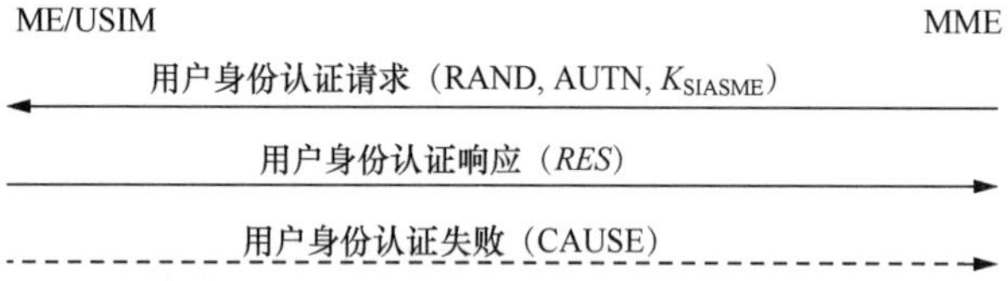

图 6.13 AKA 用户身份认证过程

在 AKA 用户身份认证过程前,UE 和 HSS 共享一个根密钥 K,其为永久存储在 USIM 卡上的 UICC 芯片上和认证中心 AuC 中的密钥。CK、IK 为通过 AKA 过程推导出的存储在 AuC 和 USIM 上的一对密钥。在身份认证过程结束之后，UE 和 MME 共享了一个中间密钥 K_{ASME}。具体身份认证过程如下：

1）MME 将随机数 RAND 和从选择的身份认证向量中取出的身份认证口令 AUTN 通过 ME 发送给 USIM。发送的报文中也同时包括 K_{SIASME},用于 ME 来确认执行 EPS AKA 过程后的 K_{ASME}。

2）收到该消息后，USIM 要通过 AUTN 来验证身份认证向量的实效性，具体方法参见 TS 33.102。如果通过验证，USIM 将计算出 RES。USIM 计算出 CK 和 IK，并发送给 ME。

3）ME 接入 E-UTRAN 时需要确认身份认证过程中 AUTN 的 AMF 字段的分隔位为 1。

4）如果通过了对 AUTN 和 AMF 的验证，UE 将返回一个用户身份认证响应报文，该响应报文包含参数 RES。ME 进而从 CK 和 IK 计算出 K_{ASME} 和服务网身份。当从 K_{ASME}

推导出的密钥成功启用时，绑定的服务网络 ID 可以隐式地鉴别服务网络的身份。

5）否则，UE 将发送给 MME 一个用户身份认证拒绝报文，包含身份认证失败的 CAUSE 值，以防 AUTN 的同步失败（如 TS 33.102 所述），UE 要在报文中包含 USIM 提供的 AUTS。

6）MME 需要验证 *RES* 是否与 *XRES* 一致。如果一致，则认证通过。如果不一致，或者发送了身份认证失败的 CAUSE 值，MME 将在稍后对 UE 重启身份确认或身份认证过程。

2．身份认证数据分发过程

身份认证数据分发过程的目的就是从 HSS 处获得一个或多个 AKA 身份认证向量（RAND，AUTN，XRES，K_{ASME}）来执行用户的身份认证过程。每个 AKA 身份认证向量都可以被用来给 UE 身份认证。

如果网络类型为 E-UTRAN，并且 AUTN 中 AMF 字段的分隔位被置为 1，这是用来告知 UE 身份认证向量只可以用于 EPS 上下文的 AKA 身份认证过程，并且生成的密钥 *CK* 和 *IK* 不能离开 HSS；如果分隔位为 0，那么身份认证向量只能用于非 EPS 网络的上下文（如 GSM、UMTS）。

MME 通过向 HSS 发送身份认证数据请求（authentication data request），如图 6.14 所示。身份认证数据请求应当包含 IMSI、服务网络 ID（即 MCC∥MNC）和网络类型（如 E-UTRAN）。在收到来自 MME 的身份认证数据请求后，HSS 向 MME 发送身份认证数据响应消息。该消息必须包含 MME 所请求的信息。

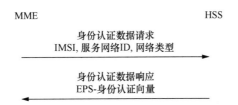

图 6.14
从 HSS 到 MME 的身份认证数据分发

HSS 给 MME 发送一个身份认证响应报文，包含了请求的信息。如果 MME 请求多个 EPS 身份认证向量，就按身份认证向量的序列号来排序。MME 要知道 EPS 身份认证向量的序列号，并且按顺序使用。

6.8　LPWAN 网络安全技术

LPWAN（low power wide area network，低功耗广域网）是一类网络技术的总称，面向物联网等低功耗应用场景设计，具有低功耗、低速率、长距离等特点。LPWAN 包括多种不同种类的网络技术。目前商业应用范围比较大的 LPWAN 包括 LoRa 和 NB-IoT 等网络。Sigfox 也是一种 LPWAN，也在建设和产业应用中。鉴于公开资料中关于 Sigfox 网络安全技术的介绍不多，本章只考虑 LoRa 和 NB-IoT 这两种网络技术。即使如此，这两种技术对安全性描述的公开资料也比较少，而且这些技术仍然在发展中。本节根据一些公开资料作简单介绍。读者可根据这些网络技术的不断发展情况，掌握更专业的技术资料，开展更专业的技术分析。

6.8.1　LoRa 网络的安全技术

2013 年 8 月，Semtech 公司向业界发布了一种新型的基于 1GHz 以下的超长距离、低功耗数据传输技术（long range，简称 LoRa）的芯片。其接收灵敏度达到了-148dBm，与业界其他先进水平的 sub-GHz 芯片相比，最高的接收灵敏度改善了 20dB 以上，提高了网络连接的可靠性。

LoRa 使用线性调频扩频调制技术，既保持了与 FSK（频移键控）调制相同的低功耗特性，又增加了通信距离，同时提高了网络效率并消除了干扰，即不同于扩频序列的终端，即使使用相同的频率同时发送也不会相互干扰，因此，在此基础上研发的集中器和网关能够并行接收并处理多个节点的数据，大大扩展了系统容量。

LoRa 主要在全球免费频段运行（即非授权频段），包括 433MHz、868MHz、915MHz 等。LoRa 网络主要由物联网终端设备（内置 LoRa 模块）、通信网关（或称基站）、服务器/云平台以及应用终端四部分组成，业务数据可双向传输，如图 6.15 所示。

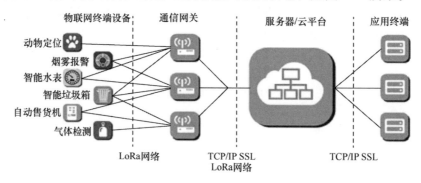

图 6.15
LoRa 网络架构

1. 运行模式

LoRa 有几种不同的模式，是分别针对不同的功耗节省需求设定的。

① Class A（最省电）　终端具有双向通信功能。每次上传之后，有两个小的下传接收窗口，然后进入休眠，直至下次上传数据。

② Class B（省电）　网关通过发送 Beacon 信号，告知终端在什么时候唤醒。网关需要知道终端什么时候在听（处于接收数据状态）。

③ Class C（最耗电）　处在发送和接听的切换状态，不发送的时候都在接听。

2. 数据格式

LoRa 网络在物理层、MAC 层的数据格式如下所示。

上行：Preamble||PHDR||PHDR_CRC||PHYPayload||CRC

下行：Preamble||PHDR||PHDR_CRC||PHYPayload

其中：

PHYPayload= MHDR(1-Octet)||MACPayload||MIC(4-Octet)

MACPayload= FHDR||FPort||FRMPayload

FPort=0 表示只有 MAC 指令，或者指向某个应用（根据具体数值）

FHDR= DevAddr||FCtrl||FCnt||FOpts

3. 终端入网过程（over-the-air-activation，OTAA）

终端入网前需要拥有：

① DevEUI 全球唯一终端设备识别码（IEEE EUI64 地址空间）。

② AppEUI 应用识别符。

③ AppKey 用于密码算法 AES-128 的密钥。

入网时终端发送：

AppEUI(8byte)||DevEUI(8byte)||DevNonce(2byte)||MIC

其中，MIC 的计算步骤如下：

1）mac=AES128_cmac(AppKey, MHDR | AppEUI | DevEUI | DevNonce)。

2）MIC = MAC[0..3]。

服务器应答消息为：

AppNonce||NetID||DevAddr||DLSettings||RxDelay||CFList

其中，AppNonce 是一个随机数，或网络服务器提供的某种 ID，以便终端设备可以恢复出如下两个会话密钥：

NwkSKey = AES128_encrypt(AppKey, 0x01 | AppNonce | NetID | DevNonce | pad16)

AppSKey = AES128_encrypt(AppKey, 0x02 | AppNonce | NetID | DevNonce | pad16)

这种入网认证过程可能存在重放攻击。例如，攻击者截获某个入网请求消息，后期重放该消息，则可能导致正常节点在不知不觉中脱离网络。上报数据并不一定得到应答，上报是否成功不得而知。

4. 数据加密

LoRa 使用 AES128 的 CTR 加密模式对数据进行加密。如果一个数据包的 FPort 值设为 0，则使用密钥 NwkSKey；否则，使用密钥 AppSKey。

为了使用 AES128 的 CTR 加密模式，需要有个计数器。LoRa 对发送数据和接收数据使用不同的计数器，分别为 FCntUp 和 FCntDown。这些计数器分别由终端和服务器保持并负责更新。

对数据的加密和解密所用的密钥流（因为是 Ctr 模式）的产生过程如下。

```
For i = 1...k= ceil(len(FRMPayload) / 16)，计算
    Ai = (0x01 || (0x00 * 4) || Dir || DevAddr || FCntUp or FCntDown
```

```
            || 0x00 || i)
      Si = AES128_encrypt(K,Ai),
  S = S1||S2||...||Sk
```

密钥流的产生过程用到 FCntUp 或 FCntDown 的值，这表明密钥流在终端生命周期内永远不会重复。加密时将明文数据与密钥流 FRMPayload 进行比特位异或运算（XOR），解密时将密文与该密钥流进行比特位的异或运算。诸如 FPort 和 FCNTUp 等说明性的数据在传输中保持明文格式。

6.8.2 NB-IoT 网络的安全技术

NB-IoT 网络基于现有的移动通信基础设施，包括运行机制和核心网。NB-IoT 核心网部署所涉及的网元包括 MME（mobility management entity，移动管理实体）、S-GW（serving gateway，服务网关）和 P-GW（PDN gateway，PDN 网关），需要通过对现有移动通信网络升级改造，使其支持 NB-IoT 相关核心网络特性。

NB-IoT 的网络架构和 LTE/4G 网络架构基本一致。NB-IoT 的 EPC 核心网不同点是采用了虚拟化，包括 MME、S-GW、P-GW、用于存储用户签约信息的 HSS、NB-IoT 基站、NB-IoT 终端和 AS（authentication server，应用服务器）等。新增业务能力开放单元（SCEF）不包含用于计费和策略控制的单元（PCRF）。

NB-IoT 核心网采用网络功能虚拟化方式建设。在 NB-IoT 核心网中，MME 完成 NB-IoT 的 UE 接入认证，能够创建和删除 UE 和 MME 之间的安全通信隧道。根据 UE 无线接入技术能力，完成 S-GW、P-GW 的选择，由 P-GW 完成 NB-IoT 用户接入过程的处理。

理论上，NB-IoT 可以直接在现有的 GSM、UMTS 或 LTE 网络架构上进行部署。因此，其身份认证和数据安全技术也使用所依赖的网络所提供的这类标准技术。NB-IoT 网络使用单独的 180kHz 传输带宽，不占用现有网络的语音和数据带宽。

NB-IoT 的控制与承载分离，信令走控制面，数据走承载面。如果是低速率业务，就直接走控制面，不再建立专业承载。支持将 IP 数据包封装到 NAS 协议数据单元（PDU）中传输，无须建立数据无线承载和 S1-U 承载。控制面数据传输通过 RRC、S1-AP 协议的 NAS 传输以及 MME 和 SGW 之间的 GTP-U 隧道来实现。其相应采集点较 LTE 也有一些变化，如信令面仍然采集 S1-MME、S6a、SGs，用户面无 S1-U 承载，需采集 S11-U 数据等。这样就省略了非接入层 NAS 与核心网的信令过程。

在 NB-IoT 的应用中，需要用到移动通信中的用户终端卡，即 SIM 卡。随着智能设备对空间充分利用的需求，SIM 卡的尺寸也越来越小。但考虑到一些物联网设备本身的大小有限，即使目前最小尺寸的 SIM 卡仍然是很大的负担，不仅仅在硬件尺寸上，也包括硬件成本上。然而，物联网设备在生命期内更换 SIM 卡的可能性不大，可以将 SIM 卡与设备本身合为一体。但是，SIM 卡的制造商一般属于移动通信运营商，而物联网设备的制造商千差万别，很难将这两部分整合到一个硬件中。于是人们提出了 e-SIM 和 SoftSIM 等技术，即使用软件技术来替代硬件 SIM 卡。e-SIM 由全球移动通信系统联盟

（Global System for Mobile Communications Association，GSMA）提出，其实现技术和商业目标与硬件 SIM 卡有很大差别。但在对数据的安全保护和身份认证方面，硬件和软件实现的 SIM 卡在工作流程上都是一样的。

NB-IoT 支持软件和固件通过无线空口升级功能。升级包需要数字签名和公钥加密技术处理，终端接收到升级包时，需要进行相应的解密和签名验证等过程。这一过程也保证升级软件和固件是合法的；否则，非法软件升级会导致系统的安全性丧失。

6.9　小结

物联网传输层是在传统网络基础之上建立起来的一种综合网络平台。其不仅融合了有线网络的各种通信技术，还包含了无线通信网络的各种通信技术，其拓扑结构更加复杂。本章在介绍了传输层中所采用的关键技术（有线通信技术和无线通信技术）的基础上，从有线网络和无线网络中分别选出一个典型网络为代表来详细介绍物联网传输层可能采用的一些典型的安全关键技术。这些安全关键技术包括互联网中的 IPSec 协议、SSL 协议、VPN 隧道协议中的 PPTP 和 L2TP，以及无线 4G 网络 LTE 中的 AKA 协议。LPWAN 中的安全技术内容可能在后期被逐步公开出来，在这方面的探讨也可以留作读者的研究课题。

习题

1. 为什么物联网的传输层是广域网？局域网能否作为传输层？
2. 互联网相关的典型安全协议有哪些？这些安全协议各有什么特点？
3. 使用 VPN 为什么能在公开网络上传递秘密信息？VPN 在哪些方面提供安全保护？
4. LPWAN 与移动通信有什么区别？
5. 简述 SSL 协议。
6. 简述移动通信中的 AKA 原理。

第 7 章 处理应用层安全技术

7.1 引言

物联网的处理应用层是物联网系统的智能核心，物联网感知层采集的数据需要在处理应用层进行处理后提供给用户和行业应用。同时，用户对物联网感知层设备的控制指令一般也通过处理应用层进行下发。

在物联网的安全架构中，处理应用层的安全被分为处理层安全和应用层安全。物联网应用层的安全技术具有典型的行业特点，不具有统一性，因此本章内容重点是处理层的安全技术。

大型物联网行业应用的重要特点是"以数据为中心"。从宏观角度上看，在感知层部署各类传感器节点的目标是更加全面地获取数据；在网络传输层实现各类组网和传输技术的目标是更加快速、可靠地传递数据；而处理应用层的核心目标则是更有效地管理和分析数据。物联网中的数据具有以下几个特点。

① 数据海量 物联网设备的数量在快速增长，单个物联网设备所采集的数据量也随着精度和网络功能以及设备本身功能的提升而增大，物联网将面临海量数据。在智能电网、智慧交通等应用场景中，单一系统每天所产生的数据量可达到 TB 级。随着物联网技术在行业中应用的普及性，整个物联网系统所产生的数据量将大得惊人。

② 数据异构 物联网的应用多种多样，其中的数据也具备异构性的特点。例如，物联网在环境监测应用中，业务数据可能包括温度、湿度、光照度、风力、风向、海拔、二氧化碳浓度等；智慧交通应用中则包含视频、图片等多媒体数据。在不同应用中的数据格式、精度等都可能呈现出异构的特性，数据的异构性也可导致数据处理机制的复杂性。

③ 数据相关联 物联网中的数据并不是互相独立的。同一实体的数据描述在时间上具有相关性，在不同维度之间的描述也具有相关性，不同实体的数据在空间上具有关联性。例如，在智慧交通系统中，同一辆汽车的图片或视频数据具有时序相关性。数据互相关联，产生了丰富的语义，存在数据推理和数据挖掘的可能性。

物联网数据的海量性、异构性和相关性导致数据间的关系复杂，数据组织、存储和管理需要大量的存储和计算资源。如何利用有限的计算能力，高效地组织、存储和管理数据，对数据进行智能分析，将其转化为有价值的信息和知识，成为进一步决策的依据，是物联网处理应用层需要解决的核心问题。同时，物联网处理应用层还面临着多种安全风险和威胁，如果不能有效地处理这些风险和威胁，攻击者可能利用这些漏洞实施攻击来窃取和篡改数据，从而使处理应用层产生错误的决策结果，导致整个物联网系统崩溃。

7.2　处理应用层的安全威胁

如果将物联网处理应用层应用的安全边界划定在处理应用层与网络传输层交界的接入层，那么在处理应用层所面临的安全威胁主要来自以下几个方面。

1．数据来源不可信

有很多原因可以导致在处理应用层接收到不可信的数据，一类是物联网组成模块的不可靠性，而另一类则是攻击者的攻击。

从感知层来看，终端感知节点通常分布于恶劣的自然环境之中，难免出现节点失效或故障，终端感知节点获取的数据有可能出现错误甚至无法获取数据。从网络传输层来看，有些应用采用无线自组网等不可靠的网络链接模式，一旦出现热点或故障将导致数据传输异常。从处理应用层的角度来看，无论是感知层还是网络传输层的故障都会产生数据来源的不完整和不可信。

数据来源不可信的另一类原因是攻击者的攻击。攻击者可能使用仿冒的感知层节点向处理应用层提供虚假数据，以期使处理应用层产生错误的决策。例如，窃贼可能在博物馆视频监控系统中接入一个虚假的视频设备向管控系统传输静止的图像，从而掩盖窃贼的行动。攻击者也可能对传输网络实施攻击，监听数据或上传恶意数据。

2．数据的非授权访问

数据在汇集到处理应用层之后，将形成海量的数据资源，而通过不同的应用使用这些数据的用户也是海量的。这些用户之中，有些是系统的管理员，有些是一般用户，有些是高级用户，有必要根据不同用户的应用场景，为他们划定访问数据的权限，使用户可以在自己的权限内访问这些数据。而对于恶意的用户而言，超越自身的访问权限获取更多的数据是一件充满诱惑的工作，他们总是试图绕过访问控制机制、使用推理方法或其他可能的手段来实现目标。

3．数据完整性遭破坏

处理应用层所管理的海量数据面临着完整性被破坏的风险。用户或应用往往需要根据数据挖掘的结果作出决策，攻击者有可能通过删除或者增加部分数据来破坏数据的完整性，从而进一步影响决策的结果。例如，在电子商务应用中，某些商户可以通过技术手段入侵用户评价信息库，提交大量有利于自己的虚假好评信息或者提交大量对于竞争对手不利的恶评信息，从而使消费者作出错误的选择。

4. 数据可用性遭破坏

在信息战的背景下，攻击者不仅会关注通过攻击可以获得怎样的数据或多大程度的影响决策，能使对方瘫痪一段时间也是重要的目标之一。在物联网世界中，网络与一切物体相连，恶意攻击可以通过网络快速地传播，甚至对现实世界产生巨大的影响。

面对不可信的数据来源、非授权的访问企图、完整性被破坏和可用性被破坏等安全威胁，物联网的处理应用层必须提供具有足够强度的安全防护功能来应对。这些安全防护功能包括感知节点的身份标识与身份认证、接入控制和边界防护、访问控制、数据完整性校验、数据备份、系统审计等。本章根据物联网处理应用层所采用的两种主要组织模式，即数据库模式和云存储模式，分别介绍相应的安全防护技术，从而实现处理应用层内部数据的安全性。

7.3 数据库安全技术

物联网的处理应用层首先是一个数据处理中心，而数据处理离不开数据库，因此，物联网处理应用层必然要处理数据库，而且可能还不止一种类型的数据库。

最经典的数据库是关系数据库。关系数据库系统的理念基于关系数据模型，该模型使用集合论和谓词逻辑中的概念来表述数据元素，定义了数据库的基本框架。由于具有严谨的数学性质，关系数据库在查询处理和事务特性上具有无法比拟的优势，成为自 20世纪 70 年代以来最为常见的数据管理模型，与其配套使用的结构化查询语言（SQL）也成为工业界广泛认可与使用的数据查询和程序设计语言。

由于长久以来在数据处理领域占有统治地位和严格的事务特性，关系数据库系统是物联网处理应用层常采用的一种数据库。基于关系数据库构建的物联网应用往往采用如图 7.1 所示的架构。

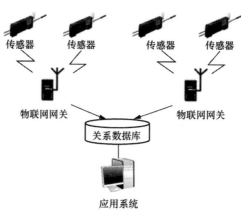

图 7.1
物联网关系数据库应用架构

非关系数据库是互联网时代数据库的特征，源于网页内容和一些多媒体内容不具有关系数据库的特征，需要用非关系数据库进行存储和处理。非关系数据库的安全标准没有关系数据库成熟，而且关系数据库仍然是许多物联网行业应用所使用的数据库类型。本章基于关系数据库介绍相关的安全技术，包括标识与认证、访问控制和安全审计等数据库安全防护技术，最后以一个典型的安全数据库管理系统为例进行说明。

7.3.1　数据库安全标准简介

关系数据库从出现至今已有近 50 年的历史，学术界和产业界也对数据库的安全性进行了深入研究，为数据库安全性的评定制定了严格的标准。下面介绍与数据库安全性相关的国际与国内标准。

1．TCSEC

TCSEC（trusted computer system evaluation criteria），即美国可信计算机系统评估标准。由于该标准采用了橘红色的封皮，通常被称为橘皮书。TCSEC 标准是计算机系统安全评估的第一个正式标准，具有划时代的意义。该标准于 1970 年由美国国防科学委员会提出，并于 1985 年 12 月由美国国防部公布，最初只是军用标准，后来延至民用领域。TCSEC 标准是信息系统安全性测评的通用标准，适用于数据库系统。

TCSEC 将计算机系统的安全划分为四个大的等级（D、C、B、A），共细分为七个级别（D、C1、C2、B1、B2、B3、A），并为每一级别的信息系统定义了需要提供的安全功能清单。随着安全级别的逐步提高，信息系统的安全防护能力逐级增强，安全性也逐级增强。该标准的优点是它提供了不同的安全级别，每一级别都有相对应的功能要求。安全级别代表着产品的安全功能，这使得同类产品之间很容易比较各项指标。

2．TDI

TDI（trusted database interpretation），即可信计算机系统评估准则关于可信数据库系统的解释。该标准于 1991 年由美国国家计算机安全中心颁布，又称为紫皮书。它将 TCSEC 标准扩展到数据库管理系统。TDI 中定义了数据库管理系统的设计与实现中需满足和用以进行安全级别评估的标准。

作为一种可度量的评估，TDI 为处理涉密、分级和其他敏感信息的安全数据库系统提供了等级评定方法。因此，TDI 能够用于产品评估和认证评估。产品评估时不考虑应用环境，只针对计算机产品作出评估；认证评估要求将计算机产品使用于其适用的特定环境，评价其安全特性是否仍然达到要求。

3．CC

CC（common criteria standard），即通用准则。TCSEC 出现之后，美国之外的其他国家纷纷制定自己的网络安全产品评估标准，包括《信息技术安全性评估准则》（ITSEC）、《加拿大可信计算机产品评估准则》（CTCPEC）、《信息技术安全联邦准则》（FC-ITS）等。

进入 20 世纪 90 年代，国际标准化组织为统一不同国家的多种评估标准、建立一致的测评体系而作出了努力。自 1993 年开始，有 6 个国家的 7 个标准化组织参加了 CC 准则的编制过程，1996 年推出 1.0 版，1998 年推出 2.0 版，到 1999 年正式成为国际标准 ISO 15408，对应 CC 准则的 2.1 版本。2011 年 3 月，CC 准则推出 3.1 版本。CC 准则是信息系统安全性测评的通用标准，适用于数据库系统。

CC 准则特别强调：信息系统的安全性不仅与其提供的安全功能有关，也与其实现安全功能的方式相关，对于安全功能的实现方式以"安全保证"进行描述。在 CC 准则中严格区分了安全功能和安全保证。在实施评估之前，受评者需要充分分析 TOE（评估客体）所运行的安全环境和面临的安全威胁，根据这些安全威胁确定需要提供的安全功能，并指出在实现安全功能的过程中采用了哪些安全保证措施。安全保证措施的强度可以标识出安全功能的可信性，从而成为评估能在多大程度上满足安全目标的依据。CC 准则中将安全保证级划分为七个等级（EAL1-EAL7），安全保证强度逐级增强。

4. GB 17859—1999

《计算机信息系统安全保护等级划分准则》（GB 17859—1999）是我国第一个信息系统安全性测评标准。GB 17859—1999 参照 TCSEC 制定，是信息系统安全性测评的通用标准，适用于数据库系统。

GB 17859—1999 沿用了 TCSEC 的思想，特别强调等级保护，将信息系统的安全性划分为五个等级。第一级为用户自主保护级；第二级为系统审计保护级；第三级为安全标记保护级；第四级为结构化保护级；第五级为访问验证保护级。随着安全级别的逐步提高，信息系统的安全防护能力逐级增强，安全性也逐级增强。

5. GB 18336—2001

《信息技术 安全技术 信息技术安全性评估准则》（GB 18336—2001）直接采用了 ISO 15408，是 CC 准则的中文译本。该标准也是信息系统安全性测评的通用标准，适用于数据库系统。

6. GA/T 389—2002 和 GB/T 20273—2006

GB 17859—1999 中的分级是一种技术的分级，即对系统客观上具备的安全保护技术能力等级的划分。2002 年 7 月 18 日，公安部在 GB 17859—1999 的基础上，又发布了 5 个 GA 新标准，包括网络技术、操作系统和数据库管理系统的具体技术要求，其中与数据库安全相关的是《计算机信息系统安全等级保护 数据库管理系统技术要求》（GA/T 389—2002）。该标准用来指导设计者如何设计和实现具有所需要的安全等级的数据库管理系统，主要从对数据库管理系统的安全保护等级进行划分的角度来说明其技术要求。

GA/T 389—2002 对数据库安全功能技术提出了 10 项要求，分别为身份认证、自主访问控制、标记与强制访问控制、客体重用、数据库安全审计、数据完整性、隐蔽信道分析、可信路径、数据库可信恢复、推理控制。

2006 年，国家发布了《信息安全技术 数据库管理系统安全技术要求》（GB/T 20273—2006），该标准参考了 GA/T 389—2002 标准，主要说明了为实现 GB 17859—1999 中每一个保护等级的安全要求对数据库管理系统应采取的安全技术措施，以及各安全技术要求在不同安全级中具体实现上的差异。

7．GB 20009—2005

无论 GB 17859—1999 还是 GB 18336—2001 都是信息系统的通用测评标准。虽然适用面广泛，但却没有针对特定的信息系统进行界定，标准的可操作性比较差，不能直接用于实际系统的测评。为了解决这一问题，数据库管理系统安全评估准则（GB 20009—2005）被提了出来。它是专门针对数据库管理系统产品的评估准则，对于每一项需要评测的安全功能和保证要求的指标都进行了描述和细化。GB 20009—2005 是一个具有鲜明中国特色的标准，它在形式上采用了 TCSEC 所强调的等级保护的模式，按照级别划分数据库系统的安全性，但在每一级的具体要求中又融合了 CC 准则中强调安全保证的思想，依据安全保证的强度划归到不同的安全级别之中。GB 20009—2005 是我国数据库管理系统测评中的参照标准。

7.3.2 访问控制

访问控制是数据库安全至关重要的内容，目的是确保用户对数据库只能进行经过授权的有关操作。例如可以规定：某公司职工 Alice 只能查看她自己的工资，不允许查看其他同事的工资，而主管 Bob 可以查看其管辖部门所有职工的工资。要实现上述需求，则需要访问控制技术。

访问控制是指主体依据某些控制策略或权限对客体本身或其资源进行的不同授权访问。访问控制包括以下三个要素。

① 主体（subject） 是指一个提出请求或要求的实体，是动作的发起者。例如，以用户名进行资源访问的进程、事务等实体。

② 客体（object） 是指主体试图访问的资源。例如，数据库中的表、视图、存储过程、索引等。

③ 安全访问策略 是主体对客体的操作行为集和约束条件集。

根据访问控制策略的不同，传统访问控制机制主要分为自主访问控制（DAC）、强制访问控制（MAC）和基于角色的访问控制（RBAC）。

1．自主访问控制

自主访问控制是一种最普遍的访问控制策略，其最早出现在 20 世纪 70 年代初期的分时系统中，在非常流行的 UNIX 类操作系统中被广泛使用。在自主访问控制机制中，主体能够自主地（可以是间接地）将访问权限或访问权限的子集授予其他主体。例如，用户 Alice 对数据库中的人员信息表 Employee 具有查看权限，她可以将这个权限授予给 Bob。

自主访问控制策略是一种通用的访问控制策略。在该策略下决定用户能否成功访问数据对象的依据是系统中是否存在明确授权。如果授权存在，则允许访问；否则，访问被禁止。每个对象都有且仅有一个属主。对象属主有权制定该对象的保护策略，有选择地与其他用户共享。根据对象属主管理对象权限的程度，自主访问控制策略可以进一步划分，第一种是严格的自主访问控制策略，对象属主不能让其他用户代理访问对象的权限管理；第二种是自由的自主访问控制，对象属主不仅可以将对象的权限授予其他用户，也可以将对象的管理权让其他用户代理；第三种是属主权可以转让的自主访问控制。

大部分系统中的自主访问控制是由访问控制矩阵来实现的。该方法可控制主体对客体的直接访问，但是不能控制间接访问。访问控制矩阵比较大时，通常使用访问控制链表、容量表来实现。授权关系是这两者的集合，利用关系表示访问控制矩阵，每个关系表示一个主体对客体的访问权限，并利用数据库存储访问矩阵。

2. 强制访问控制

由于自主访问控制不能抵御木马病毒的攻击，强制访问控制作为一种与自主访问控制不同的策略，不再让普通用户进行访问控制的管理，而是将所有的权限都归于系统集中管理，保证信息的流动始终处于系统的控制之中。强制访问控制策略适用于军队、政府机要部门等安全需求比较严格的环境。

强制访问控制通过比较主体与客体的安全属性来决定是否允许主体访问客体，安全属性是由系统自动或由安全管理员分配给每个实体（主体和客体）的，它不能被任意更改。如果系统认为具有某一安全属性的主体不能访问具有一定安全属性的客体，那么任何人（包括该客体的主人）都无法使该主体访问该客体。即使存在木马病毒，强制访问控制也保证了信息可以在安全属性中按一个方向流动，这就解决了自主访问控制存在的问题。

例如，数据库中存在两个安全级别，即机密和公开。级别之间满足偏序关系"机密>公开"。在数据库中，表的每一条记录有一个安全等级标签，将机密和公开分别记为 S 和 U，分别对应安全级别机密和公开。数据库的用户也有上述安全等级标签。规定当且仅当用户安全等级标签支配记录的安全标签，即用户安全等级标签≥记录的安全标签时，用户才能访问该记录。存在职工表 Employee，如表 7.1 所示。若安全等级为 U 的用户访问职工表 Employee，返回的结果如表 7.2 所示。

表 7.1 职工表 Employee

姓名	性别	部门	密级
王××	女	生产	U
张××	男	情报	S

表 7.2 职工表 Employee 的 U 级视图

姓名	性别	部门	密级
王××	女	生产	U

强制访问控制的典型代表是 Bell-LaPadula（BLP）模型和 Biba 模型。BLP 模型是最先被揭出的强制访问控制模型，也是应用最为广泛的模型，但是其只解决了机密性问题，即它通过防止非授权的信息扩散来保证系统的安全性。系统的完整性问题可以采用 Biba 模型来解决，其通过防止低完整级信息流入高完整级客体来防止对数据的非授权修改，从而达到保护信息完整性的目的。

强制访问控制一般需要按照最小特权原则对数据库管理员、安全管理员、审计管理员进行严格管理。强制访问控制能够有效地抵御木马病毒的攻击。其主要特点是强制性和清晰性。强制性主要指访问控制是无法回避的，就连用户对自己创建的数据的访问也是一样的；清晰性主要是指访问控制的主、客体间的关系十分清晰。

3．基于角色的访问控制

基于角色的访问控制（RBAC）的概念早在 20 世纪 90 年代就已经被提出，安全需求的发展使它得到了关注。在 RBAC 模型中可以表示 DAC 和 MAC 模型，它通过增加角色（role）和许可（permission），极大地方便了权限管理。RBAC 中一般的体系是 RBAC96，该模型是由 Sandhu 等提出的。

RBAC 的核心思想是，将访问权限与角色相联系，通过给用户分配合适的角色，让用户与访问权限相关联。RBAC 以角色作为访问控制的主体，角色根据企业内为完成各种不同的任务需要设置。用户可以在角色之间进行转换。系统可以添加、删除角色，同时可以对角色的权限进行添加、删除。

RBAC 应遵循的三个原则如下。

① 最小特权　引入会话的概念，一个会话中只赋予用户要完成任务所必需的角色，这就保证了分配给用户的特权不超过用户完成其工作所必需的权限。

② 责任分离　用户不能同时拥有互斥的角色，以避免产生安全漏洞。例如，一个职员拥有采购员和出纳两个角色，就可能产生欺骗行为。

③ 数据抽象　除了一般定义的读、写以及执行这些权限外，RBAC 中可以根据实际应用的需要定义抽象的访问权限，如对某账户的借款和贷款权限。

与自主访问控制和强制访问控制相比，RBAC 具有如下显著特点：RBAC 是中性策略，是一个结合策略的方法而不是具体化某一个特殊的安全策略的方法，RBAC 也可以表示自主访问控制或强制访问控制；角色的概念适用于现实生活的许多应用场景，RBAC 实现了用户与权限的逻辑分离，为用户授权时，不需要为用户分配大量权限，只需要分配一个合适的角色即可，极大地方便了权限的管理。

7.3.3　安全审计

虽然上面已经提到了许多安全技术，如身份标识与身份认证、访问控制等，可以用来应对各种安全威胁，但是这些技术并不能完全保障系统的安全。事实上，在系统实际运行中，一方面，安全威胁中很大一部分都源于内部人员攻击，而入侵检查和访问控制等机制对这类攻击的防范能力非常有限；另一方面，对于很多外部入侵事件，入侵检测工具不能作出正确的响应，因为修补软件漏洞的速度总是要落后于利用系统的安全漏洞进行攻击的速度。在这些情况下，作为安全事件追踪分析和责任追究的安全审计技术有着不可替代的作用。

1. 数据库安全审计的定义

安全审计一般针对重要数据库进行。对数据库的安全审计就是对用户在数据库中的操作情况进行监测和记录的一种数据库功能。

在此基础上，对其进行分析处理、评估审查，查找系统的安全隐患，对系统安全进行审核、稽查和计算，追查造成安全事故的原因，并作出进一步的处理。有些研究者也将这些分析行为看作数据库审计的一部分。但是一般而言，通常将这些分析行为看作入侵检测的行为，而不包括在数据库审计中。

需要说明的是，审计与日志是两个不同的概念。审计是指监测和记录的过程，其关注的内容是什么时候进行审计，如何审计（记录什么内容，按什么规则记录）；而日志是静态的文本，是审计内容的记录，可以认为是审计的结果。

2. 数据库安全审计的作用

数据库安全审计的作用如下。

① 个体责任　审计中跟踪记录个体的行为，使得用户需要对其行为负责。这就对用户绕过安全策略起到了威慑作用。例如，管理员不能任意创建用户。

② 重构事件　数据库审计也可以用于重构导致数据库现有状况的一系列事件。从而，在事故中发生的损害可以通过审查审计记录来进行精确的评估——事件是何时，为什么以及怎么发生的。

③ 入侵检测　入侵检测是指确定那些尝试渗透系统并对其进行未经授权的访问过程。如果审计记录了这些事件，那么它就可以用来帮助入侵检测。

④ 问题监控　审计也可以作为监控网络问题的在线工具。这种实时的监控有助于监测诸如磁盘错误，网络中断或者系统资源过度使用。

3. 数据库安全审计技术

常见的安全审计技术主要有四类：基于日志的审计技术、基于代理的审计技术、基于网络监听的审计技术、基于网关的审计技术。

（1）基于日志的审计技术

基于日志的审计技术通常是通过数据库自身功能实现的。例如，Oracle、DB2 等主流数据库，均具备自身审计功能，通过配置数据库的自审计功能，即可实现对数据库的审计。

该技术能够对网络操作及本地操作数据库的行为进行审计，依托于现有数据库管理系统，具有很好的兼容性。

但这种审计技术的缺点也比较明显。首先，在数据库系统上开启自身日志审计对数据库系统的性能有影响，特别是在大流量情况下，损耗较大；其次，就是日志审计需要到每一台被审计主机上进行配置和查看，较难进行统一的审计策略配置和日志分析。

（2）基于代理的审计技术

基于代理的审计技术是通过在数据库系统上安装相应的审计代理，在审计代理上实现审计策略的配置和日志的采集，常见的产品有 Oracle 公司的 Oracle Audit Vault、IBM 公司的 DB2 Audit Management Expert Tool 以及第三方安全公司提供的产品。

该技术与日志审计技术比较类似，最大的不同是需要在被审计主机上安装代理程序。性能上的损耗要大于日志审计技术，因为数据库系统厂商未公开细节，由数据库厂商提供的代理审计类产品对自有数据库系统的兼容性较好，但是在跨数据库系统的支持上，比如要同时审计 Oracle 和 DB2 时，存在一定的兼容性风险。同时，在引入代理审计后，对原数据库系统的稳定性、可靠性、性能或多或少都会有一些影响，实际的应用面较窄。

（3）基于网络监听的审计技术

基于网络监听的审计技术是通过将对数据库系统的访问流镜像到交换机某一个端口，然后通过专用硬件设备对该端口数据流进行分析和还原，从而实现对数据库访问的审计。

该技术最大的优点就是与现有数据库系统无关，部署过程不会给数据库系统带来性能上的负担。即使是出现故障也不会影响数据库系统的正常运行，具备易部署、无风险的特点。

（4）基于网关的审计技术

基于网关的审计技术是通过在数据库系统前部署网关设备，通过在线截获并转发到数据库的数据流而实现审计。

该技术起源于安全审计在因特网审计中的应用。在因特网环境中，审计过程除了记录以外，还需要关注控制，而网络监听方式无法实现很好的控制效果，故多数因特网审计厂商选择通过串行的方式来实现控制。在应用推广过程中，这种技术开始在数据库环境中使用，不过由于数据库环境存在流量大、业务连续性要求高、可靠性要求高的特点，与因特网环境大相径庭，故这种网关审计技术主要运用在对数据库运维审计的情况下，不能完全覆盖所有对数据库访问行为的审计。

7.3.4　安全数据库实例

博阳数据库管理系统（BeyonDB）是一种国内自主知识产权的安全数据库管理系统，其安全功能主要是依据 GB/T 20273—2006 中对国内三级安全数据库管理系统的要求进行设计和研发的。核心的安全功能包括用户身份标识与身份认证、访问控制、安全审计等。依据这些核心功能，BeyonDB 安全系统被分解为如下几个组件。

① 认证组件　提供基于口令以及强认证方式对用户身份进行身份认证的功能。

② 自主访问控制组件　采用基于属主的授权策略，通过访问控制矩阵的方式，限制数据库主体（包括用户、角色、表）对客体（包括数据库、表、视图、序列、事件、存储过程）的访问，实现对数据库中客体的访问控制。

③ 强制访问控制组件　提供标签定义接口，并对数据库中的主客体进行标记，实现表级和记录级强制访问控制机制。

④ 审计组件　提供对数据库运行过程中的相关事件,特别是安全相关事件进行记录的功能,并通过访问审计日志进行事后事件追踪和责任认定。

下面对各个组件进行介绍。

1. 认证组件

认证组件提供对连接到 BeyonDB 中的用户进行身份认证的功能。它包含两方面的内容:一方面对注册到 BeyonDB 中的用户进行用户标识;另一方面当用户发起连接请求时,通过身份认证机制将连接的外部用户与 BeyonDB 中的用户标识进行映射。

(1) 用户标识

BeyonDB 可为连接到数据库的用户建立三种类型的用户标识,分别是用户名、角色名及用户组。用户标识的创建将由系统管理员完成,而用户标识的属性的修改则依据三权分立的思想进行管理:用户和角色将由同类型的管理员进行修改,普通用户和用户组将由系统管理员进行维护。

(2) 用户身份认证

由于 BeyonDB 中的用户标识是公开的,因此 BeyonDB 必须提供身份认证机制识别用户标识的可信性。BeyonDB 采用三种身份认证机制,分别是可信身份认证、口令认证和证书认证机制。当用户在一个连接会话中长时间处于空闲状态时,BeyonDB 会让连接用户重新进行身份认证,要求连接用户重新输入口令或证书私钥。

2. 自主访问控制组件

BeyonDB 自主访问控制组件依据受控客体类型及其访问方式分为两类:库级授权和库内授权。

① 库级授权　系统管理员授予用户数据库客体（包括表、视图、序列、事件、存储过程）的管理权限（如创建、修改、删除）;初始管理员授予管理员对数据库内部资源（如用户、角色、标签、审计日志等）的管理权限。

② 库内授权　属主授予用户对数据库客体（包括表、视图、序列、事件、存储过程）的访问权限。

自主访问控制组件的库级和库内授权过程如下例所示。

1) 系统管理员 sysadmin 建立两个用户 Carl 和 Dave,并授予两个用户在 iidbdb 上的各种权限。

```
>sql usysadmin iidbdb
create user Carl;
create user Dave;
grant all on database iidbdb to Carl,Dave;
```

2) 用户 Carl 建立一个表 Company。

```
>sql uCarl iidbdb
create table Company(id int)
```

3）用户 Dave 不可以查看 Company，因为没有授权。

```
>sql uDave iidbdb
select * from Carl.Company
```

4）用户 Carl 授予用户 Dave 对 Company 的访问权限。

```
>sql uCarl iidbdb
grant all on Company to Dave
```

5）Dave 可以查看 Company 表。

```
>sql uDave iidbdb
select * from Carl.Company
```

BeyonDB 能够实现对客体权限的传播控制，即客体属主在授予用户访问权限时，可以通过 with grant option 将对该权限的管理授予该用户。如表的属主用户 Carl 将 select 权限授予用户 Dave，且是"with grant option"的，那么用户 Dave 可以把从用户 Carl 获得的对表 Company 的 select 权限授予用户 Emma。

3．强制访问控制组件

强制访问控制通过定义标签，并赋予 BeyonDB 中的主体和客体标签，利用强制访问控制 BLP（Bell-LaPadula）模型中定义的访问规则，实现对数据库中客体（包括表和记录）的授权。

BeyonDB 中的标签由级别和范畴两部分组成。级别用于表示数据的敏感程度，级别之间满足偏序关系，如 TOP SECURITY > SECURITY > UNCLASSIFIED。范畴用于表示划分，范畴存在包含关系，如海军、空军、陆军、火箭军与三军（包含海军、陆军、空军）。

由于级别的偏序关系以及范畴的包含关系，标签之间也存在一定的关系，即支配（严格）关系。例如，标签 A 支配（严格）标签 B 当且仅当标签 A 的级别大于或等于（大于）标签 B 的级别且标签 A 的范畴包含（真包含）标签 B 的范畴。

BeyonDB 实施强制访问控制的过程如下例所示。

1）安全管理员建立范畴，如郑州、洛阳、河南、山东、中国，其中河南包括郑州和洛阳，中国包括山东和河南；建立级别 Public，密级为 10；级别 Secret，密级为 50；级别 TopSecret，密级为 100。

2）系统管理员建立两个用户 Alice 和 Bob，并授予其在 iidbdb 上的各种权限。安全管理员设置用户 Alice 和 Bob 的标签。即用户 Alice 现在具有固定标签（Henan, Secret），Bob 现在具有固定标签（China, TopSecret）。

```
>sql usysadmin iidbdb
create user Alice;
create user Bob;
grant all on database iidbdb to Alice,Bob;
>sql usecadmin iidbdb
alter label user Alice with category = Henan, level = Secret;
alter label user Bob with category = China, level = TopSecret;
```

3）Bob 建立一个表 TableB，该表的标签与其属主标签一致，为（China，TopSecret）。赋予 Alice 对 TableB 的自主访问控制权限。

```
>sql uBob iidbdb
create table TableB(id int);
grant all on TableB to Alice ;
```

4）Alice 查看 TableB 表：Alice 的标签（Henan，Secret）不足以支配 TableB 的标签（China，TopSecret），强制访问控制策略判断没有通过，即使 Alice 拥有对 TableB 的自主访问权限，因为二者缺一不可，所以访问失败。

```
>sql uAlice iidbdb
select * from Bob.TableB
```

5）安全管理员修改表 TableB 的标签为（Luoyang，Public）。

```
>sql usecadmin iidbdb
alter label table Bob. TableB to Luoyang:Public;
```

6）Alice 查看 TableB 表：Alice 的标签（Henan，Secret）可以支配 TableB 的标签（Luoyang，Public），访问成功。

```
>sql uAlice iidbdb
select * from Bob.TableB
```

4. 审计组件

审计组件实现对数据库系统的所有用户操作，特别是安全操作，进行记录，并支持对审计日志进行查询，从而为事后行为追踪和责任认定提供帮助。一方面，当用户发起访问时，如果用户操作为审计配置中定义的被审计事件，审计组件应记录用户操作发生的时间、操作结果等信息，并将这些信息写入审计日志中；另一方面，审计组件还应提供对审计日志的保护功能，对审计日志的访问进行控制，仅允许审计管理员对审计日志进行查阅和清除。

审计组件在运行之前，需要审计管理员进行相关的配置。审计组件为审计管理员提供灵活的开关和配置选项，审计管理员可以根据数据库的运行环境对审计组件进行配置，选择打开或关闭审计组件。

数据库审计是以用户操作为中心进行的。用户操作使用三元组（主体、客体、操作）表示，可以对操作的成功、失败区分审计。主体必须是数据库中当前已有的用户之一，客体是数据库已有的数据对象之一。其中，客体包括数据库、表、视图、事务、函数、触发器、操作符、规则、序列、索引、数据类型等。

审计管理员可以动态地设置对何种操作进行审计。用户登录、客体建立等重大操作是默认被审计的。设置审计规则的例子如下：

```
>sql uaudadmin iidbdb
audit enable;
audit alter_user on audadmin type user ;
```

审计管理员 audadmin 打开数据库 iidbdb 的审计功能，设置 iidbdb 上的审计规则：若用户 audadmin 被修改，则该修改操作被审计。

7.4　云平台安全

在物联网系统中，对海量数据的存储和对这些物联网数据的智能处理需要由处理平台来完成，因此，数据处理平台是物联网处理层的基础。云计算技术的发展使得物联网数据处理平台多采用云平台的模式。为了保护物联网系统的安全，物联网数据处理平台本身的安全保护是必不可少的条件。

下面就从安全云平台的构建、云计算中虚拟化安全和云存储模式下的数据安全三个方面来阐述物联网中基于云存储模式的关键安全技术。

7.4.1　安全云平台的构建

云计算是应用于物联网处理应用层的关键技术，本身也存在安全缺陷，要想保证物联网处理应用层的安全，前提是构建安全的云计算平台。云计算模式的基础是云基础设施，承载服务的应用和平台等均建立在云基础设施之上，确保云计算环境中用户数据和应用安全的基础是要保证服务的底层支撑体系（即云基础设施）的安全和可信，否则，其他的安全解决途径，比如云提供商的信誉保障、服务合约的规定、政府制定的法律法规、组织或联盟的相关标准，甚至云提供商提供的安全管理基础服务等，都难逃治标不治本的结局。因此，确保云计算平台这一基础设施的安全性是构建物联网处理层安全的基础。

云计算平台的物理安全、基础设备的安全、网络安全、管理安全是构建安全的云环境的重要组成部分。下面就来具体阐述上述云安全的四个层面所面临的安全威胁以及应对上述威胁所采取的有效措施。

1. 物理安全

云计算中物理安全是指构建的云计算基础设施的物理设施的安全和云计算数据中心

的安全，以及云计算中心所处的环境的安全，包括设施安全和数据中心安全。

① 设施安全　部署在云计算环境中的各种服务器，包括存储设备、网络设备、计算服务器及连接设备等均无故障，不会发生类似于端口无响应或者是网线受损等故障。

② 数据中心安全　数据中心面临着各种人类活动和自然灾害的威胁。首先，在构建数据中心时要考虑数据中心的选址，如防震区、低层建筑、水电供应充足等都是需要考虑的因素；然后，建设应急和补救措施，用来应对意想不到的安全威胁事件的发生；最后，要在云计算数据中心增设门禁、安装机房监控系统等，用来预防非法人员对数据中心的物理入侵。

2. 基础设备的安全

为了保证云计算环境的稳定性，预防服务器、网络设备、存储设备被非法入侵或者恶意破坏，在云计算中心要针对不同类型的攻击采取有效的措施，包括对云计算中心的系统加固、集中管理云计算中心的服务器升级和安全补丁、部署病毒防护设施等。分别描述如下。

① 系统加固　强化加固机制，使用加固工具或者是脚本对服务器进行安全配置，并采用安全测试扫描工具进行安全测试；部署远程漏洞评估系统，定期对内部网络进行检测和加固。

② 集中补丁管理　采用集中补丁管理机制，通过快速有效的安全补丁集中管理策略，及时保障云平台各个组件的安全，安全补丁按照严重程度等级管理，保证紧急补丁能及时安装到现网。

③ 病毒防护　强化防病毒体系的建设，对云计算中心管理节点和管理终端进行防病毒统一管理和维护，部署防病毒软件，防止管理节点和管理终端被恶意代码侵害，进而影响到业务节点的安全。

3. 网络安全

为了防止恶意行为对云计算中心进行攻击，保证用户数据的安全传输，必须在云计算网络边界采取有效防护措施，防御恶意攻击的发生，保证云计算平台的网络安全。

① 防御网络恶意攻击　可通过如下措施防御网络攻击：部署 DDoS 防护，实现网络中异常流量检测和清洗，阻断外网对云计算数据中心的 DDoS 攻击，确保云内带宽可用，业务安全；部署僵尸网络检测，能够识别恶意攻击并进行僵尸定位；划分安全域，加强边界安全防御，按照具体功能及安全防护需求的不同，将云主机网络进行安全域划分，例如接入域、管理域、业务域等，并用防火墙等进行安全域的隔离，确保安全域之间的数据传输符合相应的访问控制策略，网络安全问题不会扩散，同时在边界部署高性能防火墙，加强边界安全防护；部署入侵防御系统（intrusion prevention system，IPS），对关键业务提供入侵检测和防护。

② 用户数据传输安全　保障数据传输安全，可以采用互联网安全协议对数据进行加密传输。例如，用 IPSec、SSL 等 VPN 技术对用户数据加密传输，提高用户数据的网络

传输安全性。

4. 管理安全

为了保证云计算中心的安全，除了需要上述关键技术的部署外还要对其部署相应的管理措施，包括用户身份认证管理、虚拟化数据中心管理、集中日志管理等。

① 用户身份认证管理　除用户名密码外，云平台还要支持访问密钥、X.509 证书等认证机制，并且支持用户的多因素认证，此外云管理系统不允许保存用户的私钥，否则系统管理员很容易登录到客户的 VM，造成用户数据的泄露，这也是预防不友好云服务提供商的有效手段。

② 虚拟化数据中心管理　对分布在不同地域的数据中心进行统一管理和授权，并对服务器、存储设施、网络设施实现统一管理界面。

③ 集中日志管理　通过集中日志管理能够准确掌握云平台动态并及时响应，满足审计和系统恢复要求。

7.4.2　虚拟化安全

由于云计算环境的构建采用了虚拟化技术，所以在云安全中产生一个非常重要的问题，那就是虚拟化安全问题。下面具体介绍虚拟化安全问题及其所面临的安全挑战。

虚拟化技术是将不同的物理资源和逻辑单元剥离，形成松耦合关系的技术，通过虚拟化技术可以在物理资源和操作系统之间提供一个抽象层，该抽象层将物理硬件和操作系统分开，并通过资源池化的方法，将一个物理机划分为多个虚拟机，并且允许具有不同操作系统的多个虚拟机在同一物理机上独立并行运行；此外，虚拟化技术通过使用虚拟化管理软件将多个物理设备纳入统一的资源池进行管理，进而增强了物理设备之间的耦合性。

虚拟化技术得到了非常广泛的应用，主要原因是虚拟化技术能使企业 IT 环境的部署和企业资源成本的控制等具有如下显著的优势。

- 更高的资源利用率。通过物理资源和资源池的动态共享，提高资源利用率。
- 降低管理成本。虚拟化技术减少了物理资源的数量；隐藏物理资源的部分复杂性。
- 提高使用灵活性。虚拟化可实现动态的资源部署和重配置，满足变化的业务需求。
- 提高安全性。虚拟化可实现隔离和划分特性，这些特性可实现对数据和服务进行可控和安全的访问。
- 更高的可用性。虚拟化可在不影响用户的情况下对物理资源进行删除、升级等。
- 更高的可扩展性。虚拟化可实现在不改变物理资源配置的情况下进行规模调整。
- 互操作性和投资保护。虚拟资源可提供底层物理资源无法提供的与各种接口和协议的兼容性。

这些优势使虚拟化技术成为云计算技术领域的核心，也是云计算环境和传统 IT 环境的根本区别，这一区别造成一些新的安全问题。

1. 虚拟化的安全问题

虚拟化是云计算的关键技术，虚拟环境是云计算的独特环境，虚拟化的安全直接关系到云计算的安全。在虚拟化环境中，所有非虚拟化环境中的安全风险依然存在，但同时又引入了新的安全风险。这些风险包括：复杂的虚拟管理器软件引入的安全漏洞，虚拟机之间和虚拟机与虚拟机监视器的通信风险，一些共享物理资源引起的风险，整个虚拟化平台管理的风险。从目前研究来看，云计算的虚拟化安全问题主要集中在以下几点。

① VM Hopping　VM Hopping 是指一台虚拟机可能监控另一台虚拟机甚至会接入到宿主机。如果两台虚拟机 A、B 在同一台宿主机上，一个在虚拟机 A 上的攻击者通过获取虚拟机 B 的 IP 地址或通过获得宿主机本身的访问权限可接入到虚拟机 B。攻击者监控虚拟机 B 的流量，之后可以通过操纵流量攻击，或改变它的配置文件，将虚拟机 B 由运行改为离线，造成通信中断。

② VM Escape（虚拟机逃逸）攻击　VM Escape 攻击获得 Hypervisor 的访问权限，从而对其他虚拟机进行攻击。若一个攻击者接入的主机运行多个虚拟机，它可以关闭 Hypervisor，最终导致这些虚拟机关闭。

③ 远程管理缺陷　Hypervisor 通过管理平台来管理虚拟机。例如，Xen 用 XenCenter 管理其虚拟机，这些管理平台可能会引起一些新的缺陷，如跨站脚本攻击、SQL 入侵等。

④ DoS 缺陷　在虚拟化环境下，资源（如 CPU、内存、硬盘和网络）由虚拟机和宿主机一起共享。因此，DoS 攻击可能会加到虚拟机上，从而获取宿主机上所有资源，造成系统因为没有可用资源而拒绝来自客户的所有请求。

⑤ 基于 Rootkit 的虚拟机　Rootkit 概念出现在 UNIX 系统中，它是一些收集工具，能够获得管理员级别的计算机或计算机网络访问权限。如果 Hypervisor 被 Rootkit 控制，Rootkit 可以得到整个物理机器的控制权。

⑥ 迁移攻击　虚拟机的内容存储在 Hypervisor 的一个文件中。迁移攻击可以将虚拟机从一台主机迁移到另一台主机，也可以通过网络或 USB 复制虚拟机。在虚拟机迁移到另一个位置的过程中，虚拟磁盘被重新创建，攻击者能够改变源配置文件和虚拟机的特性。一旦攻击者接触到虚拟磁盘，攻击者就可以打破所有的安全防护。由于该虚拟机是一个实际虚拟机的副本，所以难以追踪攻击者的此类威胁。

此外，虚拟机和主机之间共享剪贴板也可能造成安全问题。若主机记录运行在其上的虚拟机的登录按键和屏幕操作，如何确保主机日志的安全也是一个问题。

对虚拟化安全的研究综合起来可以归结为两个方面：一个是虚拟监视器（hypervisor）的安全；另一个是虚拟机服务器的安全。

2．虚拟监视器（hypervisor）的安全

Hypervisor 是所有虚拟化技术的核心，也是最容易被攻击的对象。它是一种运行在虚拟环境中的"元"操作系统，可以访问服务器上包括磁盘和内存在内的所有物理设备。Hypervisor 不但协调着这些硬件资源的访问，也同时在各个虚拟机之间施加防护。当服务器启动并执行 Hypervisor 时，它会加载所有虚拟机客户端的操作系统，同时会分配给每一台虚拟机适量的内存、CPU、网络和磁盘。有两种对 Hypervisor 进行攻击的方式：

一种攻击方式是恶意代码通过应用程序接口（API）攻击。虚拟机可以通过几种不同的方式向 Hypervisor 发出请求，这些方式通常涉及 API 调用。而 API 往往是恶意代码的首要攻击对象，所以 Hypervisor 必须确保 API 的安全，并且确保虚拟机只会发出经过认证和授权的请求，Hypervisor 的处理速度也是至关重要的。

另一种攻击方式是攻击者通过网络对 Hypervisor 进行攻击。通常，Hypervisor 使用的网络接口设备也是虚拟机所使用的。如果网络配置不严格，虚拟机就可以连接到 Hypervisor 的 IP 地址，并且可以在 Hypervisor 登录密码没有使用强密码保护的情况下入侵到 Hypervisor。这种不严格的网络配置还可能导致对 Hypervisor 的 DoS 攻击，使得外网无法连接到 Hypervisor 去关闭这些有问题的虚拟机。

保护 Hypervisor 安全的具体措施如下。

- 防火墙对 Hypervisor 的安全保护，使用虚拟防火墙与物理防火墙相结合，确保每层的网络流量都被监控并且是安全的。
- 明确分配主机资源。在 Hypervisor 中内置资源控制，预防内部类似分布式拒绝服务（DDoS）攻击，配置资源控制能够帮助避免恶意虚拟机终止运行而导致的资源破坏。
- 扩大 Hypervisor 安全到远程控制台，同一时刻只允许一个用户访问虚拟机控制台，当多用户登录时，这种设置能够防止较低权限的用户访问敏感信息。
- 通过限制特权减少 Hypervisor 的安全缺陷。
- 为 Hypervisor 安全启用锁定模式。

3．虚拟服务器的安全

虚拟服务器位于虚拟监视器之上，与其他类型的服务器相比，变化最大的是网络架构。网络架构的改变相应地产生了许多安全问题。采用虚拟化技术前，用户可以通过防火墙建立多个隔离区，由于隔离区的存在，对一个服务器的攻击不会扩散到其他服务器。采用虚拟服务器后，所有的虚拟机会集中连接到同一台虚拟交换机与外部网络通信，会造成安全问题的扩散。服务器虚拟化后，每一台服务器都将支持若干资源密集型的应用程序，可能出现负载过重，甚至会出现物理服务器崩溃的状况。虚拟机管理程序设计中可能会存在安全漏洞，黑客可能利用这些安全漏洞进入虚拟机管理程序，避开虚拟机安全保护系统，对虚拟机进行危害。

另外，虚拟机迁移以及虚拟机间的通信将会大大增加服务器遭受渗透攻击的机会。

虚拟服务器或客户端面临着许多主机安全威胁，包括接入和管理主机的密钥被盗，攻击未打补丁的主机，在脆弱的标准服务端口侦听，劫持未采取合适安全措施的账户等。面对以上不安全因素，可以采取以下措施。

- 安全杀毒软件。针对网络架构的变化，在每台虚拟机上都安装杀毒软件。
- 使用容错服务器或容错软件。为避免服务器过载崩溃，要不断地监视服务器的硬件利用率，并进行容量分析，使用容错服务器或容错软件是一个好的选择。
- 设置防火墙。为防止虚拟机溢出，在数据库和应用层间设置防火墙。
- 使用 TPM。选择具有可信平台模块（trusted platform module，TPM）的虚拟服务器。
- 设置独立硬盘分区。安装时为每台虚拟服务器分配一个独立的硬盘分区，以便进行逻辑隔离。
- 进行逻辑隔离。每台虚拟服务器应通过 VLAN 和使用不同的 IP 地址网段的方式进行逻辑隔离，需要通信的虚拟服务器间通过 VPN 进行网络连接。
- 数据备份。进行有计划的数据备份，包括使用完整、增量或差量备份方式，以便遭遇攻击时能进行灾难恢复。

云计算面临着诸多安全问题，而虚拟化安全作为云计算的特有安全问题需要重点关注。后期研究的重点集中在虚拟机的隔离、虚拟机流量的监控和虚拟可信平台的稳固上。只有解决了这些问题，才能为云计算平台的虚拟化提供可靠的安全服务。

7.4.3 云数据安全

在云计算模式下，数据存储和处理设备部署到统一的资源池中，用户数据存储在云计算环境中，所以用户的数据不仅面临着被攻击的威胁，同时也面临着云服务提供商的威胁。与此同时，在云计算环境中部署了很多虚拟服务器，多个用户的数据可能存储在一台虚拟服务器上，如何防止其他用户对数据的非授权访问，也是云计算中急需解决的安全问题。下面根据云计算模式下带来的数据威胁风险从数据加密与密文检索、数据完整性验证、数据隔离等方面对云计算中的数据安全问题进行剖析。

1. 数据加密与密文检索

在云存储模式下，为了保障数据不被其他非授权用户访问或篡改，实现数据的保密性，最传统的方法就是对数据进行加密存储，这样即使非授权用户获取了密文数据，也很难对其进行解密以获取相应的明文。但是采用数据加密的方式进行数据保护会带来新的技术挑战，其中最典型的技术挑战是密文数据检索技术。

好的加密算法对密文数据检索的效率起到了至关重要的作用，所以加密算法是进行数据加密的核心，一个好的加密算法产生的密文应该频率平衡，随机无重码规律，周期长而不可能产生重复现象。窃密者很难通过对密文频率、重码等特征的分析成功解密。同时，算法必须适应数据存储系统的特性，加解密尤其是解密响应迅速。

常用的加密算法包括对称密钥算法和非对称密钥算法。一方面，对称密钥算法的运算速度比非对称密钥算法快很多，两者相差 2～3 个数量级；另一方面，在非对称密钥算法中，每个用户有自己的密钥对。而作为数据加密的密钥如果因人而异，将产生异常庞大的密钥数据存储量。基于以上原因，在对数据进行加密存储中一般采取对称密钥的分组加密算法，如 IDEA、AES 及 RC 系列等。

近年来，有学者提出将秘密同态技术应用于数据存储系统的加密。秘密同态技术利用算法的同态性，不对已经加密的数据存储系统进行解密，而直接在密文数据存储系统上进行查询、更新等数据库操作，它使用户可以对敏感数据操作而不泄露数据信息，同时可避免大量烦琐的加密解密操作，提高数据存储系统的运行效率。

2．数据完整性验证

云计算模式下的数据完整性是指在传输、存储的过程中确保数据不被未授权的用户进行修改、增加和删除，确保用户查询的数据是数据库中的原始数据，并且云服务提供商返回的查询结果应该是所有满足查询要求的数据。云平台环境下数据完整性技术的关键问题之一是设计高效的验证数据的方法，以提高云存储服务器查询执行效率和用户的验证效率。

但是当用户在云计算中存储了几十 GB 以上的数据，进行完整性检查时，迁移数据进出云存储系统需要支付云存储系统转移费用，而且随着数据量的增加费用也会越来越高。同时也会大量消耗用户的网络带宽，降低网络利用率。基于此种情况提出了云存储中数据完整性验证的新需求，就是在云计算环境中直接验证存储数据的完整性，而不需要先将数据下载到用户端，在用户端验证完成后再重新上传数据。但是在云端对数据进行完整性验证面临的一个更为严峻的问题就是用户不能了解整个数据集的情况，用户不清楚他们的数据存储在哪些物理服务器上，或者那些物理服务器处于何处，而且数据集可能是动态地频繁变化的，这些频繁的变化使得传统保证完整性的技术无法发挥效果，所以在云计算环境下进行数据完整性验证是一个亟待解决的问题，也是云计算能否得到广泛应用的前提。

3．数据隔离

在云计算系统中对客户数据的存放可通过两种方式实现：一种方式是采用单独的存储设备，这种方式从物理层面来对客户的重要数据进行有效的隔离保护，但这种方式的缺点是对存储资源不能进行有效利用；另一种存储方式是采用共享的存储设备，这种方式采用了虚拟化技术，以共享存储的方式对用户的数据进行存储，这种方式能够节约存储空间并且统一管理，可以节省相关的管理费用，但这种方式需要确保数据的隔离性，这就要求在存储设备上部署数据隔离的相关措施。

虚拟化技术是云计算的核心技术，通过虚拟化技术实现了计算和资源的共享，所有用户的数据都位于共享的环境之中，这就意味着不同用户的数据可能存放在一个共享的物理存储设备中，如果恶意用户通过不正当手段取得合法虚拟机权限，就有可能威胁到同一台物理存储设备上的其他虚拟机，进而威胁到其他用户数据的安全，采用数据加密的方式能够起到一定的保护作用，但是仍然不足以保证数据的安全性，而数据隔离技术能够保障用户间的数据分开，防止上述事件的发生。

在进行云存储设计部署的时候，系统架构师要对以上三种方式进行全面分析，综合各方面的因素来选择合适的多用户模式（multi-tenancy）架构。一般来说，系统服务的客户数量越多，则越适合使用共享表的架构；对数据隔离性和安全性要求越高，则越适合使用分离数据库的架构。在超大型的云系统中，一般都会采用复合型的多租户模式架构，以平衡系统成本和性能。其中比较典型的实例就是 Salesforce.com 公司。Salesforce.com 最初是基于共享表架构进行搭建，但是随着新客户的不断增加，单纯的共享表架构已经很难满足日益增长的性能要求，Salesforce.com 逐步开始在不同的物理区域搭建分布式系统。在全局上，Salesforce.com 以类似于分离数据库的架构运行，在单个区域内，系统则仍然按照共享表架构运行。

7.5 云平台实例：Hadoop

Hadoop 是由 Apache 开源软件基金会开发的，运行于大规模普通服务器上的分布式系统基础架构，用于大规模数据的存储、计算、分析等。通过使用 Hadoop 平台用户可以在不了解分布式底层细节的情况下，开发分布式程序，充分利用集群的威力进行高速运算和存储。

2007 年雅虎发布了第一个 Apache Hadoop 版本 0.14.1；2008 年雅虎用 Hadoop 做到全网尺度的搜索；2009 年雅虎把内部版本全部开源，于是 IBM 也加入 Hadoop 的开发阵营；2010 年 Facebook 宣布正式运行世界最大的 Hadoop 集群；2011 年 Apache Hadoop 1.0 版本发布；2012 年 Apache Hadoop 2.0 版本发布。下面具体介绍一下 Hadoop 系统的架构。

Hadoop 由许多元素构成，如图 7.2 所示，其核心组件为 HDFS 和 MapReduce。

Pig	Chukwa	Hive	HBase
MapReduce		HDFS	ZooKeeper
Core		Avro	

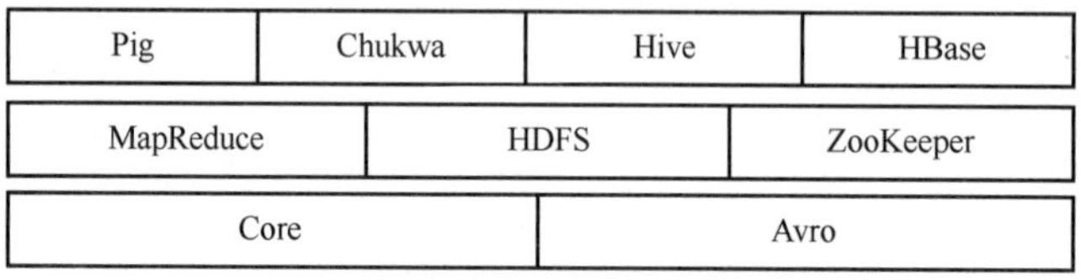

图 7.2
Hadoop 系统架构

HDFS（Hadoop distributed file system）是一个使用 Java 语言实现的、分布式的、可扩展的文件系统，它存储 Hadoop 集群中所有存储节点上的文件，由 NameNode 和 DataNode 两部分组成。HDFS 的上一层是 MapReduce 引擎。该引擎由 JobTrackers 和 TaskTrackers 组成，用来对存储在 HDFS 上的数据进行计算分析。下面来具体介绍 HDFS 和 MapReduce 的工作原理及应用。

1．HDFS

HDFS 采用 Master/Slave 架构。一个 HDFS 集群由一个 NameNode 和一定数目的

DataNode 组成。NameNode 是一个中心服务器，负责管理文件系统的名字空间（namespace）以及客户端对文件的访问。集群中的 DataNode 是集群中的数据节点，用来存储实际的数据，并负责管理它所在节点上的数据存储。HDFS 公开了文件系统的名字空间，用户能够以文件的形式在上面存储数据。从内部看，一个文件被分成一个或多个数据块，这些块存储在一组 DataNode 上。NameNode 执行文件系统的名字空间操作，比如打开、关闭、重命名文件或目录。它也负责确定数据块到具体 DataNode 节点的映射。DataNode 负责处理文件系统客户端的读写请求。在 NameNode 的统一调度下进行数据块的创建、删除和复制。下面具体阐述 HDFS 系统中涉及的基本概念。

① 数据块（block）　HDFS 和传统的分布式文件系统一样，也采用了数据块的概念，将数据分割成固定大小的数据块进行存储，默认大小为 64MB，块的大小可针对每个文件配置，由客户端任意指定，并且每个块都有属于自己的全局 ID，作为一个独立的单位存储在集群服务器上。与传统分布式文件系统不同的是，如果实际数据没有达到块大小时，则并不实际占用磁盘空间。

② HDFS 元数据　HDFS 元数据由文件系统目录树信息、文件和数据块的对应关系和块的存放位置三个部分组成，文件系统目录树信息包括文件名、目录名及文件和目录的从属关系、文件和目录的大小、创建及最后访问时间。文件和块的对应关系记录了文件由哪些块组成。此外，HDFS 元数据还记录了块的存放位置，包括存放块的机器名和块 ID。

③ NameNode　HDFS 对元数据和实际数据采取分别存储的方式，元数据存储在一台指定的服务器上，称为 NameNode，实际数据则存储在集群中的其他机器上的文件系统中，称为 DataNode。NameNode 是用来管理文件系统命名空间的组件，并且一个 HDFS 集群只有一台 NameNode，由于元数据存储在 NameNode 上，当 NameNode 出现故障时将导致整个集群无法工作。元数据保存在 NameNode 的内存当中，以便快速查询，1GB 内存大致可以存放 100 万个块对应的元数据信息。

④ DataNode　DataNode 用来存储块的实际数据，每个块会在本地文件系统产生两个文件，一个是实际的数据文件，另一个是块的附加信息文件，其中包括数据的校验和生成时间等信息。DataNode 通过心跳包（heartbeat）与 NameNode 通信，当客户端读取/写入数据的时候将直接与 DataNode 进行通信。

⑤ Secondary NameNode　Secondary NameNode 在 Hadoop 集群中起到至关重要的作用，需要明确其并不是 NameNode 的备份节点，它和 NameNode 运行在不同的主机上，主要的工作是阶段性地合并 NameNode 的日志文件，控制 NameNode 日志文件的大小。此外，在 NameNode 硬盘损坏的情况下，Secondary NameNode 也可用作数据恢复，但恢复的只是部分数据。

图 7.3 为 HDFS 对数据存储的原理图，NameNode 存储了 DataNode 节点所存储数据的元数据，即 HDFS 和 MapReduce 两个文件的分块信息，假设单个文件的存储份数为 3，即每个数据块有三份备份，那么数据在 DataNode 上的存储的原则为：相同的两个数据块存储在同一机架的不同的 DataNode 节点上；第三个数据块存储在不同机架上的

DataNode 节点上。这样就解决了当某个 DataNode 节点出现故障的时候数据丢失的问题，保障了存储在 HDFS 上数据的可用性。

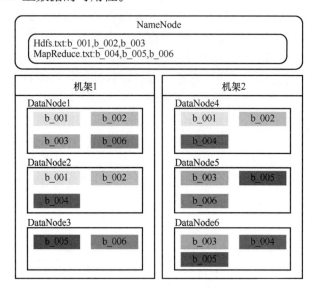

图 7.3
HDFS 数据存储原理

2．Hadoop MapReduce

MapReduce 是 Google 公司的核心计算模型，它将运行于大规模集群上复杂的并行计算过程高度地抽象为两个函数：Map 和 Reduce。MapReduce 也可以被看作一种解决问题的方法，它把一个复杂的任务分解成多个任务，Map 负责把任务分解成多个任务，Reduce 负责把分解后多任务处理的结果汇总起来。

Hadoop 中的 MapReduce 是一个简易的软件框架，基于它写出来的应用程序能够运行在由上千台机器组成的大型集群上，并以一种可靠容错的方式并行处理 TB 级别的数据集，实现了 Hadoop 在集群上的数据和任务的并行计算与处理。在并行计算中其他的种种复杂的问题，如分布式存储、工作调度、负载均衡、容错处理、网络通信等均由 MapReduce 框架负责处理，编程人员可以不用关心。用 MapReduce 来处理的数据集必须具备如下特点：待处理的数据集可以分解成许多小的数据集，并且每个小的数据集都可以完全并行地进行处理。

Hadoop MapReduce 是基于 HDFS 的 MapReduce 编程框架实现的，习惯上把 MapReduce 处理的问题称为作业（Job），并将作业分解为任务（Task），在 MapReduce 执行过程中需要有两种任务。

① Map 把输入的键/值对转换成一组中间结果的键/值对。

② Reduce 把 Map 任务产生的一组具有相同键的中间结果根据逻辑转换生成较小的最终结果。

Hadoop MapReduce 有两个主要的服务进程，一个是单独运行在主节点上的 JobTracker 进程，另一个是运行在每个集群从节点上的 TaskTracker 进程。服务进程部署如图 7.4 所示。

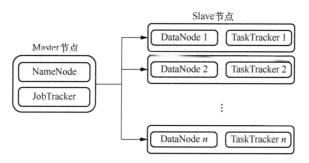

图 7.4
Hadoop MapReduce
的服务进程

JobTracker 和 NameNode 运行在同一个服务器上，称为 Hadoop 集群的主节点，负责接收客户端提交的作业，并将任务分配到不同的计算节点 TaskTracker 上，同时监控作业的运行情况，完成作业的更新和容错处理；TaskTracker 通常和 DataNode 装在一起，称为 Hadoop 集群的从节点，它调用 Map 和 Reduce 执行 JobTracker 指派的任务，并发送心跳消息给 JobTracker，向 JobTracker 汇报可运行任务的数量。

3．Hadoop 的安全机制

Hadoop 一直缺乏安全机制，主要表现在以下方面。

① User to Service　NameNode 或者 JobTracker 缺乏安全认证机制；DataNode 缺乏安全授权机制；JobTracker 缺乏安全授权机制。

② Service to Service 安全认证　DataNode 与 TaskTracker 缺乏安全授权机制，这使得用户可以随意启动假的 DataNode 和 TaskTracker。

③ 未经加密　数据存储和通信连接没有经过加密。

为了增强 Hadoop 的安全机制，从 2009 年起 Apache 专门抽出一个团队为 Hadoop 增加安全认证和授权机制，Apache Hadoop 1.0.0 版本之后的版本添加了安全机制，但是升级到该版本后可能会导致 Hadoop 的一些应用不可用。

7.6　小结

物联网数据具有海量性、异构性和相关性等特点，这些特点导致的数据复杂性带来数据组织、存储和管理的复杂性。本章主要从数据存储的角度考虑物联网处理应用层面临的安全风险和威胁，以及当前处理这些安全问题的方法和存在的问题，主要包括数据库安全和云存储安全。

数据库是物联网中数据的一种存储模式。数据库中存储的数据是否安全与物联网的可用性、可信性、机密性直接相关。本章介绍了国内外的数据库安全标准，分别讨论了数据库安全的三个主要内容，即身份标识与身份认证、访问控制、安全审计，讨论了一些基本概念及实现方法。然后分析了一个安全数据库实例 BeyonDB，介绍了在该系统下数据库安全管理的实现技术。

云存储是物联网中数据的另一种存储模式。其存储与管理数据的能力远远强于普通数据库管理系统。相应地，也带来了更加严重的安全隐患，其安全问题变得更加复杂。还介绍了构建可信云平台需要解决的问题，指出在云平台中使用虚拟化这一核心技术，后续讨论了虚拟化安全问题以及云数据安全问题。最后介绍了目前较流行的一个云平台实例 Hadoop 所使用的主要技术。

习题

1. 物联网处理层需要有哪些功能？为什么？
2. 物联网处理层需要在哪些方面提供安全服务？
3. 对用户的身份认证有哪些方法？各有什么特点？
4. 简单描述三种不同的访问控制策略，并通过具体例子说明不同的策略各适合什么场景。
5. 什么是安全审计？有哪些安全审计实现技术？安全审计的作用是什么？
6. 安全数据库有哪些组件？各有什么功能？
7. 云存储系统需要考虑哪些方面的安全保护？
8. 什么是虚拟化技术？虚拟化技术有什么优点？
9. Hadoop 具有哪些功能？

第 8 章　隐私保护技术

8.1　引言

人们在日常生活中经常收到一些广告、推销甚至诈骗行为的电话、短信、微信等信息，而且这些信息有时是为个人定制的，涉及许多精准的个人信息。这些个人信息容易让受害人相信信息内容的真实性。诈骗者所掌握的这些个人信息就属于个人隐私信息。这些个人信息被诈骗者掌握就是因为个人隐私信息泄露。隐私保护技术就是对个人隐私信息进行安全保护的技术手段。

在概念上，涉及隐私信息的数据称为隐私数据。隐私数据是隐私信息的表现形式，隐私信息是隐私数据的内容，两种名称是同一事物的两个不同侧面，有时候两种名称也交替使用。

在现代社会生活中，人们普遍认为隐私是属于公民的个人权利，其他人无权干涉。在信息社会，个人的隐私信息其他人不得随意传播和泄露。2017 年 6 月 1 日开始实施的《网络安全法》也将个人隐私信息列入法律保护范围。

物联网作为一种全方位数字化网络，不仅提供人与人之间的交流，还将提供物与物、人与物、物与人的实时信息交流。物联网这种全方位的数字化信息交互方式，使得自身可能不受控制地被扫描、定位和追踪，这难免会使个人的隐私受到侵犯。

随着物联网在社会生活各个领域的广泛应用，海量的个人隐私数据存储于许多政府机关、互联网服务运营商和一些企事业单位的数据库中，而且越来越多的用户会通过物联网进行私人事务的处理和信息交流，因其传播的快捷、广泛以及易获得性，导致个人隐私数据被非法传播、修改、滥用的危险性大大提高。随着人们对隐私保护意识的不断加强以及相关法律的支持，个人隐私信息保护技术便成为物联网应用中的重要安全技术之一。

那么，什么是个人隐私信息呢？生活中，个人隐私是指个人生活中不愿让他人知悉的秘密。但在网络时代，个人隐私信息则是一种个人拥有的具有特定应用的信息，这些信息包括姓名、年龄、联系电话、电子邮箱、网络身份、家庭住址、家庭成员、健康状况、职业等。随着互联网业务的普及，一些个人行为也被认为是个人隐私信息，例如出行路线、网购订单、消费习惯、位置信息等。在某种情况下，需要提供这些个人信息，但如果被泄露到其他环境，则属于个人隐私信息泄露。

隐私信息保护不仅是一个技术问题，还涉及政治、法律和国家安全问题。这个问题必须引起高度重视并从技术上和法律上予以解决。本章主要是从技术角度介绍如何对隐私信息进行安全保护。

8.2　基于身份匿名技术的隐私保护

由于物联网对个人身份的识别能力越来越强，在智慧交通、电子支付、电子医疗、电子政务、商场购物等各个领域，各种感知设备采集的相关数据信息将与用户实体关联起来，在这个关联过程中，认证有着十分重要的地位。在传统的认证机制中，一般要求用户将完整的身份凭证提交给应用服务平台，这些应用服务平台可以通过该凭证获取用户的其他信息（年龄、性别、历史记录等）。而实际上应用服务平台只需要验证用户是否拥有获取服务的资格即可。由此可见，传统的身份认证方式向应用服务平台泄露了过多的用户信息，这可能造成恶意的服务提供商向其他非法实体出售用户隐私信息，或对用户的历史记录进行关联，建立用户存档，以及对用户行为进行非法跟踪等。正是在这种环境下，身份匿名技术被用作保护用户隐私信息的一种重要技术手段。

8.2.1　身份匿名的基本概念和技术

身份匿名技术的核心是如何隐藏个人真实身份与个人隐私信息之间的对应关系。当前已有多种身份匿名策略和实现这些策略的匿名技术被提出，图 8.1 给出了身份匿名的简易模型。

图 8.1
身份匿名简易模型

在物联网应用服务中认证的身份隐私保护以匿名凭证系统为主，其也成为当前物联网发展中最重要的身份匿名的隐私保护框架。

1．匿名凭证系统简述

匿名认证技术是指用户可以根据具体场景的要求，向服务提供者证明其拥有的身份凭证属于某个特定的用户集合（有资格访问服务的集合），但服务提供者无法识别出用户究竟是该特定用户集合中的哪一个具体用户。采用匿名认证技术构造的凭证系统称为匿名凭证系统，亦称假名系统。该系统是由 Chaum 于 1985 年提出的，并于 1987 年给出了一个具体的实现方案，其目的是在完成认证和授权过程的同时，保护用户的身份信息。通俗地讲，匿名凭证系统可以让用户使用不同的假名与不同的机构进行通信，每个机构知道用户的其中一个假名且这些假名具有不可关联性。用户可以用某一个假名从一个机构手中获得一个凭证（credential），然后对另一个机构证明此凭证属于自己却不暴露自己的前一个假名。举例来说，Bob 有两个假名 Ben 和 Bin 分别用于与医生和保险公司交流，那么匿名凭证系统实现的是，Bob 以 Ben 的身份从他的医生那里开一个健康凭证，然后以 Bin 的身份合法出示给他的保险公司，且保险公司完全不知道 Ben 和 Bob 的存在，这样就达到了用户认证隐私保护的目的。

匿名凭证系统提供的是一种匿名授权的机制，由凭证签发者 Issuer（身份提供者）、凭证验证者 Verifier（服务提供者）和证明方 Prover（用户）三个主要实体组成。其中，凭证签发者和凭证验证者可以为同一实体，此外还可以包括可信任的第三方提供凭证撤销、密钥生成等服务。其所提供的安全性包括凭证的匿名性、不可伪造性、不可转让性、属性证明、不可关联性等。

2．身份匿名的密码学技术

密码学是提供网络安全工具的学科，对身份匿名也可通过一些密码学技术做到。实现身份匿名的常用技术包括群签名、环签名、零知识证明等技术，当然许多匿名技术只是限定在某种范围内的匿名，不是完全的匿名保护。下面简单介绍这些技术。

（1）群签名（group signature）技术

群签名也称为群数字签名，它由 D. Chaum 等提出，是一种重要的匿名签名技术。群签名允许一个群的任意一个成员可以代表群进行匿名签名，与其他数字签名一样，群签名是可以公开验证的，而且可以只用单个群公钥来验证，但是这种匿名性是可控制的，当发生争议时，群管理员可以揭露签名者的真实身份。在某些实际应用中，用户希望能够对群管理员的这种特权给以必要的约束，以防其滥用职权。近年来，随着群签名研究的深入，产生了不少与群签名相关的数字签名形式，如群盲签名、分级多群签名、多群签名和子群签名等。

群签名安全性要求：匿名性是指给定一个群签名后，对除了唯一的群管理人之外的任何人来说，确定签名人的身份在计算上是不可行的；不可伪造性是指只有群成员才能产生有效的群签名；不可转让性是指包括群管理人在内的任何人都不能以其他群成员的名义产生合法的群签名；可跟踪性是指群管理员在必要时可以确定出签名者的身份，而且签名者不能阻止一个合法签名的签名者的身份被确认；不可关联性是指一方面在不确定签名人的身份的情况下，确定两个不同的签名是否为同一个群成员所签在计算上是困难的，另一方面即使某些群成员串通在一起也不能产生一个合法的不能被跟踪的群签名。

（2）环签名（ring signature）技术

Rivest 等提出的环签名技术解决了对签名者完全匿名的问题，即无法跟踪签名人的身份，它因为签名由一定的规则组成一个环而得名。在环签名方案中，环中的一个成员利用它的私钥和其他成员的公钥进行签名，但却不需要征得其他成员的允许，而验证者只知道签名来自这个环，但不知道谁是真正的签名者。环签名与群签名相比，群签名的生成需要群成员的合作，群管理者可以确定签名人的身份，而环签名没有群管理员，环中所有成员的地位相同，成员没有组织结构程序，不用协调一致，其克服了群签名中群管理员权限过大的缺点，签名者的信息不会被泄露，实现了对签名者无条件匿名。环签名可以被视为一种特殊的群签名，它没有可信中心，对于验证者来说签名者是完全匿名的。由于环签名实现了签名者的完全匿名，产生了很多与环签名相关的数字签名形式，一些具有代表性的环签名包括代理环签名、盲环签名、环签密和门限环签名等。

环签名安全性要求：匿名性是指对一个有 n 个成员的环签名，任何验证者或者即使攻击者非法获取所有可能签名者的私钥，都不能以大于 $1/n$ 的概率猜测真正签名者的身份。如果验证者是环中的某个非签名者，那么其猜测出真正签名者身份的概率不大于 $1/(n-1)$；不可伪造性是指在自适应选择消息攻击下，任何攻击者都不能以不可忽略的概率成功地伪造一个不包括它在内的合法的环签名，即攻击者在不知道任何成员私钥的情况下，即使能够从一个产生环签名的随机预言者那里得到任何消息 m 的签名，它成功伪造一个合法环签名的概率也是可以忽略的；不可关联性是指任何环中的成员可以判定两个环签名是否由同一个签名者所签，而判定真正签名者的身份仍不可能；自发性是指环签名应当能自由建立，即在没有其他环成员的帮助、同意甚至知晓的情况下，一个签名者也能产生一个环签名。

（3）零知识证明（zero knowledge proof）技术

零知识证明技术最初由 Goldwasser 等人在 20 世纪 80 年代初提出。在零知识证明中，证明者能够在不向验证者提供任何有用的信息的情况下，使验证者相信某个论断是正确的。即证明者在证明自己身份时不泄露任何信息，验证者得不到证明者的任何私有信息，同时又能有效证明对方身份的一种方法。零知识协议是一种涉及两方或更多方的协议，即两方或更多方完成一项任务所需采取的一系列步骤。证明者向验证者证明并使其相信自己知道或拥有某一消息，但证明过程不能向验证者泄露任何关于被证明消息的信息，在交互式证明过程中，验证者未获得任何信息或者说获得的信息量为 0，具有这个特征的交互式证明协议称为零知识协议。

一个零知识协议一般有两个实体参与，一个是证明者，表示为 P，它知道某个特定的知识；另一个是验证者，表示为 V，它用来验证证明者是否真的知道这个特定的知识。该协议的安全性主要从下面两个方面考虑。

① 完备性　是指当 P 和 V 都是诚实的时候，如果证明者 P 确实知道这个特定的知识，那么验证者 V 一定能验证通过零知识证明协议，并相信 P。

② 合理性　是指如果证明者 P 不知道这个特定的知识，那么它能使验证者 V 验证通过零知识证明协议从而相信它的概率是可忽略的；零知识性是指在协议执行后，验证者 V 虽然能够相信证明者 P 确实知道或拥有特定的知识，但 V 却得不到关于该知识的任何有用信息，不能向其他人证明验证者知道这个知识。

为了加深对该知识的理解，这里举例说明：A 要向 B 证明自己拥有某个房间的钥匙，假设该房间只能用钥匙打开锁，而其他任何方法都不能打开。现在有两个方法可供选择：

1）A 把钥匙出示给 B，B 用这把钥匙打开该房间的锁，从而证明了 A 拥有该房间的正确的钥匙。

2）B 确定该房间内有某一物体，A 用自己拥有的钥匙打开该房间的门，然后把物体拿出来出示给 B，从而证明自己确实拥有该房间的钥匙。

后面这个方法就属于零知识证明，其特点是，在整个证明的过程中，B 始终不能看到钥匙的样子，从而避免了对钥匙的窃取。

8.2.2　基于身份隐私保护的原型系统

匿名凭证系统是当前物联网发展中最重要的身份隐私保护框架。针对其广阔的应用前景，国内外研究者提出了许多基于匿名凭证系统的原型，其中实施比较完整的是 IBM 的 Idemix、欧洲的 PrimeLife 和微软的 U-Prove。

1．Idemix

因为人们在日常生活中越来越多地使用电子服务，所以不得不提供大量个人信息用于认证授权、交易凭证或者作为服务提供商的合同条款的一部分。然而，正是这些分散的个人信息的非法泄露和非法利用在威胁着个人隐私信息的安全。

Idemix（identity mixer）是 IBM 研发的一个提供隐私保护功能的安全协议。Idemix 原型系统允许用户以最小限度披露个人信息来获得电子服务。除了匿名性外，该系统还基于零知识证明实现了属性的可选择泄露，即用户可根据场景选择对服务提供商提供的可证明属性组合。例如，电子身份证嵌入 Idemix 技术后，汽车租赁者就可以使用从匿名证书认证授权中心获得的电子身份证（如驾照）登录到汽车租赁代理服务商，这时该电子身份证只要透露该租赁者拥有驾照，其他信息则不披露出来，如姓名、地址等。这时汽车租赁代理服务商就可以通过 PCA 的验证确定是否可以为租赁者提供服务，以获取汽车电子钥匙。若获取电子钥匙就可以到指定服务商处获得汽车的驾驶权。服务过程如图 8.2 所示。

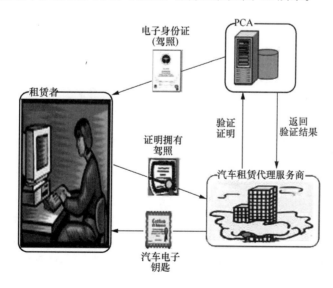

图 8.2
Idemix 服务过程

Idemix 的加密库提供了所有常用的加密算法来实现匿名身份认证，这当然包括实现签发者、验证者和用户的功能。该库除了具备实现基本凭证体系的功能外，还包括一个证书中属性处理的特色功能。该库还允许一个证明同时拥有几个证书，并说明在这些凭证中包含的属性之间的各种关系。

2．PrimeLife

为了解决用户个人身份隐私终身保护的问题，欧盟提出了 PrimeLife 方案，针对未来网络和服务提供可持续的保护和管理个人身份隐私的开源软件项目。该项目的合作者是 IBM 的 Zurich 研究实验室。该实验室之前一直在开发一个名为 Prime 的项目。Prime 项目主要侧重于身份认证管理，而 PrimeLife 项目超越了这一范畴，着重于整个人生范畴的身份隐私管理，在经历了 36 个月的研究与实施后，于 2011 年 10 月完成，并打破了微软在隐私和身份认证系统上的垄断地位。

PrimeLife 解决的核心问题是终身隐私和信任，其长远目标是为了个人的终身隐私权，即公民可以控制自己的个人资料信息。为了解决这些问题，需要在许多底层技术上取得重大进展，并大大推进人性化的人机交互接口，如可配置隐私保护策略语言、Web 服务联盟、基础设施和增强隐私保护。

PrimeLife 使用了"一个实用的可组合的通用零知识协议框架"，这是一种用来设计有效加密证据协议的方法，并被证明是一个非常强大的安全模式。无论应用于什么环境，都能保证用户隐私安全。

基于属性的凭证也是 PrimeLife 的一项重要技术，为隐私保护认证提供了技术支撑，可以解决长期和终身的用户隐私保护问题。用户可以通过该技术无身份信息地访问网站和部署服务器。现在由欧洲联盟（EU）资助的 ABC4Trust 继承了 Prime 和 PrimeLife 的优点，并在实际生产的系统部署中采用了该技术，提供开放的实施参考。

PrimeLife 应用在许多关于增强隐私身份保护的管理领域，如社交网络、网上交易、移动安全设备。PrimeLife 社交网络可以用一种用户友好的方式协调隐私和社交在网络中的关系，这里提供了一个网页浏览器插件，叫作"隐私仪表盘"，使用户能够执行他们日常在网络上的身份管理，包括跟踪他们的数据披露和支持用户行使自己的隐私保护权。此外，PrimeLife 还拥有突出的特色，隐私增强的面向服务的架构，即在任何复杂的情形下，都允许用户控制个人隐私的披露。PrimeLife 安全移动设备，使用一个可靠的硬件模块实现存储身份和隐私管理功能，使移动用户安全访问。

3．U-Prove

Stefan Brands 提出了一种证书颁发出示方案，该方案基于公钥证书，同时实现了属性的可选择泄露与证书验证的不可关联性，该方案可应用于匿名凭证系统中。2002 年，Brands 创建了 Credentica 公司并提出了基于上述方案的一个匿名凭证系统——U-Prove，在 2007 年发布了第一个 SDK 之后，渐渐地被人们所熟悉。2008 年微软收购了该项技术以及相关的专利，并且将其包含在 Windows Identity Foundation 中。它是一种用来实施认证的加密解决方案，并且不会透漏用户的个人信息。即在确保用户最低限度公开个人信息进行电子交易的前提下，减少可能受到的个人身份隐私泄露的侵害。U-Prove 同样采用了加密技术，以防止从不同来源处获得的信息经过综合后进入系统。

　　U-Prove 技术是基于 U-Prove 令牌的思想创建的。这个令牌包含被保护信息密文的二进制字符串。在使用 U-Prove 令牌的过程中会涉及三类身份：签发者——发布令牌的实体组织；证明方——需要令牌的用户；校验者——与认证用户相关的第三方组织。签发者与证明方通过签发协议通信，而证明方与校验者通过出示协议通信，如图 8.3 所示。

图 8.3
U-Prove 的系统结构

　　U-Prove 令牌相关的安全特性包括不可跟踪性、不可链接性、可撤销性、可重用性等。其中最有趣的是选择性地暴露，令牌中有加密属性的能力，即便是对签发者也不会公开属性信息，除非证明方想要那样做。

　　事实上，U-Prove 可以用于任何通信和事务系统，如数字权限管理、电子投票、电子支付设备、电子健康记录、电子邮费、在线拍卖、公共运输售票、道路收费定价等。U-Prove 可以通过不可信任的组织来共享信息，使得用户无须在现实世界进行计算模拟就可以设计新的应用程序（如云计算服务）。

8.2.3　身份匿名的应用场景

　　由于在物联网应用服务中认证的身份隐私保护是以匿名凭证系统为主体，再加上其隐私保护的特性和属性证明的能力，其可直接应用于具有隐私保护需求的认证与访问控制系统中，以获得较强的匿名特性，达到用户身份隐私保护的目的。下面介绍几个匿名凭证系统的应用场景。

　　① 电子证件系统　目前，电子身份证（eID）系统的应用正逐渐普及，与以往的电子证件系统相比，eID 系统具有覆盖范围广、应用多样化、信息高度集中等特点，隐私保护的需求也较之以往的电子证件系统大大增加。当前 eID 系统多样化的应用也使得对应用服务的管理由集中式向着分布式的方向发展，进一步增加了用户身份隐私数据泄露的风险。在这种情况下，将匿名凭证相关技术应用于 eID 中，实现具有隐私保护性质的电子身份系统是一种切实有效的选择。

　　② 在线订阅、电子票据系统　匿名凭证系统可被看成现实票据、凭证的延伸。在在线订阅、电子票据等系统中使用匿名凭证系统，可以很好地满足这些场景对隐私保护的安全需求，同时解决当前电子票据系统中可通过用户身份信息对用户行为进行追踪的隐私泄露问题。因此，Idemix 系统和 U-Prove 系统在设计中都考虑了在电子票据系统中的应用，并实现了相关的原型系统。

8.3 基于数据关联的隐私保护

很明显，许多属于个人隐私信息的东西需要与个人身份关联之后才有意义。例如，一个电话号码，如果不与个人身份关联，这个号码本身并不泄露任何个人隐私信息。甚至姓名本身有时所泄露的个人隐私信息也非常有限，因为有些姓名的重名率很高。造成隐私信息泄露的原因是这些信息与个人身份关联起来。所谓个人身份，是能唯一确定某个人的任何信息。

在物联网时代，将有大量关联个人身份的隐私信息被收集并存储在不同的平台。例如，手机设备商、移动通信运营商、网络服务商、物联网业务服务商、物联网行业应用运营商等都有可能存有大量个人隐私信息。要实现这些信息的隐私保护，一种方法是解除这种信息关联，使得个人隐私信息不再与个人身份关联，这样就达到隐私保护的目的了。这种去关联技术实际上是一种去隐私化技术，而相反的技术，就是从看似没有隐私信息的数据中找到个人身份信息，从而发现个人隐私信息，这种技术是隐私挖掘技术。

8.3.1 数据挖掘带来的隐私泄露挑战

信息时代的飞速发展将数据挖掘和隐私保护两个看似无关的概念关联起来，使得致力于数据分析的数据挖掘技术和致力于防范隐私信息泄露的隐私保护技术构成了矛盾。如何有效保护私有数据以及敏感信息在数据挖掘过程中不被泄露，而又保证挖掘出准确的规则和模式，成为隐私保护需求下数据挖掘研究中的一个非常重要的问题。

数据挖掘是指从大量的、不完全的、有噪声的、模糊的甚至是随机的数据中，提取隐含在其中的、人们事先不知道的但又是潜在有用的信息和知识的过程，如图 8.4 所示。

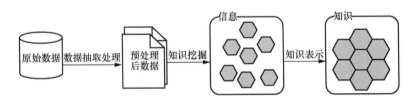

图 8.4
数据挖掘简易过程

随着数据挖掘技术的发展，人们已经能够从大量数据中抽取有用的知识和规则，并进一步从中提取许多敏感的个人隐私信息。数据分析人员在使用数据挖掘算法对用户的数据进行分析时，往往能够挖掘出敏感信息与非敏感信息之间的关联，导致个人隐私信息暴露，给个人隐私信息保护带来了很大挑战，严重威胁到人们的个人隐私数据安全和机构的商业机密安全。

隐私信息在数据挖掘领域主要包括两类。一类隐私信息是原始数据本身所具有的。例如个人的身份证号码、电话号码、银行卡号、家庭住址等信息。这类信息一旦被泄露，就可能会威胁到个人的正常生活。另一类隐私信息是原始数据中所隐含的规则。例如，在医疗数据中，病患与用药之间的关联规则；在商业数据中，信用度与消费记录之间的关联规则等。如果非法用户获得这些规则所关联的信息，就可能会泄露个人隐私，威胁到个人的正常生活。

近年来，人们越来越重视隐私保护问题，使得越来越多的数据拥有者不愿意为数据分析者提供自己的数据，而数据分析（数据挖掘、数据统计、态势分析等）是非常重要的工作，特别是在大数据时代，数据分析的重要性不言而喻。为了处理隐私保护和数据分析的矛盾，需要对含有隐私信息的数据进行去隐私化处理。所谓去隐私化处理，就是对数据中可能造成隐私泄露的数据进行适当处理，使数据的公开不容易造成隐私泄露。常用的去隐私化技术包括如下内容。

① 删除隐私信息　例如，把电子病例中的姓名、住址、联系电话等能直接指向某个特定人的相关信息删除。

② 使用随机数或假信息替换隐私信息　例如，把电子病例中的姓名、住址、联系电话等替换为"张三、北京、12345678"等这样的假信息。

③ 使用数据加密技术　例如，把电子病例中的姓名、住址、联系电话等进行加密，使得数据分析过程中不会泄露用户隐私信息。

④ 模糊处理技术　例如，把电子病例中的姓名、住址、联系电话等进行模糊处理，使其看上去像"李先生、北京海淀、010-8254××××"的形式。

但是，去隐私化处理也面临一些挑战，首先确定哪些信息属于隐私信息。例如，电子病例中的年龄、性别、职业、邮政编码都不是隐私信息，但将它们放在一起就可能会造成隐私泄露，因为在某些特殊情况下这些信息可以唯一确定病例的所有人是谁。如果都需要进行隐私保护，则去隐私化处理后的数据可能就没有多大价值；如果不作为隐私信息处理，则可能会泄露隐私信息。要完全保护隐私信息的泄露是困难的，实际应用中只要隐私泄露的可能性充分低即可。去隐私化处理面临的另一个问题是对一些隐私信息需要模糊到什么程度。例如病人住址，如果通过删除、随机化或加密等方式处理该病例，则处理后的电子病例对数据统计分析将失去很大价值，因为疾病的区域性分布是一项重要的分析研究内容；对这种情况常使用模糊处理方法，但同样存在模糊到什么程度的问题。很明显，这种模糊程度与数据的价值成反比，模糊程度越高，数据可利用的价值就越低。

无论使用哪种去隐私化技术，去隐私化的程度与数据的可用性均成反比，即去隐私化程度越高，数据的可用性就越低；去隐私化程度越低，数据的可用性就越高，但同时造成隐私暴露的机会就越大。如何在隐私保护和数据分析利用方面达到一个合理的折中，确保不泄露个人隐私信息的情况下挖掘出数据中有效的知识和规则，是物联网环境中隐私数据挖掘领域一个亟待解决的问题。

比如，为了帮助零售商制定营销策略，分析顾客在超市消费时购物篮中放置的商品的种类与它们之间的关系，可以得出顾客的购物习惯，但是这可能涉及消费者的隐私。所以必须采用某些技术手段，来预防和解决在数据挖掘过程中隐私信息的泄露问题。

为了解决上述问题，应运而生了基于隐私保护的数据挖掘，即指采用数据扰乱、数据重构、密码学等隐私保护技术手段，也就是在保证足够精度和准确度的前提下，使数据挖掘方在不触及实际隐私数据的同时，仍能进行有效挖掘工作。其简要流程如图 8.5 所示。

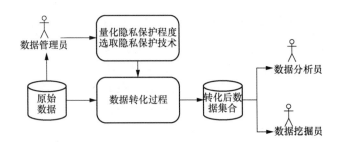

图 8.5
数据隐私保护简
要流程

并非所有数据分析人员都倾向于在数据挖掘中保护隐私信息不被泄露。总存在一些动机不纯的人努力从公开获得的数据中发现个人隐私信息并予以非法利用，这就是对隐私保护的逆向工作，称为隐私数据挖掘，或简称为隐私挖掘。隐私数据挖掘与基于隐私保护的数据挖掘虽然都属于数据挖掘技术范畴，但它们有着完全不同的目的，也使用不同的技术方法。

8.3.2　面向数据收集的隐私保护技术

在日常的数据收集过程中，生产厂商经常需要收集不同消费者的喜好，以准确定位其产品的潜在消费群体；销售公司在制订新的商业计划前，会向不同的客户和机构进行调研和咨询，以论证其计划的可行性；行政机构在准备推行新的民生政策之前，也要通过一系列的听证会、民意调查等论证政策的合理性。这些过程中收集的数据有很多内容都会涉及个人隐私，如果受访者意识到自己的隐私在数据收集过程中受到了侵犯，那么这个收集过程就不能顺利开展，即使勉强获得数据，其准确性也会遭到怀疑。所以，在此数据之上进行任何分析过程所得出的结论都是不可靠的。但是，如果在数据收集的过程中运用了隐私保护技术，就能让受访者确信自己的隐私将受到保护，那么数据收集的有效性将大大提高。

由 W3C 组织倡导的 P3P 是目前影响最大的隐私保护数据收集协议，它的目的在于让 Web 上的服务器端与因特网用户达成隐私偏好的认同，从而让服务器端按照这种认同来收集用户的隐私数据。P3P 协议通常是这么进行的：服务器端先呈现一段机器可读的 P3P 提议（通常用基于 XML 的语言描述），其中表明了服务器端将对用户哪些隐私数据进行收集、用途、数据存储等方式和时间，以及数据后续发布策略等；用户代理（如网页浏览器）负责与服务器端或者其他用户代理做异步协议匹配，以及把 P3P 策略进行翻译，然后与用户已经制定好的隐私偏好策略进行比较，当两者得以匹配时，则达到了一个 P3P 认同，并依次指导接下来的数据共享。其中用户数据信息存放在个人数据仓库，一般位于可信的第三方机构，如图 8.6 所示。

图 8.6
P3P 系统简易结构

8.3.3　面向数据传输的隐私保护技术

随着网络传输数据总量的急剧增加，出现了试图通过挖掘传输数据来得到有用信息的情况，如网络蠕虫病毒的侦查和通过非正常传输模式的非法入侵。因为网络传输数据包含了用户的多种数据信息，所以用户的隐私信息可能在挖掘过程中受到威胁。因此，在面向数据传输时，需要提供有效而实用的技术来保护用户隐私。

1. 匿名通信技术

匿名通信技术是让通信的双方对第三方保持匿名。其思想源于匿名邮件中的转寄信法，即通过中间人转寄的方式来避免直接寄信时信封上收发人员信息的泄露。例如，王某想要向《财经时报》发一封匿名信举报自己所在单位的虚假财务，他先将信放入写有《财经时报》地址的信封，然后再在外面套上一个信封将收信人写为李某，最后再全部放入一个大信封并寄给张某。当张某收到此信，打开信封发现里面的信封地址是李某的，于是将其投入邮筒寄给李某；而李某收到信后打开发现有一封给《财经时报》的信，于是将其邮递给《财经时报》。该过程如图 8.7 所示。这样一个机制使得张某只可能知道信的来源是王某，而不知道《财经时报》为其目的地；李某则不知王某是发信者。于是只要没有人打开所有信封，就无法得知真正的通信双方是谁。在计算机中，这一点可以靠公私密钥的加密机制来实现。

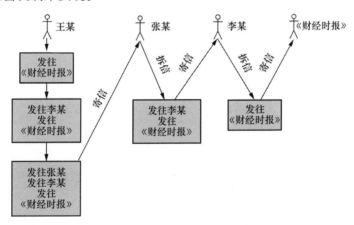

图 8.7
匿名通信简易结构

目前，最著名的匿名通信技术 Mix 和 Mix Network 都是基于转寄信的思想，通过一种特殊的中间节点（Mix）或者中间网络（Mix Network）给通信者做"转寄信"的路由，实现对第三方观察者的匿名通信，达到数据传输过程中隐私保护的目的。

2. 数据加密技术

基于数据加密的隐私保护技术，简单地说就是使用加密算法将关键的个人身份信息进行加密，从而对剩余数据起到隐私保护的作用。在需要时，还可以将加密部分的信息恢复。

例如电子病历，当用于医学研究分析时，将病例中的姓名、地址等信息进行加密处理，使得剩余信息不足以确定具体的病人是谁，这样的病历信息仍然可用于医学数据分析，有利于对发病率与年龄等关系、疫情趋势等得到有价值的结果。当医护人员需要用到具体的电子病历时，需要有解密技术恢复电子病历的所有信息，避免因使用错误病历而导致医疗事故。

8.3.4　数据关联隐私保护的评估指标

数据对象和数据环境的复杂性和多样性，使得在其之上数据关联的隐私保护方法更加多样化。在各类研究不断开展进行时，研究人员也在积极地寻找对应的衡量和评估隐私保护方法的统一途径。以下一些评估指标较为通用。

① 执行性能　是评估的首选指标。一般通过计算代价和通信代价来评价隐私保护方法的性能。计算代价中主要通过时间和空间复杂度评估，通信代价主要通过信息交互量和信息时延评估。

② 伸缩性　指在目标数据集的规模放大时，对数据的隐私保护方法的性能影响。性能影响较小的方法则更具优势。

③ 数据质量　指在数据的隐私保护方法中，处理前后的数据集将形成误差，对原始数据所造成的影响。主要通过准确度、完整性和一致性来衡量数据质量。

④ 隐私程度　是衡量数据关联隐私保护的主要指标，也是最难量化的指标。在该方面的研究中，得到较多认可的是信息熵衡量方法，基于条件概率比对处理前后数据的信息熵值衡量隐私度。

8.4　基于位置的隐私保护

位置隐私保护是阻止其他非授权的个体或团体知道某个对象当前或过去的位置的能力。位置隐私信息由标识信息和位置信息组成。标识信息表示对象的静态属性或特征，用来唯一标识一个对象；位置信息则描述某个对象的行踪。

基于位置隐私保护的方法主要根据组成位置隐私信息的两类信息进行分类。一类方法是向服务器提供准确的对象位置信息，以便得到高质量的服务信息，而将对象的标识信息（如匿名、假名、混合区域等）进行隐藏；另一类方法是将对象的标识信息完全暴露给服务器，而将对象位置信息进行隐藏，即将对象的位置信息模糊化后提供给服务器，以达到位置隐私保护的目的。

8.4.1　基于位置的服务

在物联网技术中，基于位置的服务（location based services，LBS）作为一个重要组成部分，受到了各方面的关注和重视。LBS 又称定位服务，其是由电信移动通信网络和卫星定位系统结合在一起提供的一种增值业务，通过定位技术获得对象（如智能终端、移动终端手机）的位置信息（如经纬度坐标数据），提供给对象或其他对象以及通信系统，实现各种与位置相关的业务。实质上是一种概念较为宽泛的与空间位置有关的新型服务业务，即能够在 GIS（geographic information system，地理信息系统）平台的支持下，结合电信移动通信网络和卫星定位系统为广大对象提供相应的服务。其实现主要通过电信移动通信运营商的通信网络（无线电通信网络和有线通信网络）或外部定位方式（如北斗、GPS）获取移动目标对象的地理位置信息，利用地理信息技术（如 GIS）将使用者选择的相应服务提供给用户，如图 8.8 所示。

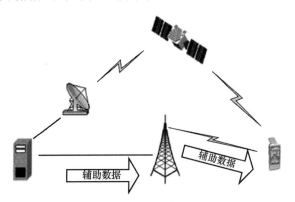

图 8.8
基于位置的服务
结构

　　LBS 包含两层含义：一层含义是确定目标的位置，即对象（用户或智能设备）所在的地理位置；另外一层含义就是为目标位置提供有关的各类信息服务，如推送道路交通实时信息。总的来说，LBS 就是利用因特网或无线网络为固定用户或移动用户提供各类与定位相关的信息服务。

　　LBS 的广泛应用，在为人们创造了美好生活的同时也带来新的安全隐患，位置隐私保护已成为物联网发展过程中亟须解决的问题。用户在使用定位系统的过程中，不可避免地将自身的位置暴露给服务提供商，同时也可能被他人非法获取。为了描述位置隐私泄露，借助如下情境：某用户将包含自身的位置 L 的信息 M 发送给位置服务器，攻击者 A 可以获取信息 M。位置隐私泄露方式如下。

　　① 具体空间标识泄露　如果 A 知道位置 L 完全属于用户 S，那么 A 就能推断出 S 在位置 L，而且消息 M 是 S 发出的。例如，一片庄园的主人在自家的农田发送了消息 M，根据消息中的坐标和地理数据库可以确定这片庄园的位置，通过其他社会信息查询即可确定庄园的主人，从而将发送信息的人缩小到庄园相关的人。

　　② 定位跟踪泄露　如果攻击者 A 已经确定用户 S 在位置 L_i，并且能够获取用户 S 一系列的位置更新：L_1，L_2，$\cdots$，L_i，$\cdots$，L_n，那么 A 就能获得实体 S 去过的所有地方。

　　③ 关联性泄露　指攻击者可以通过"位置"信息关联外部的数据源，从而确定该位置发送该消息的用户。

　　用户位置涉及自身的很多信息，一旦被恶意用户获取或者被服务器提供商出卖，其他一系列的隐私，如健康情况、政治观点、宗教信仰、受教育程度乃至个人喜好等都可能被恶意用户获得利用，甚至危及人身安全。比如，用户 S 在医院，一旦自己的位置泄露，攻击者可以通过位置定位到这家医院，而通过医院的相关信息和用户的公开资料，推断用户 S 可能患有某种疾病，这样，可由位置隐私导致用户 S 的其他隐私信息泄露。而用户却没有对自身位置隐私的控制权。因此，在许多物联网行业应用中，必须解决位置隐私保护问题。

8.4.2 基于用户身份标识的位置隐私保护

用户身份标识（ID）是位置隐私的重要组成部分，可以通过随机用户 ID 的技术（如假名技术、匿名技术、混合区域技术等）来隐藏位置和真实用户之间的联系，以达到保护位置隐私的目的。

假名技术是指每个用户使用一个假名来达到隐藏真实 ID 的目的。恶意的攻击者或者位置服务器虽然可以获得对象的准确位置信息，但是不能准确地将特定位置信息与用户的真实 ID 联系起来，这对于拥有海量用户的位置服务器或者恶意的攻击者来说，增加了它们定位到具体对象的难度，从而达到保护位置隐私的目的。

匿名技术是假名技术的扩展，对象使用其他用户的名称或者使用公用名称来标识自己，在此情况下，位置服务器定位到具体实体的难度和假名一样。其中，匿名是指一种状态，在这种状态下，很多对象组成一个集合。从集合外向集合内看，组成集合的各个元素无法区别，这个集合称为匿名集。匿名技术关注的是将用户信息（如位置信息）与用户的真实 ID 信息分开。位置 K-匿名技术是 Marco Grutese 最早提出用于解决位置隐私保护问题的方法，其主要思想是使得在某个位置的用户至少有 K 个，这 K 个用户之间不能直接通过 ID 来相互区别。这样，即使某个用户的位置信息被恶意攻击者获取，也不能准确地从这 K 个用户中定位到该用户。

8.4.3 基于位置信息的位置隐私保护

由于通过成熟的数据挖掘技术可以比较容易地根据用户所在位置准确地推测出用户的标识信息，假名和匿名技术并不能提供充分的位置隐私保护。因此，另一类位置隐私保护方法也得到了极大的关注。这一类方法允许服务器知道用户的真实 ID 信息，而通过降低用户位置信息的准确度来达到位置隐私保护的目的。

位置信息隐私保护技术主要有三种：虚假位置信息、路标位置信息和模糊化位置信息。

① 虚假位置信息技术　用户发送多个位置信息给位置服务器，而用户的真实位置信息被假的位置信息所隐藏（即发送的位置信息中只有一个是该用户的准确位置，其他的都是假的位置信息），其中发送的虚假位置叫作哑元。因此，即使服务器上某个用户的位置信息被恶意的攻击者获取，他也不能根据这些位置信息准确地推测该用户的准确位置。这种方法虽然从保护位置信息的角度可以实现，但是从位置服务器的角度来看，由于每个用户都提供多个位置信息给服务器，增加了服务器的空间开销，还增加了服务器处理服务请求的时间，同时要求客户端具有判断服务信息准确性的能力。一般来说，虚假位置信息距离真实位置越远，客户端需要较大空间开销才能提供准确的判断；相反地，距

离越近，客户端只需较小开销就能提供准确的判断。如图 8.9 所示，四个请求中只有位置 1 为用户的真实位置。

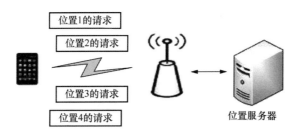

图 8.9
虚假位置信息技术

② 路标位置信息技术　路标位置信息技术是虚假位置信息技术的一个特例，指用户发送给位置服务器的不是自身的真实位置信息，而是将自己的位置信息用某个路标或者其他某个标志性对象名称来代替。这种方法虽然在一定程度上保护了用户的位置隐私，但是需要用户具备一定的位置信息处理能力，从位置服务器返回的信息中过滤出需要的内容，增加了客户端的处理负担。该方法中隐私保护程度和服务质量与路标位置和真实位置的距离有关。路标位置距离真实位置越远，服务的质量越差，但隐私保护程度越高；相反，距离越近，服务的质量就比较好，但是隐私保护程度则比较低。例如，位置 1 是用户的真实位置，位置 2 是路标位置，发送的关于位置 2 的请求，如图 8.10 所示。

图 8.10
路标位置信息技术

③ 模糊化位置信息技术　模糊化位置信息技术的主要思想是将用户的精确位置用一个包含该用户真实位置的空间来替代，使得位置服务器只能缩小用户的位置范围而不能定位到用户的准确位置（即用一个空间区域来表示用户真实的精确位置）。区域的形状不限，可以使用任意形状的凸多边形，现在普遍使用的是圆形和矩形，这个匿名的区域被称为匿名框。例如，采用模糊化位置方法后，用户 N4 的真实位置点的坐标 (x_4, y_4) 被扩充为一个用虚线矩形表示的区域，N6 的真实位置点的坐标 (x_6, y_6) 被扩充为一个用虚线圆形表示的区域，即用一个区域表示用户的真实位置点，并且用户在各自区域内每个位置点出现的概率相同。这样，攻击者仅能知道用户在这个空间区域内，但却无法确定是在整个区域内的哪个具体位置点，如图 8.11 所示。

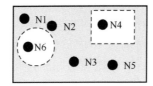

图 8.11
模糊化位置信息
技术

为了更好地对位置信息进行隐私保护，目前对匿名区域的构造主要采用 K-匿名的思想来实现。例如，用户提供给服务器的匿名区域不仅需要包含该用户的准确位置，而且该区域至少包含 K 个用户。如图 8.12 所示，$K=3$ 时，N1、N2 和 N6 用户所在的三个点用 A 区域来表示，N2、N3 和 N4 用户所在的三个点用 B 区域来表示，N3、N4 和 N5 用户所在的三个点用 C 区域来表示。

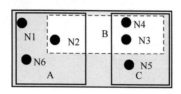

图 8.12
K-匿名技术

8.4.4 轨迹隐私保护

随着移动设备和定位技术的发展，产生了大量的用户轨迹数据。轨迹数据含有丰富的时空信息，对其分析和挖掘可以支持多种与移动对象相关的应用。一方面，针对轨迹数据的攻击性推理可能导致个人的兴趣爱好、行为模式、社会习惯等隐私信息暴露。另一方面，在基于位置的服务中，由于现有位置隐私保护技术并不能很好地解决轨迹隐私泄露的问题，用户的个人隐私很可能通过实时运行轨迹而暴露。

轨迹是指某个移动对象的位置信息按时间排序的序列。通常情况下，轨迹 T 可以表示为 $T=\{q_i, (x_1, y_1, t_1), (x_2, y_2, t_2), \cdots, (x_n, y_n, t_n)\}$。其中，$q_i$ 表示该轨迹的标识符，它通常代表移动对象、个体或某种服务的用户。(x_i, y_i, t_i)（$1<i<n$）表示移动对象在 t_i 时刻的位置为 (x_i, y_i)，也称为采样位置或采样点，t_i 则被称为采样时间。移动对象已经停止运行后，收集到的轨迹数据是静态数据；若移动对象在运行中，那么轨迹就是增量更新的动态数据。

轨迹隐私是一种特殊的个人隐私，它是指个人运行轨迹本身含有的敏感信息（如敏感位置），或者由运行轨迹推导出的其他个人信息（如家庭住址、工作地点、生活习惯和健康状况等）。因此，轨迹隐私保护既要保证轨迹本身的敏感信息不被泄露，又要防止攻击者通过轨迹推导出其他的个人信息。

1. 轨迹隐私保护场景

轨迹隐私保护场景主要包括数据发布中轨迹隐私保护和 LBS 中的轨迹隐私保护，其各自应用场景如下。

数据发布中要对轨迹隐私进行保护，因为轨迹数据本身蕴含了丰富的时空信息，对轨迹数的分析和挖掘可以支持多种移动应用。许多政府及科研机构都加大了对轨迹数据的研究力度。例如，美国政府利用移动用户的 GPS 轨迹数据分析基础交通设施的建设情况，用以更新和优化交通设施；社会学的研究者们通过分析人们的日常轨迹研究人类的行为模式；某些公司通过分析雇员的上下班轨迹以提高雇员工作效率等。然而，假如恶意攻击者在未经授权的情况下，计算推理获取与轨迹相关的其他个人信息，用户的个人隐私通过其轨迹完全暴露，会对用户产生意想不到的危害。数据发布中的轨迹隐私泄露情况大致可分为两类。一类是由于轨迹上敏感或频繁访问位置的泄露而导致用户的隐私泄露。轨迹上的敏感或频繁访问的位置很可能暴露其个人兴趣爱好、健康状况、政治倾向等个人隐私。另一类是由于用户的轨迹与外部知识的关联导致的隐私泄露。比如，某人每天早上在固定时间从地点 A 出发到地点 B，每天下午在固定时间段从地点 B 返回到地点 A。通过数据挖掘分析，攻击者很容易作出判断：A 是某人的家庭住址，B 是其工作单位。通过查找 A 所在区域和 B 所在区域的邮编、电话簿等公开内容，很容易确定某人的身份、姓名、工作地点、家庭住址等信息，即一个人的个人隐私可以通过其运行轨迹被泄露。

用户在享用 LBS 服务时，需要提供自己的位置信息，为了保护用户的位置隐私，出现了位置隐私保护技术。位置隐私保护技术保护的是用户某一个时刻的位置信息，而这些方法不一定能保护用户实时运行轨迹的隐私，攻击者极有可能通过其他手段获得用户的实时运行轨迹。比如，利用位置 K-匿名模型对发出连续查询的用户进行位置隐私保护时，用户匿名框的位置和大小产生连续更新。如果将用户发出 LBS 请求时各个时刻的匿名框关联起来，就可以得到用户大致的运行路线，一旦得到用户的运动轨迹，恶意的攻击者就能根据用户的运动轨迹来推测用户的行为模式等，将严重威胁用户的隐私。因此，位置隐私保护的方法不能直接用来保护用户的多个连续位置信息。在基于位置的服务中，如何避免用户的位置被追踪也就变得相当重要，由此应运而生了 LBS 中轨迹隐私保护技术。

综合上述两种场景，轨迹隐私保护需要解决以下几个关键问题。

● 保护轨迹上的敏感或频繁访问位置信息不被泄露。
● 保护个体和轨迹之间的关联关系不被泄露（即保证用户无法与某条轨迹相匹配）。
● 防止由于用户的相关参数限制（最大速度、停留点等）而泄露用户轨迹隐私的问题。

2. 轨迹隐私保护度量标准

在轨迹数据发布中，发布的轨迹数据要提供给第三方去进行数据分析和使用，轨迹隐私保护技术要在保护轨迹隐私的同时有较高的数据可用性；在基于位置的服务中，轨迹隐私保护技术既要保护用户的轨迹隐私，又要保证移动用户获得较高的服务质量。综合起来，轨迹隐私保护技术的度量标准有以下两个方面。

① 轨迹隐私粒度 一般通过轨迹隐私的泄露风险来反映，泄露风险越小，轨迹隐私粒度越高。泄露风险是指在一定情况下，轨迹隐私泄露的概率。泄露风险与轨迹隐私保护技术的好坏和攻击者掌握的背景知识有很大的关联。攻击者掌握的背景知识越多，泄露风险越高。在轨迹隐私保护中，攻击者掌握的背景知识可能是空间中用户的分布情况、用户的运行速度、该区域的道路网络情况等。

② 轨迹数据粒度或服务粒度 在轨迹数据发布中，轨迹数据粒度是指发布的轨迹数据的可用性，轨迹数据的可用性越高，轨迹数据粒度越高。一般采用信息丢失率（又称为信息扭曲度）来衡量轨迹数据粒度的高低。在基于位置的服务中，采用服务粒度来衡量轨迹隐私保护技术的好坏，在相同的隐私保护度下，用户获得的服务粒度越高，则轨迹隐私保护技术越成熟。一般情况下，服务粒度由响应时间、查询结果的准确性来衡量。

3. 轨迹隐私保护的系统框架

在数据发布的轨迹隐私保护中，轨迹隐私保护的系统框架主要有如下两种。

（1）基于数据发布的轨迹隐私保护系统框架

大多数系统结构基于"先收集、再保护、后发布"的原则，即由一个数据收集服务器收集轨迹数据，并将原始数据存储到轨迹数据库中。然后由轨迹隐私保护服务器进行隐私保护处理，最后形成可发布的轨迹数据。轨迹隐私保护服务器中有三个主要模块：轨迹预处理模块、轨迹隐私保护模块和可用性衡量模块。轨迹预处理模块负责对收集到的轨迹数据进行等价类划分、轨迹同步等预处理操作；轨迹隐私保护模块负责对预处理后的轨迹数据进行隐私保护处理；可用性衡量模块评估隐私处理后的轨迹数据可用性，确定可发布的轨迹数据，如图 8.13 所示。

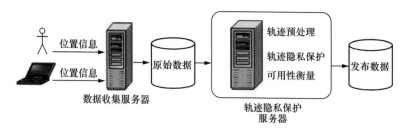

图 8.13 "先收集、再保护、后发布"系统架构

另一种架构在收集数据时直接进行隐私保护处理，采用"先保护、再收集、后发布"的原则，将轨迹隐私保护放在数据收集之前（即轨迹数据预处理模块和轨迹隐私保护模块放在客户端），收集到的轨迹数据可以直接发布。相比之下，采用前一种框架不要求较高的实时性，可以优先考虑技术的轨迹隐私粒度和轨迹数据粒度，后者需要处理动态更新数据的轨迹隐私保护，难度更高。然而，后者可以防止数据收集服务器得到原始数据，用户体验更好，如图 8.14 所示。

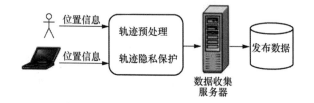

图 8.14 "先保护、再收集、后发布"系统结构

（2）基于位置服务的轨迹隐私保护系统框架

在基于位置的服务中，轨迹隐私保护系统框架有分布式点对点结构和中心服务器结构两种。

1）分布式点对点框架由客户端和服务提供商两个部件组成，客户端之间通过 P2P 协议通信，判断客户端之间的距离，通过彼此协作完成轨迹隐私保护工作。

2）中心服务器框架由客户端、服务提供商和匿名服务器三部分组成。匿名服务器包含了轨迹隐私保护模块和轨迹结果处理模块。轨迹隐私保护模块负责收集客户端的位置、对客户端的轨迹数据进行隐私保护处理；轨迹结果处理模块负责接收服务提供商发回的候选结果，对候选结果求精，并将最终结果返回给客户端。

由于中心服务器框架具有容易实现、掌握全局数据等优点，已经成为目前最常用的系统框架，如图 8.15 所示。

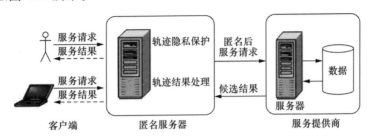

图 8.15
中心服务器框架

4．轨迹隐私保护技术

现阶段主流的轨迹隐私保护技术有多种。常用的一种方法是让移动对象使用变化的身份标识，每次上报自己的位置信息时使用一个新的身份标识，这些不同的身份标识之间存在潜在的关联，合法服务器可以判断这些身份标识属于同一个移动对象，但一般观察者无法确定这些变化的身份标识之间的关联。这种使用变化身份标识的方法是 RFID 隐私保护的重要方法。

另一种保护轨迹的方法是基于假数据的轨迹隐私保护技术。该技术是指通过增加假轨迹对原始数据进行干扰，同时又要保证被干扰的原始轨迹数据的某些统计属性不发生严重失真。其中具有代表性的方法是假轨迹法。

假轨迹法通过为每条轨迹产生一些假轨迹来降低泄露风险。例如，数据库中只存储了 A 用户在 t_1、t_2、t_3 时刻的位置信息，形成一条原始轨迹数据。通过添加五条假轨迹扰动后使数据库中含有 6 条轨迹（包括一条真实轨迹和 5 条假轨迹）。这样，每条真实轨迹的泄露风险降为 1/6。简单地说，产生的假轨迹越多，泄露风险就越低。

一般来说，假轨迹方法应考虑以下几方面的内容。

① 假轨迹的数量　假轨迹的数量越多，泄露风险越低，但是同时对真实轨迹数据产生的影响也越大。因此，假轨迹的数量通常根据用户对隐私保密程度的需求做折中处理。

② 轨迹的空间关系　从攻击者的角度看，从交叉点出发的轨迹易于混淆。因此，应尽可能产生相交的假轨迹以降低泄露风险。

③ 假轨迹的运动模式　假轨迹的运动模式要和真实轨迹的运动模式相近，不合常规的运动模式容易被攻击者识破。

假轨迹隐私保护方法简单、计算量小，但易造成假数据的存储量大及数据可用性降低等。

8.5 小结

本章从物联网应用场景可能产生隐私信息泄露的安全威胁出发，介绍了相应的隐私保护技术，主要包括基于身份匿名的隐私保护、数据关联的隐私保护和基于位置的隐私保护。隐私保护技术包括两方面：去隐私化和隐私数据挖掘。去隐私化的目的是使得包含个人隐私信息的数据经过处理后看上去不再含有个人身份信息；隐私信息挖掘则是从大量不同的数据中找到关联，使得那些看上去不再包含个人身份的信息被几个数据关联后，能够恢复出个人身份信息，从而暴露个人隐私信息。去隐私化技术对单个数据可以做到安全，但不同的数据之间要做到毫无关联是困难的。去隐私化技术和隐私挖掘技术是互相矛盾的，这对矛盾的技术向隐私保护提出了技术挑战，特别在大数据时代要实现完全的隐私保护是困难的。正如其他网络安全保护技术一样，其目的是增加攻击者攻击的难度，而不是保证绝对安全。如果隐私挖掘代价很大，就可以说隐私保护是成功的。

隐私保护技术还在研究和发展中。随着这些隐私保护技术研究的不断深入和实施，必定为物联网产业的健康发展提供强有力的技术支持。

习题

1. 个人隐私信息通常包括哪些？

2. 如果说个人的年龄是隐私信息，但年龄只是个数字，什么情况下涉及个人隐私？

3. 当我们提交给单位人事登记表格时，表格内包括许多个人隐私信息，这属于隐私泄露吗？为什么？

4. 基于匿名凭证技术的隐私保护原型系统有哪些？各有什么特点？

5. 举例说明为什么有些隐私信息可以通过数据挖掘来发现。

6. 什么是位置隐私？什么情况下需要位置隐私保护？为什么说身份隐私技术不能完全解决位置隐私问题？

第 9 章　RFID 系统及其安全技术

9.1　引言

  物联网技术中最重要的是对实体拟人化的信息进行自动识别的技术。一般能够用于信息自动识别的方法有多种，不同识别技术的原理和使用范围不同，物联网环境下大规模的信息自动采集技术主要包括 RFID（radio frequency identification，无线射频识别）技术、无线传感技术、全球定位系统以及激光扫描技术等。

  RFID 技术是继条形码之后的一项自动识别技术，也是物联网应用中最有发展潜力的信息识别技术。它通过无线射频方式进行非接触的双向数据通信，从而实现对物体的识别，并将采集到的相关信息通过无线技术进行远程传输。不管是工业界还是学术界，都对 RFID 系统产生了很大的兴趣。其中一个重要的原因在于，RFID 系统作为一种自动识别的工具，能够极高地提高现有一些系统的效率。国外的一些大型组织和机构，包括一些大型商场，都采用了 RFID 系统投入到其供应链管理之中。另外，随着技术的发展，RFID 标签成本的日渐低廉，RFID 系统的应用也越来越广泛。

  随着 RFID 技术在零售、物流、生产、交通、安防等各个领域应用的推广和深入，其安全问题也成为人们日益关注的重点。在 RFID 系统的应用过程中，怎样对信息数据进行合理的使用、怎样对用户关心的敏感数据进行安全有效的保护等都是值得深入研究的问题。

  被动式的标签有多种工作频率可以使用。低频标签工作频段为 124～135kHz，工作范围为 0.5m 以下。高频标签工作频率为 13.56MHz，工作范围为 1m 或者更远（但是通常情况下距离为数十厘米）。超高频标签工作频段为 860～960MHz（甚至 2.45GHz），拥有最远的传输距离，工作范围为数十米，但也更容易受到周围无线信号的干扰。

  从商业成本核算方面考虑，一个被动式标签的价格应该低到几美分。这要求门电路数为 7.5k～15k 门。一个 100bit 的电子条形码（EPC）需要大概 5k～10k 门电路。所以，能够用于安全模块的门电路数不应该超过 5k 门电路。

  对于低成本的标签来说，具有抵抗内存数据篡改的能力是不现实的。所以通常假定在物理攻击情况下，标签中的内部数据会泄露。

在阅读器和标签之间是无线通信方式，而阅读器和后端数据库之间通常是有线通信方式，一般假定阅读器和标签之间的通信是不安全的，而阅读器与数据库之间的通信则被认为是通过安全的信道传输的，其安全性也使用传统的通信安全技术，不在 RFID 安全技术中考虑。

有些 RFID 标签除了用于标识外，还有一定的数据存储能力，如餐卡。这类标签在修改数据时需要有一定的安全保护。有很多手段可以限制写入设备向标签内存写数据：通过限制标签和写入设备间的距离；限制设备的类型或者数量，哪种写入命令可以被采纳，或者面向哪些写入设备。更进一步，向标签内写入数据能够通过设置密码或者需要物理上的接触等手段进行保护。

9.2 RFID 技术简介

9.2.1 RFID 系统的工作原理

射频是一种高频交流变化电磁波的简称。每秒变化小于 1000 次的交流电称为低频电流，大于 10 000 次的称为高频电流，而射频就是这样一种高频电流。在电子学理论中，电流流过导体时，导体周围会形成磁场；交变电流通过导体，导体周围会形成交变的电磁场，也就是电磁波。在电磁波频率低于 100kHz 时，电磁波会被地表吸收，不能形成有效的传输，但电磁波频率高于 100kHz 时，电磁波可以在空气中传播，并经大气层外缘的电离层反射，形成远距离传输能力。这种具有远距离传输能力的高频电磁波称为射频。

RFID 技术是一种通过利用交变磁场或电磁场的空间耦合实现非接触信息传递的技术。它通过射频信号自动识别目标对象并获取相关数据，无须人工干预，可识别高速运动的物体，并可同时识别多个标签，操作快捷方便。

典型的 RFID 系统一般由电子标签（简称标签，又称应答器、tag）、阅读器（reader，当具有写数据功能时也称为读写器）、数据管理系统三部分组成，如图 9.1 所示。电子标签通过标签的方式附着在被识别的物体上。它是 RFID 系统的数据载体，存储着被识别物体的信息。阅读器通过天线发射出一定频率的射频信号，当 RFID 标签进入电磁场后，接收阅读器发出的射频信号，凭借感应电流所获得的能量发出存储在芯片中的产品数据信息，或者主动发送某一频率的信息，阅读器读取信息并解码后，送至数据管理系统进行处理。

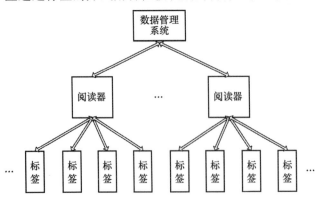

图 9.1
RFID 系统结构图

电子标签也被称为智能标签，是射频识别系统真正的数据载体，它由耦合元件以及微电子芯片组成。芯片中存储有被识别目标的信息，有些 RFID 标签支持读写功能，目标物体的信息可以随时被更新。根据发送射频信号的方式不同，标签可分为主动式标签（active tag，也称有源标签）和被动式标签（passive tag，也称无源标签）两种。其中，主动式标签通常具有更远的通信距离，价格相对较高，主要用于贵重物品远距离检测等应用领域，如在火车监控、高速公路收费等系统中应用；被动式标签具有价格便宜的优势，但其工作距离、存储容量等受到能量来源的限制，多用于门禁控制、校园卡、动物监管、货物跟踪等。

阅读器用来读取电子标签中的信息，并将信息传输给数据管理系统。有些阅读器只能读取标签信息，有些同时具有读和写功能，这取决于所使用的结构和技术。可写阅读器可以向电子标签中写入数据，更新电子标签芯片中的存储信息。阅读器的基本任务是启动应答器并与之建立通信。非接触式通信的所有具体细节，如通信建立、冲突避免或身份认证，均由阅读器自己来处理。典型的阅读器包含有高频模块（发送器和接收器）、控制单元以及与应答器相连接的耦合元件。此外，许多阅读器还都配有附加的接口（如RS232、RS485 等）。

数据库管理系统主要完成对数据信息的存储和管理，并可以对标签进行读写的控制。数据库管理系统通过有线或者无线的传输信道，接收阅读器发送过来的消息，存储相应的数据，并响应阅读器的各种请求，返回相应的应答数据；管理数据库，响应上层的各种业务请求，为各种基于 RFID 系统的服务提供支持。

用来区别不同 RFID 系统的主要特征包括阅读器的工作频率、物理耦合方法和系统的作用距离。RFID 系统可以工作在不同的频率段上，其频率范围是从 135kHz 的长波到5.8GHz 的微波；常用的耦合形式有电子式、磁感应式和电磁场式；RFID 系统的有效作用距离可以在几毫米到十几米的范围内变化。

9.2.2　RFID 标准

1. RFID 空中接口通信协议

空中接口通信协议规范了阅读器与电子标签之间的信息交互，目的是实现不同厂家生产设备之间的互联互通性。ISO/IEC 制定了六种频段的空中接口协议标准，主要是因为不同频段的 RFID 标签在识读速度、识读距离、使用环境等方面存在较大差异，单一频段的标准不能满足各种应用的需求。

① ISO/IEC 18000-1　信息技术－基于单品管理的射频识别－参考结构和标准化的参数定义。它规范了空中接口通信协议中共同遵守的阅读器与标签之间的通信参数表、知识产权基本规则等内容。这样，每一个频段对应的标准不需要对相同内容进行重复规定。

② ISO/IEC 18000-2　信息技术－基于单品管理的射频识别－适用于中频 125～134kHz。规定了在标签和阅读器之间通信的物理接口，阅读器应具有与 Type A（FDX）和 Type B（HDX）标签通信的能力；它规定了协议和指令以及多标签通信的防碰撞方法。

③ ISO/IEC 18000-3 信息技术－基于单品管理的射频识别－适用于高频段 13.56MHz。它规定了阅读器与标签之间的物理接口、协议和命令以及防碰撞方法。关于防碰撞协议可以分为两种模式，而模式 1 又分为基本型与两种扩展型协议（无时隙无终止多标签协议和时隙终止自适应轮询多标签读取协议）。模式 2 采用时频复用 FTDMA 协议，共有 8 个信道，适用于标签数量较多的情形。

④ ISO/IEC 18000-4 信息技术－基于单品管理的射频识别－适用于微波段 2.45GHz。它规定了阅读器与标签之间的物理接口、协议和命令以及防碰撞方法。该标准包括两种模式，模式 1 是无源标签工作方式，由阅读器先发起通信；模式 2 是有源标签工作方式，由标签主动发起通信。

⑤ ISO/IEC 18000-6 信息技术－基于单品管理的射频识别－适用于超高频段 860～960MHz。它规定了阅读器与标签之间的物理接口、协议和命令以及防碰撞方法。它包含 Type A、Type B 和 Type C 三种无源标签的接口协议，通信距离最远可以达到 10m。其中，Type C 是由 EPCglobal 起草的，并于 2006 年 7 月获得批准，它在识别速度、读写速度、数据容量、防碰撞、数据安全、频段适应能力、抗干扰等方面有较大提高。2006 年递交的 V4.0 草案，针对带辅助电源和传感器电子标签的特点进行了扩展，包括标签数据存储方式和交互命令。带电池的主动式标签可以提供较大范围的读取能力和更强的通信可靠性，不过其尺寸较大，价格也更贵一些。

⑥ ISO/IEC 18000-7 信息技术－基于单品管理的射频识别－适用于超高频段 433.92MHz。它属于有源电子标签，规定阅读器与标签之间的物理接口、协议和命令以及防碰撞方法。有源标签识读范围大，适用于较大型固定资产的跟踪。

2．RFID 数据内容标准

数据内容标准主要规定数据在标签、阅读器到数据管理系统（包括中间件或应用程序）各个环节的表示形式。因为标签能力（存储能力、通信能力）的限制，在各个环节的数据表示形式必须充分考虑各自的特点，采取不同的表现形式。另外，数据管理系统对标签的访问可以独立于阅读器和空中接口协议，即阅读器和空中接口协议对数据管理系统来说是透明的。RFID 数据协议的应用接口基于 ASN.1，它提供一套独立于应用程序、操作系统和编程语言，也独立于标签阅读器与标签驱动之间的命令结构。

ISO/IEC 15961 规定了阅读器与应用程序之间的接口，侧重于应用命令与数据协议加工器交换数据的标准方式，这样应用程序可以完成对电子标签数据的读取、写入、修改、删除等操作功能。该协议也定义了错误响应消息。

ISO/IEC 15962 规定了数据的编码、压缩、逻辑内存映射格式，以及如何将电子标签中的数据转化为应用程序有意义的方式。该协议提供了一套数据压缩的机制，能够充分利用电子标签中有限数据存储空间以及空中通信能力。

ISO/IEC 24753 扩展了 ISO/IEC 15962 的数据处理能力，适用于具有辅助电源和传感器功能的电子标签。增加传感器以后，电子标签中存储的数据量以及对传感器的管理任务均大大增加，ISO/IEC 24753 规定了电池状态监视、传感器设置与复位、传感器处理等功能。ISO/IEC 24753 与 ISO/IEC 15962 共同规范了带辅助电源和传感器功能电子标签的数据处理与命令交互。它们的作用使得 ISO/IEC 15961 独立于电子标签和空中接口协议。

ISO/IEC 15963 规定了电子标签唯一标识的编码标准，该标准兼容 ISO/IEC 7816-6、ISO/TS 14816、EAN.UCC 标准编码体系、INCITS 256 以及保留对未来的扩展。需要说明的是，物品编码是对标签所贴附物品的编码，而该标准标识的是标签自身。

9.2.3　RFID 的典型应用

RFID 技术以其独特的优势，逐渐被广泛应用于工业自动化、商业自动化和交通运输控制管理等领域。随着大规模集成电路技术的进步以及生产规模的不断扩大，RFID 产品的成本不断降低，其应用也越来越广泛。

1．RFID 技术在物流管理中的应用

现代社会不断进步，物流涉及大量纷繁复杂的产品，其供应链结构极其复杂，经常有较大的地域跨度，传统的物流管理不断反映出不足。为了跟踪产品，在配送中心和零售业务中常用条形码技术，但市场要求使用更为及时的信息来管理库存和货物流。麻省理工学院自动识别中心对消费品公司的调查显示，一个配送中心每年花在工人清点货物和扫描条形码的时间达到上万小时。将 RFID 系统应用于智能仓库的货物管理中，不仅能够处理货物的出库、入库和库存管理，而且还可以监管货物在运输过程中的一切信息，克服条形码的缺陷，将该过程自动化，为供应链提供及时的数据。同时在物流管理领域引入 RFID 技术，能够有效节省工人成本，提高工作精确度，确保产品质量，加快处理速度。另外，通过物流中心配置的读写设备，能够有效地避免粘贴有 RFID 标签的货物被偷窃、损坏和遗失的情况发生。零售业分析师证明，采用 RFID 后，超市每年可以节省大量运营成本，其中大部分是扫描条形码的人力成本。RFID 技术还可解决零售业物品脱销、盗窃及供应链管理混乱带来的损耗。由此可见，RFID 技术可以在企业自身的物流活动中发挥很大的作用。

2．RFID 技术在防伪中的应用

传统的防伪技术包括防伪标识及电话识别系统、激光防伪、数字防伪等技术，然而利用 RFID 技术防伪，与其他防伪技术相比，其优点在于：每个标签都有一个 UIDD，这是一种全球唯一的 ID 标识符。UID 是在制作芯片时放在 ROM 中的，无法修改、无法仿造。运用 RFID 技术还有以下特点：无机械磨损，防污损；阅读器具有不直接对最终用户开放的物理接口，保证其自身的安全性；在安全方面除标签的密码保护外，数据部分可用一些密码算法实现安全管理；阅读器与标签之间可以实施相互认证过程；数据存储量大、内容可多次擦写，不仅可以记录产品的品种信息、生产信息、序列号、销售信息等，还可以记录更详细的商品销售区域、销售负责人、关键配件序列号等数据和信息，从而为商品添加了一个唯一、完整、保密、可追溯的身份和属性标识符。

每个产品出厂时都被附有储存相关信息的电子标签，然后通过阅读器写入唯一身份识别码，并将物品的信息录入到数据库中。此后装箱销售、出口验证、分发、零售上架

等各个环节都可以通过阅读器反复读写标签。电子标签就是物品的"身份证",借助电子标签,可以实现商品对原料、半成品、成品、运输、仓储、配送、上架、最终销售,甚至退货处理等环节进行实时监控。RFID 技术提高了物品分拣的自动化程度,降低了差错率,使整个供应链管理显得透明而高效。为了打击造假行为,美国生产麻醉药OxyContin 的厂家宣布将在药瓶上采用 RFID 技术。实现对药品从生产到药剂厂进行全程的电子监控,此举是打击日益增长的药品造假行为的有效手段。药品、食品、危险品等物品与个人的日常生活安全息息相关,都属于由国家监管的特殊物品,其生产、运输和销售的过程必须严格管理,一旦管理不力,假冒伪劣商品流入市场,必然会给人民的生命财产安全带来极大的威胁。我国也开始使用 RFID 技术实现药品、食品、危险品等特殊商品的防伪、溯源等应用和服务。

3．RFID 技术在智慧交通领域中的应用

人口、车辆的数量不断增长,但是有限的可用土地以及经济要素的制约却使得城市道路扩建增容有限,难免会带来一些交通问题。当今世界各地的大中城市无不存在着交通问题的困扰,同时随着信息与科学技术的发展,智慧交通系统得到不断发展。

由于 RFID 具有远距离识别、可存储携较多的信息、读取速度快、可应用范围广等优点,非常适合在智慧交通和停车管理方面使用。目前,RFID 技术已经在交通领域成功推广应用,并且取得了良好的社会和经济效益。RFID 在智能停车场管理、电子车牌、电子不停车收费(electronic toll collection,ETC)、公交车到站信息管理、车辆智能称重等多方面具有重要应用。

4．RFID 技术在物品管理中的应用

一般物品的管理需要入库、出库登记管理。但对于一些重要物品,特别是一些重要设备,出库后还需要了解其具体位置、工作状态等。这些问题可采用 RFID 技术来解决,当物品从一个房间挪到另一个房间时,RFID 阅读器自动读取信息,使管理平台实时知道物品位置的变化。

在机场,RFID 技术在乘客行李分拣中也有重要应用。传统手工分拣方法效率不高,而且容易出差,常有乘客到达目的地后,行李还在路上。一旦有乘客没有及时登机,要从已经放进飞机货舱的行李中找出未能登机乘客的行李容易拖延飞机正常起飞时间。使用 RFID 技术后,给许多工作带来了明显方便。

5．RFID 技术在零售业中的应用

传统的零售业从早期的人工取货已经转到超市模式,消费者可以自己浏览并选择自己喜欢的商品,然后到结账台统一交费。交费时对每件物品都需要人工扫描以确定付费情况。

随着 RFID 技术的成熟,一些零售业开始使用 RFID 技术,使得结账变得更快捷方便,而且可以结合在线支付,自动完成结账。特别在一些自助型餐饮业中,RFID 技术已经成功应用于自助点菜和结账,明显提高了结账效率,提高了消费者的体验感受,从

而为这些餐饮业带来了更人的利润。

9.3　RFID 的安全威胁

根据 ISO/IEC 18000 的描述，RFID 系统的通信模型分为三个层次，从上至下依次为应用层、通信层和物理层，如图 9.2 所示。

应用层主要处理由上层定义的信息，如 ID 标识符、身份认证。标签为了保护标识符，可以在发送标识符前先对其做一定的加密变换，或仅在满足一定条件的前提下才发送标识符。对标签识别、身份认证等操作都在该层实现。

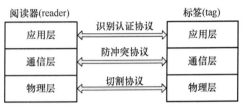

图 9.2
阅读器与标签的
通信模型

通过对标签发送的信息进行跟踪是 RFID 系统常见的一种攻击手段。其应对措施是在每次认证时改变标签发送的信息，同时通过加密手段使信息不被泄露。

通信层主要定义标签和阅读器之间的通信方式。特定标签标识符和防碰撞协议在该层实现。通信层的安全问题主要是如何抗碰撞，也就是当一个阅读器阅读一批标签（如一箱商品）时，许多收到阅读器阅读信号的标签可能会同时响应，当两个或更多标签响应信号同时发送时，信号碰撞就发生了，此时阅读器不能识别任何遭受碰撞的信号。

防碰撞协议分为两类：确定性协议和概率性协议。确定性防碰撞协议基于标签唯一的静态标识符。例如，ISO 18000—6B 协议定义的就是确定性防碰撞协议，遵循该标准的标签在防碰撞过程中直接发送标签标识符，所以恶意攻击者很容易通过伪造的阅读器追踪标签。采用这种防碰撞协议的标签为了避免被追踪，需要经常变换标识符。但是，标签不太可能在防碰撞过程中修改标识符，所以长时间没有与合法阅读器进行会话的标签还是会被恶意阅读器追踪到。概率性防碰撞协议在防碰撞过程中发送标签内部随机数发生器产生的随机数，一旦单化成功，标签便发送其标识符。例如，采用 ALOHA 协议的 EPC C1G2，标签单化完成后立即发送唯一标识符（electronic product code，EPC）和其他数据，由于 EPC C1G2 标准采用了静态标识符机制，所以很容易被追踪。

物理层定义空中接口相关的参数，包括频率、传输调制、数据编码/解码、定时器等。RFID 空中接口遵循公开的标准，使用同一标准的标签发送非常类似的信号，使用不同标准的标签发送的信号很容易区分，遵循不同标准的标签所发出信号的组合呈现出的特征称为"无线指纹"，可以作为一种识别特征。想象几年后，人们身上穿的衣服、携带的皮包以及皮包里面所装的物品均嵌有各种标签，这些标签很可能遵循不同的标准，即每个人不知不觉拥有了一个"无线指纹"，这类无线指纹使对人的跟踪成为可能。

RFID 系统的安全问题与传统计算机系统和网络的安全问题在很多方面类似，都要保护存储的数据以及在不同实体之间传输的数据。但是与计算机网络安全相比，RFID 系统的安全问题更具挑战性。一方面，RFID 系统的数据传输基于无线通信方式，传输的数据更容易被窃听；另一方面，RFID 系统中，标签的计算和存储能力都受到成本的制约，很难提供较高的安全能力。

根据 RFID 系统的这种安全层次划分，RFID 系统的安全威胁主要来源于应用层。RFID 系统应用层的安全需求主要集中在两方面：认证性和隐私性。认证的目的是确保只有合法的阅读器才能读取标签的信息，对于实现双向认证的 RFID 系统，同时能保证只有合法的标签才能被阅读器读取。RFID 的隐私性主要指 RFID 标签的标识符不被非法读写器获得，这与个人隐私无论在内涵上还是在实现技术上都有很大区别。由于 RFID 标签的存储和计算资源受限，在对 RFID 进行安全保护时，还需要充分考虑安全、成本、性能三者之间的平衡。

由于 RFID 设备的物理条件，RFID 的消息经过无线网进行传播，很容易受到窃听和篡改。并且，传统的对认证协议的攻击方式对于 RFID 系统同样存在。对 RFID 的攻击方式主要有如下几种。

（1）克隆攻击

克隆攻击就是对合法 RFID 标签进行克隆。对于没有数据安全保护的 RFID 标签，由于无线通信信号容易被攻击者获得，故容易被克隆。事实上，将同样数据按照标准格式写入一张空的标签，就克隆了一张卡。实际操作中，攻击者使用非法阅读器接近合法的 RFID 标签，获得标签的有关数据，然后完成克隆。对于没有安全保护的 RFID 标签来说，克隆攻击是最具威胁性，也是成功率最高的攻击方式。

（2）中间人攻击

中间人攻击的本质就是广为人知的"象棋大师问题"，它适应于缺少双方认证的通信协议。在攻击时，攻击者能够把协议的某个参与者提出的困难问题提交给另外的参与者来回答，然后把答案（可能通过简单的变换）交给提问的主体，反之亦然。应对中间人攻击的方法是在消息交换的两个方向上都提供数据源认证服务。

对于 RFID 系统来说，由于阅读器和标签之间的距离很近，中间人攻击的实施并不是那么容易。有一种实施中间人攻击的方式是，攻击者可以在阅读器端模拟一个标签，在标签端模拟一个阅读器，再将模拟的阅读器和标签通过某种长距离网络（如互联网）进行互联，这样标签和阅读器之间的距离可以非常大。这种攻击在有些文献中被称为接力攻击（relay attack）。

（3）标签追踪攻击

攻击者使用非法阅读器在一个地方获取标签的身份标识 ID，然后在另外一个地方又获得同样的标签 ID 时，则知道是同一个标签，从而泄露标签的行动轨迹。这类攻击也称为标签隐私泄露攻击，但这里的隐私是 RFID 身份隐私，与个人隐私信息是有区别的。实施标签追踪攻击的攻击者可以在标签可能出现的地方部署许多非法标签阅读器，通过读取大量标签，当发现有相同的标签 ID 出现在不同位置时，则暴露标签隐私。这种攻击主要针对用于物流的 RFID 标签。

（4）消息重放攻击

如果 RFID 标签实施了数据安全保护，则攻击者通过无线通信获得的消息都是密文消息，从而无法获得消息内容。但攻击者仍然可以使用历史消息的重放进行攻击，造成标签或阅读器判断错误或执行错误。消息重放攻击不仅是对 RFID 的专有攻击，在物联网感知层，消息重放攻击还是一种具有严重威胁性的攻击手段。

（5）拒绝服务攻击

一般来说，拒绝服务攻击的后果是一个合法的主体不能访问资源，这种攻击的主要目的是让合法的阅读器与标签之间也不能进行成功的认证。由于 RFID 标签与读写器之间的通信时间一般很短，通过发送大量消息的拒绝服务攻击不适合 RFID 系统。对 RFID 系统的拒绝服务攻击一般是利用协议的漏洞，通过伪造读写器或标签，执行一段通信协议后，修改了 RFID 标签或读写器的一些参数，导致标签和读写器之间失去同步，造成合法读写器不能访问标签。这种攻击也称为去同步化攻击。对于需要动态刷新标签身份标识（ID）的一类 RFID 协议，容易遭受此类攻击。

9.4　RFID 隐私保护协议

RFID 隐私保护是指保护 RFID 标签的 ID 不被非法阅读器获得并追踪。但是，当一个阅读器与 RFID 标签发起通信协议时，RFID 标签的本能就是提供自己的 ID。要保护标签 ID，不能通过简单的加密方法，因为非法阅读器通过读取加密后的 ID 也可以实现追踪的目的。保护 RFID 隐私性的技术是让 RFID 标签 ID 不断变化，合法阅读器可以知道变化的标签 ID 属于同一个标签，但非法阅读器就失去了追踪功能了。实现 RFID 隐私保护的常用方法包括物理的方法和基于密码算法的方法。

9.4.1　物理方法

1.“杀死”或“休眠”标签

标签的隐私问题可以用一种简单的策略来解决，通过“杀死”命令将标签摧毁。例如，当消费者从超市购买商品时，可以在收银台结账时移除标签或直接“杀死”标签。“杀死”标签是指当标签从阅读器收到杀死（kill）命令时，标签立刻进入永久性的不可操作状态，并且无法恢复。一个很直观的攻击就是，攻击者发送 kill 命令给标签，所有响应 kill 命令的标签都将失效。所以，为了防止攻击者恶意摧毁标签，需要把 kill 命令用口令（pin）给保护起来。

摧毁或者丢弃标签能够有效地保护客户的隐私性，但是却损失了很多 RFID 标签带来的好处，如商品的智能退换、对老人的辅助等。在某些情况下，如图书馆和租书店，RFID 标签不应被摧毁，因为这些机构需要标签来跟踪用户的借书情况。所以，在具体的应用场景中使用摧毁标签这种策略时需要非常慎重。

另一种让标签失去功能的方法是让标签休眠，即让标签暂时性地失去响应。这种思路很简单，但是在实际中却很难处理。而且，处于休眠状态的标签不能提供真正的隐私保护。如果任何阅读器都能够唤醒标签，那么这种策略将完全不提供隐私保护服务。有些方案在唤醒标签时需要提供一个口令，这种策略和前面描述的"杀死"标签类似。

2. 裁剪标签

"裁剪标签"是 RFID 隐私保护的一种实现技术，消费者可将 RFID 标签的天线扯掉或者刮除，这样会大大缩短标签的可读取范围，使标签不能被远端的阅读器读取。这种方法弥补了"杀死"或"休眠"标签方法的不足，防止远端非法阅读器的窃听和追踪。

3. 法拉第罩法

法拉第罩法是根据电磁波屏蔽原理，使用金属丝网制成电磁波不能穿透的容器来存放带有 RFID 标签的物品。这种方法在不损坏标签的情况下可以保证消费者的隐私信息，起到和"杀死"标签一样的效果。这种方法可以被用来保证标签的安全，但是同样也可能被用于偷窃等非法行为。

4. 屏蔽标签

屏蔽标签的策略是基于标签上的标志位。在标签中选择 1 比特作为标志位，当标志位为"0"时，标签可以被扫描；当标志位为"1"时，标签就进入隐私状态，不能被扫描。这种特殊的标签可以阻止对标签多余的扫描。

考虑一个超市的应用场景。当标签初始化时，把它们的隐私位设为 0，让这些商品可以被人购买。任何阅读器都可以扫描它们。当某个顾客购买了某件商品，超市的收银机扫描过后，这个商品上的标签的标志位将被置为 1，这时标签将进入隐私状态。这种方式和前面的"杀死"命令类似。一旦标签进入隐私状态后，标签将不执行任何无线传输的指令。当顾客回到家之后，去掉购物袋上的屏蔽标签，再放到使用 RFID 技术的智能冰箱里，冰箱就能够扫描每一件商品。采用这种策略，顾客在需要的时候能够从屏蔽标签得到隐私保护，并能够同时使用到 RFID 的便捷特性。

当然，屏蔽方案也有局限性。对于一个不可靠的 RFID 标签，甚至一个状态完美的屏蔽也可能失败。一个恶意的阅读器可以利用增强的信号去过滤掉屏蔽标签的信号，实现对被屏蔽标签的扫描。对于实际中针对 RFID 设备恶意的难以预料的行为，攻击方和防守方都应该按照实际情况来评估。

9.4.2 基于密码算法的方法

1. 随机化标签 ID

为了保护隐私，RFID 标签在跟阅读器通信时，需要不断改变身份标识 ID。一种可行的方法是，每个标签存储一定的伪随机数，每次通信时循环使用这些随机数当作自己的 ID。这样对于阅读器的每次查询，标签都释放出一个新的随机数。一个合法的阅读器能够存储所有标签中的随机数，故能识别出不同随机数所对应的标签。但是非法阅读器中缺少标签中随机数的信息，不能正确区分出两个不同随机数是否指向同一个标签。为了防止攻击者收集标签中的随机数，从而得到完整的随机数集合（这样攻击者就能够区分出不同的标签）。有一种改进的方法可以用来避免这种情况：当遇到很密集的查询时，标签就减慢自身的响应速度，这样，攻击者需要花费大量时间才能搜集到标签的随机数集合。除此之外，还能对这种系统再进行改进：当阅读器与标签成功认证后，阅读器刷新标签中的随机数集合，这样可以保证随机数的新鲜性。但是需要注意的是，设计这类刷新标签中信息的协议时，需要避免攻击者进行去同步化攻击。

2．加密标签 ID

为了解决跟踪的威胁，可以采取对标签 ID 进行加密。但追踪者不需要知道真正的标签 ID 是什么，只需要知道两个地方的标签 ID 是不是同一个，即使将标签 ID 加密，加密后的密文也可能保持不变，这同样不能解决被追踪的问题。但是概率加密算法可以解决这个问题，即对同一明文，概率加密算法每次都产生一个不同的密文，这些不同的密文之间没有明显的关联，看上去像是独立的随机数。从概率加密算法的原理上，假的算法所产生的密文与随机数不可区分，算法中所使用的随机数具有好的随机性，则每次输出的密文都与随机数不可区分，不同密文之间没有任何关联。

事实上，不需要概率加密算法也能实现密文不可追踪的效果。例如，使用一个确定性加密算法，但每次加密标签 ID 时，添加一个随机数 R，即实际加密 ID$\|R$，这样得到的密文也具有一定的随机性，虽然达不到与随机数不可区分的程度，但对攻击者来说，不同密文之间是没有关联的。无论使用什么方式使密文发生随机性变化，对合法的阅读器来说，都能通过正确解密得到真正的标签 ID，从而完成对标签的识别和认证。

上述 ID 加密方法的局限性在于，如果系统对所有标签都使用同一个解密算法，则存在安全问题，一旦一个标签被物理俘获后获得其中的密钥，则整个系统就失去了安全性；如果每个标签有自己单独的密钥，那么阅读器不知道应该使用哪个标签对应的密钥，需要遍历所有标签的密钥，直至发现合法的标签身份，这种方法效率太低，而且随着标签数量的增加，后台处理计算代价也呈线性增长。

基于标签个性化密钥配置，通过一定的安全协议，可以提高识别标签 ID 的效率。下面给出一个具体的 RFID 隐私保护的例子，以说明在实现 RFID 身份标识的同时，如何提供标签 ID 的隐私保护（即抗追踪性）。这个方案是由 Molnar 和 Wagner 等提出的，称为 MW 协议，如图 9.3 所示，图中 $R\{0,1\}^l$ 表示长度为 l 的一个随机二元字符串集合。该协议采用了暴力搜索方法来解决这个问题，从效率方面来讲，这并不是一个很好的解决方案。

图 9.3 说明了 Molnar 和 Wagner 提出的 MW 协议的整个协议流程。该协议提供了标签和阅读器之间的

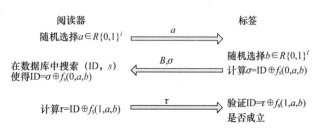

图 9.3
MW 协议

双向认证，并且可以防止攻击者伪造、跟踪和非法识别标签。协议的具体执行过程描述如下。

1）RFID 标签的身份标识符 ID 被同时储存在 RFID 标签和系统数据库中。标签和数据库同时共享了一个秘密 s。

2）认证协议由阅读器首先发起，它产生一个随机数 a 并发送给标签。

3）标签收到 a 之后，产生一个随机数 b 并且返回应答消息 $\sigma = \text{ID} \oplus f_s(0,a,b)$，其中 f_s 是一个伪随机数函数（可以用分组加密算法实现，例如 AES）。

4）阅读器收到标签的应答后，在数据库中搜索 (ID, s) 数据对，使之满足条件 $\text{ID} = \sigma \oplus f_s(0,a,b)$。找到了满足条件的 ID 之后，阅读器对标签的认证成功，反之失败。

5）为了达到双向认证，阅读器发送反馈消息 $\tau = \text{ID} \oplus f_s(1,a,b)$ 给标签。标签收到消息后，通过验证 $\text{ID} = \tau \oplus f_s(1,a,b)$ 是否成立来认证阅读器。

为了认证一个标签，可能需要对数据库中储存的 n 个秘密进行一次彻底的搜索。系统的工作负载与标签的数目呈线性关系。实际上，认证一个标签平均需要进行 $n/2$ 次匹配操作，即计算是否满足 $\text{ID} = \sigma \oplus f_s(0,a,b)$。令 θ 为计算单个（ID，s）对是否匹配需要的时间，则对每个标签进行一次认证的时间为 $t=n\theta/2$。对于标签数量较大的情况，显然这种策略是不太实用的。针对这种情况，Molnar 和 Wagner 后来又提出了一种改进的基于平衡树的策略，这种方法将系统的工作强度从 $O(n)$ 降到了 $O(\log n)$。另外，还有许多这类 RFID 隐私保护方案可以降低认证标签 ID 所需的计算量。

9.5 RFID 距离限定协议

无论 RFID 标签和读写器使用什么密码算法，攻击者都可以使用如下攻击方式：制造一个假的 RFID 标签阅读器和假的 RFID 标签，在假的阅读器和标签之间有快速通信通道连接。将假的阅读器靠近一个真实合法的 RFID 标签，同时让假的标签靠近一个合法阅读器。当真实合法的标签反馈数据时，假的阅读器将反馈数据发送给假的标签，假的标签再提供给合法阅读器。对合法阅读器反馈的信息，假的标签也同样发送给假的阅读器，然后假阅读器将此信息反馈给真实合法的标签。这种攻击实际是在真实合法的标签和合法阅读器之间架起一个传输通道，通过假标签和假阅读器之间的接力传递，使合法标签和合法阅读器之间完成信息交互。这种攻击被称为接力攻击。

接力攻击对门禁卡一类的 RFID 标签具有明显威胁。例如，FBI 员工使用的门禁卡都使用了密码技术，传统的攻击无法得逞，那么接力攻击就可能奏效。另外一个例子更具有生活意义：假设银行发行了一种基于 RFID 技术的信用卡。在一个游泳馆内，游客将信用卡放置到更衣室的柜子里。窃贼通过伪造一个 POS 机和信用卡片，就能够成功盗刷信用卡。这个伪造的 POS 机和信用卡片通过某种技术相连。窃贼的攻击方法如下：首先在一个超市里，拿出假的信用卡，与超市的 POS 机进行交易；当超市的 POS 机发起认证请求时，假的信用卡将接收到的请求传回到假的 POS 机；这时窃贼的同伙，拿出假的 POS 机到更衣室里扫描；放在更衣室柜子里的信用卡收到假的 POS 发起的认证请求后，做出正常的应答；假的 POS 机收集到应答之后，再将应答传回给假的信用卡；然后假的信用卡将应答发送给超市里的 POS 机。这样，假的信用卡就成功地伪装成了更衣室内的信用卡，成功进行了一次盗刷。这样的威胁在于，窃贼甚至可以盗刷异地的信用卡，这样无形中增加了追查窃贼的成本。

考虑到接力攻击是在合法 RFID 标签与合法阅读器有一定物理距离的情况下实施的，而无线信号传输和处理都需要时间，人们提出了应对接力攻击的方法，这种方法就是 RFID 的距离限定协议（distance bounding protocols）。

距离限定协议的目的是对协议通信两端的距离进行限定，保证一端的距离在另一端的有效范围之内。这种协议的一个很大优点就是可以方便地嵌入到现有的 RFID 协议中去。

一般来说，距离限定协议可以分为两个大类，一类协议需要在最后阶段发送一个签名，另一类协议不需要发送最后的签名。在需要签名的方案里，由于增加了额外的运算量，所以在安全性上要比不使用签名的方案较优一些，但是签名算法通常代价都非常高，所以对于一般的物联网应用不采用这种方案。

距离限定协议有很多种方法可以实现。一种是采用 GPS 来进行定位，进而利用这些位置信息来确定通信双方的距离，从而实现距离限定的目的。但是对于 RFID 系统来说，使用 GPS 模块的成本太高，并不太适合。还有一些学者提出利用信号噪声比（信噪比）的方法来进行距离测量，通信双方间隔的距离越远，信噪比则越高，反之亦然。信噪比可以作为度量双方距离的一种指标。但是这种方法有着一个明显的缺点，对于不怀好意的标签，可以通过增强信号来欺骗阅读器。一个并不在限定距离范围内的标签，通过发送一个较强的信号，就可以让阅读器认为其在限定的距离之内。

还有一种方法就是利用路程往返时间（round trip time，RTT）来进行距离测量。这也是本节中将要介绍的方法。这种方法就是利用光速有限的原理。光速是信号传播的极限，在限定的时间内，任何信号在任意介质中传播的距离都不可能超过光在真空中传播的距离，因此，光传播的距离也就是双方可能距离的最大值。所以通过这种方法，就能够将两方的距离限定在一定范围之内。协议的验证方 P（通常是阅读器）发送一个比特的消息 r_1（即 0 或 1）给证明者 V（也就是标签），然后 V 返回一个比特的信息 r_2。V 记录下发送和接收消息花费的时间，判断时间是否超出范围，并验证 r_2 是否有效。如果时间没有超出限制，并且 r_2 有效，则说明 P 确实是在 V 的限定范围之内。

在大部分的距离限定协议中，都是采用 RTT 的方法来对距离进行限制。假定验证者 P 发起挑战的时刻为 t_1，P 收到证明者 V 发送回来的应答的时刻为 t_2，V 处理 P 的挑战所花费的时间为 t_d，那么 P 和 V 之间最大的可能距离 d_0 可由下式确定：

$$d_0 = c \times \frac{\Delta t - t_\mathrm{d}}{2}, \ \Delta t = t_2 - t_1$$

其中，c 是光的传播速度。

距离限定协议可以在理论上防止 RFID 的接力攻击。但当 RFID 真实标签离合法阅读器之间的物理距离不是很远（如公司门口的停车场），而且接力攻击所用的设备处理能力很强时，距离限定协议的保护效果就不明显。接力攻击的代价很大，而通过管理方法来防止这种攻击的成本可以很低，例如，让 RFID 标签持有人将标签放在一个屏蔽的卡袋内，只有使用时才拿出来。这种简单的物理操作比许多距离限定协议都更有效而且经济。

9.6　RFID 距离限定协议的安全威胁

针对 RFID 距离限定协议，主要有以下攻击类型。

① 仿冒攻击　攻击者伪装一个标签，欺骗阅读器使之认为它是系统中的一个合法标签。这种攻击类型和传统的认证协议中的仿冒攻击是一样的。

② 距离欺骗　对于某些不怀好意的标签，在阅读器限定的距离之外，欺骗阅读器使之认为其在合法的范围内。

③ 中间人欺骗　攻击者同时与标签和阅读器进行通信，收集标签发送的消息，并利用这些来欺骗阅读器，使得阅读器认为攻击者是一个合法的标签，并且距离在限定的范围之内。

9.7　小结

本章简要介绍了 RFID 系统的几种安全技术。RFID 系统虽然仅仅是一种用于标识、识别和认证一种电子身份标识的无线射频识别技术，但却带来许多复杂的安全和隐私问题。RFID 的安全和隐私保护技术涉及许多学科，包括信号处理、硬件设计、供应链管理、密码学技术等。由于 RFID 硬件能力的限制，在设计 RFID 应用时，需要尽量将操作轻量化，降低硬件的负担。但是采用轻量化的操作之后，有可能会带来一些新的安全问题。所以，如何设计出既安全又轻量的应用，是一个需要不断完善的课题。

习题

1. 一个 RFID 系统包括哪几个组成部分？
2. RFID 有哪些方面的安全威胁？
3. RFID 隐私保护的目的是什么？什么方法可以提供 RFID 的隐私保护？
4. RFID 接力攻击是什么？如何防护？
5. 什么是距离限定协议？距离限定协议的基本原理是什么？

实践篇

第 10 章　针对物联网安全等级保护的安全测评

目前，在物联网安全的国家标准制定方面，有多个标准正在制定中。不同标准在安全要求的角度、粒度、范围等方面都有所区别。本章以物联网安全等级保护国家标准的基本思路为基础，分析物联网感知层的安全要求和相关的测评方法。

根据网络安全等级保护基本要求的国家标准，对一个信息系统的安全保护，一般需要考虑物理和环境安全、网络和通信安全、设备和计算安全、应用和数据安全等方面。物联网安全标准的制定主要针对感知层，因为其他逻辑层的安全有其他标准与之对应。物联网感知层的安全要求也从这几方面进行考虑。

在对安全等级的划分方面，主要考虑两方面的因素，即可能遭受网络侵害的设备所提供服务的重要性，以及网络攻击可能对设备所造成的危害程度。一般对等级保护的划分原则可参考如表 10.1 所示原则。

表 10.1　等级保护的划分原则

受侵害的客体	对客体的侵害程度		
	一般损害	严重损害	特别严重损害
公民、法人和其他组织的合法权益 ，一般领域的物联网系统运行	第一级	第二级	第二级
社会秩序、公共利益和重要公共财产，重点领域的物联网系统运行	第二级	第三级	第四级
国家安全、国家经济安全，关键领域的物联网系统运行	第三级	第四级	第四级

本章从等级保护的国家标准所考虑的几个方面分析物联网系统应该具有的安全要求，即在物理和环境安全、网络和通信安全、设备和计算安全、应用和数据安全等方面的具有现实意义的安全要求，但不考虑如何对这些安全要求划分等级。

10.1 传统安全标准对物联网的不适应性

在信息安全保护方面有多个国家标准，多为推荐标准。在信息安全等级保护方面，具有代表性的国家标准是 GB/T 22239—2008《信息安全技术 信息系统安全等级保护基本要求》。另外还有设计技术要求和测评要求等标准，与基本要求共同构成一个等级保护标准体系。

随着网络技术的发展，特别是物联网等新兴信息技术的发展，这些标准的局限性也逐渐显现，已经不能适应新形势的需求，需要对该标准进行更新和扩充，使其覆盖在物联网、云计算等领域的安全要求。

与传统的物联网系统相比，物联网系统和典型的物联网设备具有一些特殊性，如下所示。

① 资源受限 许多物联网终端感知节点资源受限，成本低廉。

② 通信多样 短距离通信多样化，仅短距离无线通信就包括 ZigBee、433、蓝牙、Wi-Fi、RFID 通信协议（ISO 系列标准）等。

③ 可移动 许多终端节点是可移动的，包括手机、车载终端这类资源不受限的节点。

④ 不稳定 一些感知节点工作不稳定，如使用太阳能的节点、可穿戴的节点等。

⑤ 无人监管 一些传感器节点可能散布在无人值守的区域，但信息传输需要受到安全保护。

鉴于物联网的这些特殊性，针对传统信息系统所制定的安全标准中有许多条款不适合物联网环境，因此对物联网这类新技术和新应用，需要制定有针对性的标准条款。

10.1.1 物理和环境安全方面的不适应性

一般信息系统的物理和环境安全包括物理位置选择、物理访问控制、防盗窃和防破坏、防雷击、防火、防水和防潮、防静电、温湿度控制、电力供应、电磁防护等方面。但物联网感知层的许多设备不适合这些要求。例如，防水、防潮的要求不适合湿度传感器，防火要求不适合火炉内部的温度传感器，而防盗窃、防破坏等要求，对许多低成本传感器都不适合。因此，物联网感知层的物理和环境安全应该有其特殊的要求。

感知层物理和环境安全的要求主要是保证环境能使感知层设备处于正常工作状态。

10.1.2 网络和通信安全方面的不适应性

一般信息系统的网络和通信安全包括网络架构、通信传输、边界防护、访问控制、入侵防范、恶意代码防范、安全审计、集中管控等方面；而物联网感知层的网络和通信安全主要包括接入控制和入侵限制，原因是许多物联网感知层的设备不具有一般信息系统的安全防护能力。

接入控制主要是采用一定的技术手段以及身份认证技术等，确保只有授权的感知层设备才可以接入网络。

入侵限制不是防止网络入侵，因为许多物联网设备本身不具有这种能力，一些功能强大的物联网设备类似于一台计算机，可以作为一般信息系统进行安全防护。但是，物联网设备可以发起对其他网络节点的攻击能力，虽然这种能力非常弱，但通过数量庞大的物联网设备，可以对目标网络形成拒绝服务攻击的效果。2015 年发生在美国的网络分布式拒绝服务攻击事件，就是有很多物联网设备参与的一次网络攻击。对物联网感知层的入侵限制，是指通过对与感知层设备通信的目标地址进行适当限制，达到避免对陌生地址发起攻击的目的。

从整体上看，感知层设备在网络和通信安全方面所能做的非常有限，因此实现技术也需要简单实用。

10.1.3　设备和计算安全方面的不适应性

一般信息系统的设备和计算安全包括访问控制、安全审计、入侵防范、恶意代码防范、系统资源控制等方面，而物联网感知层对设备和技术安全的要求需要根据设备资源情况满足信息系统的部分安全要求，有些设备因资源受限可能无法实现访问控制功能，虽然可以实现简单的安全审计，但很难实现恶意代码检测方法，几乎不能实现系统资源控制。如果物联网感知层设备功能强大到相当于或近似于一台计算机，则可以当作传统信息系统对待，需要满足一般信息系统在设备和计算安全方面的要求。

10.1.4　应用和数据安全方面的不适应性

一般信息系统的应用和数据安全包括身份认证、访问控制、安全审计、软件容错、资源控制、数据完整性、数据保密性、数据备份恢复、剩余信息保护、个人信息保护等方面，而物联网感知层的应用和数据安全除了包括上述部分功能外，还包括数据的新鲜性。

但是，物联网感知层设备能否提供访问控制、安全审计、软件容错、资源控制、数据备份与恢复、剩余信息保护、个人信息保护等功能，要根据这些设备是否具有一般信息系统功能的具体情况进行区别。物联网感知层的一些设备可能不具有上述能力，甚至不需要处理个人信息，因此，这类安全要求一般不适合物联网感知层设备。

10.2　物联网安全的等级保护标准

物联网安全等级保护国家标准的目标，一方面是强调网络环境下网络攻击的多样性，重视应对网络攻击下的安全防护能力；另一方面是针对物联网的特点，制定有针对性的安全规范要求。

10.2.1 物理和环境安全标准

对物联网设备和传感网络，在物理和环境安全要求方面，不再要求防水、防火等能力，取而代之的是对设备所安装的物理环境的要求、设备工作状态的要求、设备工作电能供应的要求。

- 安装环境对设备不造成伤害。感知层的设备所处的物理环境应不对这些设备造成物理破坏，如挤压、强震动等，以保持设备的正常工作状态。
- 设备安装环境能反映环境的真实信息。要求感知设备的安装环境应能正确反映环境状态，例如温湿度传感器不能安装在阳光直射区域。
- 设备的安装环境不受外界严重影响。要求感知层设备在工作状态所处物理环境应不对这些设备的正常工作造成影响。例如，当安装环境有外来强干扰或阻挡屏蔽等都不适合。
- 设备具有长时间电力供应。要求关键感知层设备应具有可供长时间工作的电力供应。所谓长时间工作，是指其电力供应能完成正常的业务，而且电力供应不应该成为应用中的负担。例如，使用交流电，这一要求自然满足，但如果使用电池供电，则需要在功耗和电池性能方面达到合理的折中，使更换电池的时间不因太短而造成应用上的不方便。

对一些功能比较强的感知节点设备，如物联网网关节点设备，许多行业应用中可以为其提供交流电供电。但由于不同行业对电力持久性的要求程度不同，因此具体到何种供电方式，可以由具体行业领域再进一步规范。

10.2.2 网络和通信安全标准

传统信息系统在网络和通信安全方面的要求规范，都超出物联网通信功能部件的能力。物联网从事网络通信的一般仅仅是一个通信模块及基本处理单元，根本没有能力从事边界防护、访问控制、入侵防范、恶意代码防范等工作。针对物联网这一特色性，在网络和通信安全方面，可以制定如下安全要求。

① 接入控制　要求感知设备应有能力对接入设备的身份进行认证，拒绝非法设备的接入。

② 外接控制　要求物联网通信模块应能限制与其通信的目标地址，例如只允许与一个或几个固定的通信地址进行通信。这种要求的目的是避免遭到网络入侵攻击后成为网络"肉鸡"，受攻击者的控制参与到对某个陌生地址的 DDoS 攻击中。

10.2.3 设备和计算安全标准

物联网设备资源有限，不能像传统信息系统那样可以进行访问控制、安全审计、入侵防范、恶意代码防范等安全保护。根据物联网设备的特点，在设备和计算安全方面，可以制定如下要求。

- 物联网设备应有能力对与之连接的设备进行身份认证，以确定身份的合法性，避免遭受非法篡改。
- 感知层设备关键参数在线更新能力问题，要求授权用户能够在设备使用过程中对关键参数（例如密钥）进行在线更新。
- 物联网设备保护自身的软件和配置在被更新和修改时，能鉴别修改指令的合法性。
- 软件更新升级问题，要求只有授权的用户可以对感知节点设备上的应用软件进行更新和升级。
- 最大连接数问题，要求网关设备能限制与其连接的设备的最大数量。

10.2.4　应用和数据安全标准

物联网系统在应用和数据安全方面也有其特殊性，不能像传统信息系统一样提供那么多的安全功能。根据物联网的特点，在应用和数据安全方面，可以制定如下要求。

① 身份认证　物联网感知层的应用和数据安全需要有能力进行身份认证，以区别真假通信节点和用户的合法性。

② 数据机密性保护　需要有能力提供数据保密性，确保数据在传输中其内容不被非法窃取。

③ 数据完整性保护　需要有能力进行数据完整性保护，确保数据在传输中一旦被非法篡改，可以准确识别。

④ 数据新鲜性保护　需要有能力提供数据新鲜性保护，确保能检查所接收的消息是否为过期的消息，从而抵抗数据重放攻击和修改重放攻击。

10.3　针对物联网安全等级保护标准的测评方法

针对如上所提的一些安全要求，物联网设备和物联网系统应满足所要求的安全保护能力。但是实际情况如何，需要进行安全测评后才知道。

那么如何进行安全测评呢？根据信息安全等级保护国家标准的要求，需要针对物理和环境安全、网络和通信安全、设备和计算安全、应用和数据安全等方面分别进行测评。与传统信息系统的安全测评一样，测评方法分为以检测人员人工判断为主的现场检测、通过获取现场数据进行分析的被动测评、通过模拟攻击进行分析的渗透性主动测评等方法。

10.3.1　物理和环境安全测评方法

物联网在物理和环境安全方面的要求，主要是对环境、安装、供电等方面的要求。这些要求不属于传统的信息安全指标，但作为一个系统的整体安全，是不可或缺的重要组成部分。

要检测感知节点设备所处的物理环境是否对感知节点设备造成物理破坏，如挤压、强震动等，可以进行现场观察和检测，通过使用测压设备和测震动的设备进行测量，再根据被测物联网设备对这些指标的要求情况，可以判断环境因素是否合规。

要检测感知节点设备在工作状态所处的物理环境是否对感知节点设备的正常工作造成影响，如强干扰、阻挡屏蔽等，可以到现场观察和检测，使用信号检测专业设备进行测量，再根据被测物联网设备所处的物联网系统对这些指标的要求情况，可以判断该环境因素是否合规。

要检测感知节点设备在工作状态所处物理环境是否能正确反映环境状态，例如温湿度传感器是否安装在阳光直射区域，导致所测数据不能反映真实的环境数据，可以到现场观察和检测，多数情况下，根据检测人员的常识就可以判断是否合规。但这类测评需要持续一定的时间跨度，例如上午检测没问题，不代表下午检测没问题；白天检测没问题，不代表晚上检测没问题。因此，对这类环境因素的检测，应该持续一个合理的时间段，如 24 小时。

要检测感知节点设备是否具有持久稳定的供电能力，只需检查设备的电能消耗速度和总电量之间的关系就可以计算出供电时间。对一般物联网节点设备来说，电池供电应至少满足 6 个月的用电量。如果是交流电供电，则该项要求被认为符合电力供应方面的要求。

10.3.2 网络和通信安全测评方法

物联网在网络和通信安全方面的要求，主要包括两个方面：一是外部设备接入时，对通信设备的身份认证；二是连接外部设备时，限制与其通信地址的自由度。

对通信设备身份认证的测评，被动测评无法完成，需要使用渗透性攻击式主动测评方法。可使用如下步骤进行渗透性测评。

1）使用专业设备，模拟一个新的通信终端，与被测设备进行通信。如果被测设备没有发现测试设备身份的非法性并予以阻止，则被测设备不符合该项安全要求，即不能通过该项测评。

2）使用专业设备，假冒被测设备所在系统中某一合法节点的身份与被测设备进行通信。如果被测设备没有发现测试设备的身份为非法假冒并予以阻止，则被测设备不符合该项安全要求，即不能通过该项测评。

对限制通信地址这一功能的测评，单纯通过分析获取数据的被动测评方式也是无法达到预期效果的，必须使用渗透性主动测评技术。

测评前首先应掌握被测设备网络的无线通信端口、指令格式等信息，然后执行如下测评步骤。

1）以一个新地址（如 IP 地址）与被测设备进行通信。如果通信成功，则说明被测设备对新的通信地址不进行过滤，即不能通过该项测评。

2）使用一个定制化的设备，按照无线通信端口和指令格式要求，试图修改被测设备可接受的通信地址。修改后以新地址与被测设备进行通信。如果通信成功，则说明被测设备没有保护好目标通信地址，即不满足该项安全要求，不能通过该项测评。

实际测评时，上述两个指标的测试方法应该结合使用。如果一个指标测试未通过，即渗透性测试过程能渗透成功，则在对另一项指标测试时，可以借用这一指标渗透成功的方法。

10.3.3　设备和计算安全测评方法

对物联网在设备和计算安全方面的测评，应根据安全要求分别测评。

对接入设备的身份认证测评，需要首先判断是设备身份还是人的身份。无论设备身份还是人的身份，都对应多种实现技术，因此也对应多种测评方法。

对设备关键参数在线更新能力的测试，可以操作对相关参数的在线更新过程，再根据操作结果完成测试。考虑到设备的可移植性，应该允许合法的授权用户在通过身份认证条件下对设备的关键参数进行修改，包括对设备自身的身份标识、地址配置、与之通信的固定地址、密钥、计数器等重要参数的修改。

另外，对重要参数的修改指令应该在加密算法控制下执行，避免非法入侵者对设备参数的恶意篡改。对一些关键性物联网设备，如大型物联网网关设备，应该只允许通过物理接口才能对其核心参数进行修改。这类设备可以当作信息处理设备对待。因此，并不是应用于物联网系统的所有设备都是具有物联网特征的物联网设备。

对物联网设备自身软件和配置更新时是否能鉴别修改指令的合法性，可使用渗透性测试方法，即模拟攻击过程，尝试使用非法用户的指令，或以某个合法用户身份伪造修改指令。如果任何一种假的修改指令被成果执行，则说明该功能不符合安全要求。

对软件更新问题测评时，可以尝试以不同的身份操作软件升级过程。被测评的目标设备所使用的软件版本应该低于现有软件的版本。如果这样的设备不存在，则需要制造一个假的软件更新版本用于测试，然后操作软件升级过程。

对最大连接数问题，实际就是测评物联网网关设备是否设置了最大连接数。这种测评可以使用一个模拟设备，以不同的虚拟身份标识向被测目标设备并发性地发送数据，然后检测有哪些连接可以成功，并计算这些连接数。这种测评的前提是，虚拟的身份对目标设备来说都是合法的，而且拥有合法的密钥用于身份认证和数据加密等保护。

10.3.4　应用和数据安全测评方法

物联网系统在应用和数据安全方面的要求包括身份认证、数据机密性、数据完整性和数据新鲜性。除了数据新鲜性外，这些安全要求也是传统信息系统最基本的安全要求。

对身份认证、数据机密性和数据完整性方面的测评，将在 10.4 节详细讨论。这里重点分析数据新鲜性的测评方法。数据新鲜性的目的就是提供抗重放攻击的能力，包括抵抗修改重放攻击的能力。

为了避免对历史数据的重放攻击，物联网设备需要有能力鉴别数据的新鲜性，避免遭受重放攻击。提供数据新鲜性的常用方法是使用计数器或时间戳，两种方法各有优缺点。但如果单纯在被保护的数据中附着计数器或时间戳，则攻击者会尝试修改用于标注数据新鲜性的参数，即修改计数器或时间戳，试图使修改了部分参数的历史数据被目标设备接受，此时物联网设备需要有能力鉴别这种针对数据新鲜性的非法篡改，使得即使经过非法篡改的数据，其新鲜性也能被正确检验。

重放攻击与修改重放攻击的区别是，前者将截获的历史数据直接发送给目标设备，后者则对截获的历史数据进行智能化修改，然后发送给目标设备。无法预知攻击者将对数据进行怎样的智能化修改，但其基本思想是让目标设备认为所接收到的数据看上去是新鲜的。如果对数据新鲜性保护做得不科学，则这种修改攻击可以成功，例如当仅使用一个时间戳来标注数据的新鲜性时，攻击者完全可以替换时间戳，保留历史数据，这样，即使历史数据处于加密状态无法被非法篡改，但修改后的重放攻击仍然可以被目标设备接受，误认为是一个新鲜的合法数据。这时修改重放攻击就成功了。

安全测评的目标是既能检测对重放攻击的过滤，也能检测对修改重放攻击的过滤。检测方法是使用一种攻击性渗透测试工具，截获发送给目标设备的数据，然后过段时间重新发送，检查这种重放的数据是否被接受；另外就是对截获的历史数据进行修改，将时间参数（如果有的话）替换为最新数据；将计数器的值（包括那些受怀疑的值）进行递增，然后进行重放，检测重放的数据是否被目标设备接受。

这里需要说明的是，在测评过程中，必须有一种方法辨别一个数据是否被目标设备接受，否则无法判断测评过程所产生的结果。为此，有些物联网设备需要进行适当改造，使其成为被检测的样本设备。例如，当一个数据被成功接受时有一个明确的音频或视频信号；如果一个数据被认为非法而抛弃，也以不同的音频或视频信号进行反馈。这说明对物联网设备的安全测评，不一定必须针对系统中使用的原样设备进行测评。当然，接受测评的样本设备可以由被测单位提供，也可以使用测评工具动态搭建。

10.4 身份认证、数据机密性和数据完整性的测评技术

机密性（confidentiality）、完整性（integrity）和可用性（availability）是信息安全的三个基本要素，而可用性体现在密码技术的实现方面主要是身份认证。因此有必要更深入地分析这三个基本要素的安全测评技术。这里讨论的安全测评技术主要以物联网系统为应用背景。

10.4.1 身份认证测评技术

在物联网感知层，身份认证技术主要是对于感知层设备的身份认证，这种设备可以是感知层的设备，也可以是网络层或处理层的设备，如网络路由器、数据服务器等。这些设备的身份标识一般为 IP 地址，或其他类型的地址类身份。对用户账号的认证技术，取自传统信息系统的相关技术。

对物联网感知层设备的身份认证测评，主要检测这些设备是否提供了支持自身身份

认证的数据；对于物联网感知层设备通信刘设备的身份认证测评，主要检测这些设备提供对身份认证数据是否符合要求，以及接收数据的物联网感知层设备是否具有验证这些身份认证数据的能力。

在传统信息系统中，身份认证一般通过"挑战-应答"协议完成，而且使用数字签名是一种常用的技术手段。在 4.3 节中给出了在不同安全配置（即信任根配置）下如何实现身份认证的实例，一种为预置对称密钥配置，一种为公钥证书配置。从这些实例不难看出，对物联网感知层，可以使用轻量级的认证协议，不需要挑战-应答，这样可以节省通信资源。

针对上述给出的身份认证协议、数据机密性和完整性保护方法，如何进行安全测评呢？虽然安全测评是对符合性要求的验证，但不能验证是否符合本章中设计的安全协议，因为本章中的安全协议只是示例，这样的符合性验证不具有普适性，不适合对物联网感知层一般身份认证的验证。考虑到身份认证的目的就是防止假身份，可以设计这样的身份认证安全测评方法：替换通信中的身份标识，检查修改后的消息是否被正常接收和采纳。如果是，则表明身份认证功能不符合安全要求。当然，实际中需要多次重复这样的身份替换验证，如果每次都能被识别，才能通过对身份认证的安全测评。这种对身份认证的安全测评属于渗透性安全测评，具有普适性，不受具体身份认证协议的影响。

下面给出两个安全测评实例。

实例 1：假设与被测设备（记为 T）进行通信的设备有两台或以上，包括设备 A 与设备 B。这种情况下捕获设备 A 与设备 B 的数据包，将两个数据包中表示身份标识的字段进行互换，然后分别发给设备 T。如果任何一个修改后的数据包被接收并采纳，则对身份认证指标的测评结果为失败；如果这样的检测重复多次，都没有测评失败的情况，则表示符合对身份认证这一指标的测评要求。

实例 2：假设与被测设备 T 进行通信的设备只有一台，记为 E。这种情况下捕获设备 E 发给设备 T 的数据包，将数据包中表示身份的那些字段用随机产生的字段替换，然后将修改后的数据包发给设备 T。如果修改后的数据包被采纳（需要有声光信号分别表示采纳和拒绝），则表示对身份认证指标的测评结果为失败；如果这样的检测重复多次，都没有检测到失败的情况，则表示符合对身份认证这一指标的测评要求。

10.4.2 数据机密性测评技术

直观上理解，数据机密性测评就是验证用户提供的密文数据与明文数据是否匹配。为了使这一测评更客观，应该现场捕获被测数据进行检测。为了检查明文数据（用户提供，或被测设备可以显示）与密文数据（现场捕获）匹配，需要被测设备的用户提供加密密钥，检测设备也应该有正确的解密算法，才能完成这种检测。

但有时候被检测的设备可能是用户的实际业务数据，不方便提供解密密钥，这种情况下也只能针对被检测的数据本身进行分析。对数据机密性的检测实际是检测机密性技术是否真实存在，这种情况称为对机密性之存在性的测评。

（1）对数据机密性之存在性的安全测评

在物联网感知层中，要检测一个数据包中的数据是否是经过加密处理的，不是一件容易的事。因为很多传感器数据量很小，几个字节就能表示。例如，使用 4 字节表示抄表数据、一些传感器数据，就绰绰有余。如何根据数据本身去判断是否已经被加密了呢？这就看检测者是否掌握正确的加密密钥。因此，对数据的机密性检测分为两种情况，即机密性的存在性检测和机密性的正确性检测。

数据机密性的存在性检测，即在不掌握密钥信息的情况下判断数据是否已被加密，即判断传输的数据为明文还是密文。假设数据字段在捕获的数据包中的位置是明确的，因为标准通信协议中很容易确定数据载荷（payload）的位置，而对使用私有通信协议的情况，被检测部门有义务告知检测机构具体的业务数据位置。假定被检测的数据已经从捕获的数据包中分离出来了，因此，对机密性之存在性的测评问题就是检测这段数据是明文数据还是密文数据的问题了。

很明显，检测明文还是密文最直观的方法就是判断数据有没有实际意义。一个传感器数据很小，而且本身具有一定的随机性，例如高精度温湿度检测设备，可能经常得到不同的检测数值。抄表类数据更是如此，随着对水、电、气消费的进行，抄表数据一直在发生变化。而且由于数据比较小，特别是一些更短数据（有时只需 2 字节即可）的情况，加密后的数据偶尔与有意义的数据格式相同的概率也很高，这样造成漏报（没有加密的明文数据被当作密文数据对待）和误判（加密后的密文数据被误判为明文数据）的概率可能是不可忽略的数值。一些测评标准不允许有误判的情况，而且漏报概率越低越好。

传统的检测数据随机性的方法是随机性检验，有多个不同的指标。前提是需要数量较大的数据量，否则检测结果错误率会很高。但针对物联网感知层数据，一般情况下很难获得用于随机性检测所需要的数据量。因此，传统的随机性检测方法不再适用，应该针对特殊应用提出新的针对小数据的随机性检测方法。

（2）对数据机密性之正确性的安全测评

当测评人员可以掌握数据加密所用的加密算法和密钥时，就可以检测数据机密性是否使用了正确的密码算法。这种情况下，安全测评过程就是在掌握明密文对的情况下，对密文进行解密，然后与明文进行比对。如果一致，则测评通过；否则不能通过。

当被加密的数据中某几个字段具有固定格式时，例如被加密的数据包含某个已知的身份标识，则安全测评人员无须掌握明密文对，仅对密文解密，然后比对已知固定格式的字段，就可以确定能否通过测评。

10.4.3　数据完整性测评技术

传统信息系统中一般使用消息认证码（MAC）实现对数据的完整性保护。例如，HMAC 就是使用一个密码哈希函数和一个密钥设计的消息认证码。当使用消息认证码时，原始消息数据和由消息认证码产生的输出一起发送，攻击者无论修改原始数据还是修改消息认证码的输出，都容易被收信方检测出来，从而起到数据完整性保护的作用。

对基于消息认证码技术的数据完整性保护，其测评方法根据测评前提条件的不同，分为数据完整性之存在性测评与数据完整性之正确性测评。

（1）数据完整性之存在性测评

这种测评的前提是知道被测数据在保护完整性时使用了基于消息认证码的方法，而且知道消息认证码所在的字段。这时对消息认证码所在的字段进行随机性检测即可。这种随机性检测与在数据机密性测评中所使用的随机性检测方法一样，都是基于小数据样本的随机性检测。

（2）数据完整性之正确性测评

这种测评的前提是测评人员除掌握上一种情况的知识外，还掌握数据使用的消息认证码和密钥。这时测评人员的测评过程，实际上就是数据接收方对数据完整性的验证过程，即使用密钥和消息认证码计算业务数据的消息认证码，然后与数据中对应字段进行比对，如果一致，则通过测评；否则不能通过。

但是，正如前面所看到的，使用消息认证码不是提供消息完整性保护的唯一方法，特别是物联网感知层需要轻量级数据完整性保护方法，因此，检测消息认证码输出部分的随机性作为安全检测方法不具有普适性，应该有更一般的方法。

（3）数据完整性渗透测试方法

根据数据完整性的定义，数据传输过程中任何非法篡改都能被收信方检测到。根据这一原理，进行安全测评时可以模拟攻击者对数据进行随意修改，然后检测修改后的数据是否被收信方正常接收并采纳。如果是，则表明不符合数据完整性保护要求。同样，这样的渗透性测试需要进行多次，如果渗透性测试始终不能成功，则可以说通过数据完整性安全测评；否则为不通过。

10.5　小结

物联网安全方面有多个国家标准。本章根据信息安全等级保护国家标准中所要求的几个方面，讨论了物联网系统应该具有的安全功能，以及对这些安全功能应如何测评。本章给出的测评方法不涉及技术细节，但根据本章的描述，不难找到相应的具体实现技术。

本章描述的测评方法是针对物联网安全等级保护的要求给出的测评方法。这里所给的方法只为了说明原理，不是国家标准规定的测评方法，更不是唯一的测评方法。另外需要说明的是，安全测评只能检测所使用的安全保护技术是否符合规范要求，即合规性检测，而不能保证系统的绝对安全，因为攻击者在实施攻击时，所使用的一些技术手段不容易被检测到，例如通过系统的 0-day 漏洞进行入侵时就很难被检测到。另外，攻击者在攻击过程中除了使用技术手段外，还可能结合社会工程学的一些方法，利用人性本身的弱点，达到其攻击的目的。

习题

1. 信息安全等级保护标准在哪几个方面进行了规范要求?

2. 请用具体安全指标说明信息安全等级保护标准为什么不能直接应用于物联网系统。

3. 物联网安全标准在物理和环境安全方面的要求与信息安全标准有什么不同?

4. 对数据机密性的安全测评为什么有时不能使用明密文对照的方法?

5. 数据机密性之存在性测评和正确性测评有哪些方面的不同?

6. 数据机密性之存在性测评与数据完整性之存在性测评方法有什么联系?

7. 数据的重放攻击和修改重放攻击分别是什么? 应如何防护?

8. 为什么对数据机密性之存在性测评和对数据完整性之存在性测评, 都可以使用基于小样本数据的随机性检测方法? 试分析这种随机性检测方法与传统的检测方法有什么不同。

第11章 感知层的安全指标和测评方法

安全技术是正向实施，安全测评是反向验证。安全测评是对安全技术实施的有效性、规范性进行验证的一种手段，包括对技术方法和管理流程的测评。一般来说，安全测评的目标是对合规性的测评，即检测某个系统是否符合标准要求的安全指标。

上一章描述的安全测评方法主要是针对国家等级保护体系的安全要求，从概念上描述了安全测评应该如何进行。但物联网感知层实际可能有很多安全需求，特别是不同的物联网行业有着不同的安全需求，针对这些安全需求都需要有相应的安全指标和测评方法。本章首先对物联网感知层的安全指标进行归纳，形成较为系统的安全指标体系，然后给出一种安全测评方法，主要是技术测评方法。本章给出的安全指标体系，目的是让读者认识到一个信息系统的安全需求远不只 CIA（机密性 C：confidentiality；完整性 I：intergity；认证性 A：authentication）这么简单。事实上，在实际应用中，本章列出的安全指标还可以进一步细化，比如按不同安全等级进行划分。由此可见实际应用中对安全保护需求的多样性。

需要说明的是，本章给出的安全指标体系可能不具有完备性，也就是说有些安全指标可能没有列举在内，特别是一些特殊物联网行业的部分特殊安全指标；也可能不具有必要性，即一些安全指标不是所有物联网行业中的物联网设备都需要的，事实上有些安全指标只有少数行业应用中才有需求。本章给出的安全测评方法，仅用于说明技术原理。在对实际系统的安全测评过程中，需要大量人员访谈、查阅资料等，这些属于非技术层面的测评过程，与技术测评共同完成测评过程。

11.1 感知层安全指标

物联网感知层安全是物联网系统安全的代表，因为物联网的网络层安全属于传统的通信网络安全范畴，有专门的安全测评方法体系；物联网的处理层安全属于云计算安全范畴，而云计算安全被划分为一项专门的研究领域，不在物联网安全中考虑，但物联网安全体系中可以借用云计算安全技术和测评方法。

对物联网感知层，本章从感知层设备的物理安全、运行环境安全、网络安全、数据安全、密钥管理以及可用性等几方面进行考虑。为了使本章的安全指标具有全面性，这些安全指标覆盖针对等级保护国家标准所要求的一些安全指标。为了便于标识，本章把所列出的安全指标进行统一编号。

11.1.1　物理安全指标

物联网感知层设备的物理安全是设备安全的基础，主要包括设备自身安全和环境安全。设备自身安全方面包括物理实体安全和对抗网络安全攻击的能力；环境安全方面则包括环境对设备的影响和设备对环境的影响两方面。

1. 设备自身安全指标

【安全指标 1】　设备应该有防盗措施

许多低价值的物联网设备是部署在受监护的区域之外，因此容易被攻击者捕获。设备被捕获的风险是在实验室环境下被分析和攻击。一旦一个设备被成功攻击，可能影响到一大批同类型设备的安全性，或与这类设备进行通信的设备的安全性。因此，对重要的物联网设备，例如高价值的设备和重要的物联网网关设备，应采取一定的物理保护措施，防止被攻击者轻易俘获和盗取。

【安全指标 2】　设备应该不容易被克隆

攻击者对物联网感知类设备一般不采取克隆手段进行攻击，但对 RFID 标签来说，非法克隆是一种威胁性很高的攻击。对于没有采取任何信息安全防护措施的 RFID 标签来说，制作克隆非常容易。例如一些门禁卡，使用一个 RFID 标签读写机，可以用一个空白卡复制一个可正常使用的门禁卡。如果使用专业的信息安全保护手段，可以有效防止攻击者的克隆攻击。

【安全指标 3】　设备应该具有一定对抗 DoS 攻击的能力

对物联网设备 DoS 攻击的目的，就是让被攻击目标失去正常的工作能力。攻击手段通常是向目标设备发送大量数据包或连接请求，使得目标设备因应对大量这类通信请求而超出其应对正常通信请求的能力，从而导致 DoS 攻击。传统的身份认证技术和数据安全保护技术对这类 DoS 攻击影响很小，因为对连接请求的合法性判断这一过程本身就耗费大量计算资源。

对物联网设备还有另外一种 DoS 攻击，即功耗攻击。这种攻击不一定在一定时期内大量发送数据或连接请求，但将持续性地连续或间歇向目标设备发送连接请求或数据包，使其在受理这种数据的过程中消耗能源。当这种攻击持续时间较长时，如几天甚至更长时间，而且目标设备使用电池供电时，则可能导致目标设备因耗尽电池而失去工作能力。

【安全指标 4】　重要设备应该有备份

我们知道工业控制主机设备一般都有备份。设备备份的作用是当工作的设备出现故障时，能启动备用设备，减少因修复而造成的工作中断时间，争取工作连续性受尽可能小的影响。关键物联网设备也一样，如果设备的重要程度很高，如泄洪渠的水位探测器，或重要网关设备，有时也需要有备份。

【安全指标5】　关键设备应该有热备份

设备的备份可能是一台具有同样配置，但平时处于关闭状态的设备，一般是同样型号和配置的设备。设备的热备份是指备份设备平时也在启动状态，当主设备出现故障时，可以快速切换到备份设备，无须等待设备因启动而导致的时间延迟。只有对非常关键的物联网设备才需要热备份，例如监狱出口的监控终端，或者重要电机控制器终端。

【安全指标6】　设备身份标识应该唯一

物联网设备可能需要在感知层组成一个无线传感网，组网过程中可能接收到其他网络设备的信号。为了不导致混乱，入网设备必须能识别自己所在的网络，并且在网络中具有唯一的身份标识。为了使物联网设备身份标识具有唯一性，可以将物联网设备的身份标识设置为网络身份标识和网内设备身份标识的结合，同时还应保证网络标识在应用环境中具有唯一性。注意，保证应用中设备身份标识的唯一性，无须要求身份标识具有全球唯一性。

2．环境对设备的影响指标

【安全指标7】　环境不应该对设备造成损坏

物联网设备中有一类传感器设备，用于采集环境信息，如温湿度、光照、污染等数据。这类设备需要安装到合适的位置，避免环境对其造成损坏，或其他潜在的威胁。例如，将探测水污染的传感器用重物压住，避免被水流冲走，则压在传感器上的重物可能对传感器造成压损。

【安全指标8】　环境不应该影响设备正常工作

如果物联网设备安装不合适，则会影响其正常工作。例如，测量空气温度的传感器安装在阳光下，可能因为阳光照射使得采集的空气温度不是真实的气温。类似这种情况应予以避免。

【安全指标9】　环境不应该影响设备稳定工作

仅对物联网设备是否正常工作进行测评是不够的，因为物联网设备的工作状态可能受时间因素影响。例如，一个测量空气温度的传感器，在上午都能采集正确的空气温度，但到下午则因受阳光照射不能采集到真实的气温；一个测量水污染的传感器如果安装在水流湍急的位置，而且如果没有固定好的话，可能用不了多长时间就被水冲到别的地方去了，导致其不能采集到真实的水污染数据。对这类稳定性测评，测评过程也需要持续一段时间。

3．设备对环境的影响指标

【安全指标10】　设备及其安装应消除对环境的安全隐患

物联网设备除了采集环境信息外，还可能执行控制指令，实施一些机械操作。物联网设备在操作过程中可能产生噪声、液体泄漏、风吹落地等危险因素。设备在安装和使用过程中都不应对环境造成严重影响，或存在严重的安全隐患。

【安全指标 11】 设备失控后应该能被强制关机

物联网设备和其他网络设备一样，无论采取怎样的安全保护措施，都存在遭受网络攻击的可能性。当设备遭受攻击后，不仅不能正常工作，还可能在失控状态下制造麻烦。例如，2017 年 4 月 10 日，由于电脑黑客入侵，美国得克萨斯州达拉斯市所有紧急警报系统共 156 个报警器在夜里鸣叫了 90 分钟左右，这是达拉斯市历史上出现的最大规模警报系统入侵事故。

在这种情况下，为了减少遭受攻击的设备造成的损失和对环境的影响，需要临时性应急关机。应急关机可以通过物理方法实现，也可以通过专用无线接口实现。

【安全指标 12】 设备应该能一键恢复出厂状态

在许多情况下，需要设备恢复到出厂状态。例如，怀疑遭受黑客入侵，或某种失控状态，或需要移植到新的系统中使用，或因参数同步问题需要重新设置。这时物理一键恢复到出厂状态的功能就非常必要。当然一些体积和功能都非常小的物联网传感器设备可能无须此功能，也没有能力实现此功能。

【安全指标 13】 设备应避免成为网络攻击工具

物联网设备遭受网络攻击后可能成为被攻击者调用的网络"肉鸡"节点，参与 DDoS 攻击。2016 年 10 月在美国爆发的大规模 DDoS 事件，就有大量物联网设备参与。因此，防止物联网设备成为 DDoS 网络攻击的傀儡，是物联网设备应具有的最基本的安全功能之一。

4．高级安全指标

【安全指标 14】 设备应该有抗侧信道攻击能力

侧信道攻击是对许多安全类设备实施物理攻击的一种技术手段，对许多设备都很有效，当然包括物联网设备。抗侧信道攻击措施应从芯片制作阶段入手。在一些对安全要求特别高的应用场景，为避免设备被攻击者盗取并实施侧信道攻击，需要物联网设备具有一定的抗侧信道攻击能力。一般来说，抗侧信道攻击的能力是对安全芯片的要求。

【安全指标 15】 安全设备应该具有一定的抗物理解剖的能力

对安全设备的物理解剖，特别是对安全芯片的物理解剖，可以直接获得芯片内存储的秘密数据，如密钥。当然，物理解剖的成本很高。当这种数据的价值非常高时，攻击者采取物理解剖的可能性是有的。对这类价值非常高的秘密信息，需要其存储设备具有抗物理解剖能力，使物理解剖攻击的难度很大，成功率很低。对于一般物联网应用系统，都无须这种安全要求。

11.1.2 运行环境安全指标

物理环境是设备的外部环境，而运行环境则是设备的内部环境。这里所说的运行环境安全，主要是指物联网设备的处理器所使用的操作系统和应用程序。小到芯片操作系统 COS，大到传统信息处理系统的 Windows/Linux 操作系统，甚至具有服务器功能的 UNIX 操作系统，都有可能成为物联网感知层设备的操作系统。对于 COS 操作系统或其他嵌入式操作系统，其安全要求显然没有传统信息处理系统的安全要求高。所以，物联网设备的运行环境安全，更关心处理能力比较小的系统。

1. 口令安全指标

设备总是由人来管理的。为了保护设备不受攻击者非法使用管理权限，在进行管理操作前需要进入管理人的账户，或者系统默认账户，或者系统唯一账户（这种情况下无须账户名）。但登录账户需要口令保护。口令的合规设置对安全保障具有非常重要的作用。许多物联网设备遭受的入侵攻击源于其对口令的设置不科学，比如使用了弱口令，或出厂默认口令未经修改继续使用等。

【安全指标 16】 操作系统的账户应该有口令保护

人们在使用传统信息系统的操作系统时都习惯设置用户账户和登录口令。但是对于嵌入式操作系统，容易忽略对口令的设置。更有甚者，产品本身就没有设置口令的功能，这种情况下，一旦遭受网络攻击，则没有能力修复。该项安全指标主要是针对嵌入式操作系统来说的。

【安全指标 17】 对口令格式应该有如长度、字符种类等要求

在有账户登录口令保护的情况下，如果口令设置不合理，比如使用了弱口令，则对抗网络攻击的防护能力仍然非常脆弱。那么什么是弱口令呢？据一些被攻击网站泄露的账户信息，许多用户使用如 "88888888" "12345678" "admin" 等口令，很容易被猜测。这种容易被猜测的口令称为弱口令。一般认为，口令应该包括至少两种类型的字符，如数字、英文字母（区分大小写）、其他 ASCII 符号等。在口令的长度方面，一般要求口令长度不小于 8 个字符。在这些要求下，口令被猜测到的可能性一般会很低。

【安全指标 18】 应该允许用户对口令进行动态更新

口令的动态更新也是一项重要的安全指标。有些物联网设备的出厂口令看上去也具有一定的安全性，但如果出厂后不允许用户更新口令，则攻击者可以通过购买一款设备，并对其进行物理分析，发现其登录口令，然后可以对这一批设备成功实施网络攻击（只要这批设备连接互联网并被攻击者发现）。当这种设备具有批量规模时，网络攻击造成的危害是巨大的。因此，物联网设备应该允许口令动态更新，避免设备出厂时有一个不可变更的硬编码登录口令。

【安全指标 19】 口令忘记后应该允许重置

用户重置口令后可能会忘记口令，或者设备遭受网络攻击后，攻击者修改了登录口令，导致合法用户不能正常登录。这种情况下需要有一种机制能够找回口令或重置口令。对物联网设备来说，重置口令的成本要小于找回口令的成本，其代价是重置口令功能会降低系统安全性，因为登录口令可能被攻击者恶意重置。

2. 账户安全指标

【安全指标 20】 一些关键系统参数应该不允许管理员账户修改

有些系统参数是设备出厂时固定的，如 MAC 地址、端口对应的应用等。这类参数

在应用中不能被修改，也不应该被修改，包括系统管理员也无修改权限。

如果物联网设备没有区分管理员账户和普通账户，或只有一个账户，则任意账户都被认为是管理员账户。

【安全指标 21】 管理员账户应该具有修改系统数据和配置参数的部分权限

有些物联网设备的用户希望管理员账户具有全面控制系统的能力，即有权限修改系统的部分参数和配置，主要是一些与正常业务功能相关的参数。

【安全指标 22】 管理员账户不可以读取安全扇区的数据

对安全芯片，允许管理员账户读取所有扇区的数据是危险的。从信息安全方面考虑，这种能力意味着管理员账户一旦被入侵，则芯片的安全性便完全丧失；当系统进行更新升级时，安全扇区的数据可以连同软件一起被改写。

【安全指标 23】 管理员应该有权控制新添账户的权限

在允许管理员账户添加其他登录账户的情况下，新添加的账户在权限方面一般情况下应该低于管理员账户，否则会增加系统遭受网络攻击的风险，因为入侵任意账户都等同于入侵管理员账户，导致系统被攻击者完全掌控。

【安全指标 24】 系统配置数据不应该允许普通用户修改更新

物联网设备一般都配置身份标识等信息。如果还需要对这些信息进行安全保护，则需要配置密钥（或者公钥证书）、计数器（或系统时钟）等数据，这些数据在更新时需要严格的认证过程。普通用户不应有权限修改这些参数，这样可以降低风险，而且因为系统配置数据不需要经常修改，因此这种限制也不会降低普通用户的正常使用。

3. 应用软件安全指标

【安全指标 25】 操作系统平台开发商应该有商业信用度

传统信息系统的操作系统一般都是大型软件企业开发的，或开源平台免费提供的。对物联网设备来说，其操作系统可能由许多不同的厂商根据开源代码二次开发所得。如果是业界认可的著名厂商，其商业信用度一般较高。但对于一般厂商，用户很难有能力辨别这些厂商的技术水平。但用户可以基于厂商的商业信用度（知名度+良好信誉）来判定。考虑到将来可能有很大数量的物联网设备厂商，用户对这些厂商商业信用度的了解也有限，因此应该借助于这些厂商取得的有关资质来确定，例如设备生产厂商取得一定的认证、许可、授权等。

【安全指标 26】 应用程序应该通过有资质的第三方测试

物联网设备的处理单元除了有操作系统外，还有应用程序。通常这类应用程序不是通用应用程序，而是直接支撑物联网设备具体应用的软件，这类软件通常由物联网设备生产厂商研发和维护。考虑到一般用户没有能力鉴别这些应用程序的功能和性能，应该由第三方测试机构对物联网的应用程序进行测试，并生成相关报告，以间接证明该产品的可用性和可靠性。同时，进行产品测试的第三方也应该有相应的资质，以表明其测试过程规范、科学、可信赖。

【安全指标 27】 应用程序应该允许在线更新

物联网设备有很多种，无论在功能上还是性能上都有很大差别。一些物联网设备使用的计算能力较强，比如家庭智能网关。这类设备一般使用大众化的商业操作系统，如 Windows、Linux、Android 等。基于这种系统开发的应用软件，应该具有在线更新功能。通过软件的在线更新，可以及时弥补已发现的漏洞，也可以对一些功能进行升级。

　　【安全指标 28】　关键参数应该只能通过内部进程访问

　　许多物联网设备具有容易被攻击者捕获的特点，因此攻击者可以具有物理接触拟攻击目标设备的能力。攻击者如果通过通信接口将设备内的关键信息读出，如密钥信息，则该设备以及与该设备的所有通信将不再具有安全性，而且攻击者也可以通过捕获的设备发送随意伪造的数据信息。为避免这种潜在的攻击威胁，关键信息应该存储在一个受物理保护的存储区域，该区域只能通过内部进程访问，这种保护可以有效避免攻击者直接读取密钥信息。如果攻击者试图修改内部进程，然后读取密钥信息，对许多使用嵌入式操作系统的处理器来说，修改内部进程的同时也覆盖了受物理保护的存储区域的值，因此仍然无法读取受保护的原始数据。

4．操作系统平台安全指标

　　【安全指标 29】　使用大众化商业操作系统时应该符合相关安全策略

　　当物联网设备使用大众化商业操作系统时，应该建立相应的安全防护机制，包括访问控制、入侵检测、安全审计、备份与恢复、补丁更新等。

11.1.3　网络安全指标

1．网络端口指标

　　【安全指标 30】　不必要开放的网络端口都应该处于关闭状态

　　一般通信设备都有多个网络通信端口，不同的网络端口对应不同的应用。例如，万维网文本传输协议（HTTP，即访问网站需要的网络协议）通常使用 80 端口，或在使用代理服务时使用 8080 端口。许多接入网络的设备同时开放多个端口，这种情况是危险的。特别对物联网设备来说，实际业务所需要的网络端口非常少，通常就一两个，多数情况只需要一个，因此应该把业务不需要的网络端口全部关闭，避免网络攻击通过那些不必要开放的端口进入。

　　【安全指标 31】　不持续通信的网络端口无须全时开放

　　许多物联网数据传输业务有着典型的时间节点，例如抄表业务，每天只需要抄报少数几次，每次抄报数据的时间可能只持续几秒钟，因此全天候开放通信端口，对设备带来更多遭受网络攻击的机会。应该使用科学的策略，使得业务需要的通信端口，开放的时间占少数，多数时间处于关闭状态。当网络端口关闭时，如果设备内没有其他任务，则可以进入休眠状态。

2．网络安全认证指标

　　【安全指标 32】　接入网络时应该有身份认证机制

　　网络通信都涉及通信对象的身份，在物联网系统中，这种身份可能是人的身份或者设备的身份，通常即使有人参与到通信中，人与远程的通信也是通过设备完成的，因此既需要对设备的身份认证，又需要对人的身份认证。缺少身份认证的系统在防护假冒攻击方面很脆弱。

【安全指标 33】 身份标识是否动态变化

物联网设备的身份标识一般都固定不变，且全网唯一。如果能做到全球唯一则更好。但对一些移动类型的设备身份，为了保护隐私性，设备的身份有时需要动态变化。对身份标识动态变化有需求的典型应用系统包括移动通信系统和一些 RFID 应用系统。移动通信系统需要对移动用户身份标识（IMSI）作动态变化，初次连接认证成功后使用一个临时身份 TMSI 替代，而且 TMSI 还可以继续变化；当 RFID 标签用于重要物品的物流，或作为重要人员的身份标签时，为了避免攻击者通过非法 RFID 阅读器与 RFID 标签通信，获取 RFID 身份标识，从而可对其进行追踪，泄露位置隐私和路径隐私信息，需要设置动态 RFID 身份标识，每次读取后都发生变化，合法阅读器可以识别，但非法阅读器将无法与之前读取的身份标识进行关联。

3. 网关服务控制指标

【安全指标 34】 网关设备应该具有数据融合能力

物联网网关对数据的融合能力不是传统意义上的信息安全服务，但却是许多物联网系统需要的功能，也是物联网安全国家标准所要求的功能，因此应该具有这种能力。

【安全指标 35】 网关设备应该能控制最大连接数量

要求物联网网关设置最大连接数的目的，是避免遭受 DoS 攻击时完全瘫痪。最大连接数的具体数值，根据网关的软硬件配置和实际应用需求等因素来确定。

11.1.4 数据安全指标

1. 数据存储安全指标

【安全指标 36】 机密数据不应该以明文方式存储

数据安全最基本的要求是机密性，即通过加密将原始明文变为密文。但数据如果以密文形式存储，则在数据处理时会带来很大不便，特别当不同类型、不同属主的数据使用不同密钥加密时更是如此。但是，对重要数据，如账户名和登录密码等，应该采用密文方式存储，避免在系统遭受入侵时，这种数据被攻击者盗取，从而造成严重的个人隐私信息泄露，甚至导致更严重的攻击破坏后果，如非法转账、盗取资金等。

【安全指标 37】 重要数据存储时应该带有完整性保护

早期的计算机采用每字节使用一个比特作为奇偶校验的技术对存储的数据进行完整性校验，还算不上完整性保护。现代电子设备的可靠性程度很高，无须使用奇偶校验。但重要数据可能在存储过程中被非法修改，其目的不是破坏数据，而是企图欺骗用户。为避免这种欺骗，重要数据在存储时，应使用基于密码学方法的数据完整性保护技术予以保护。

【安全指标 38】　安全系统应该有安全存储区域

小型物联网设备的数据处理一般使用一个小型处理器芯片完成。处理器芯片包括普通芯片和安全芯片。安全芯片一般有一个受物理保护的数据存储区，用于保护密钥等关键数据不被外部读取，只能通过内部进程才能访问。如果一个物联网系统需要较高的安全保护程度，则需要使用带有安全存储区域的处理器。

2. 数据通信安全指标

【安全指标 39】　传输的重要数据应该进行加密保护

数据传输中的安全保护是最重要的，而数据机密性保护是最基本的保护方法之一。重要物联网业务数据和物联网指令数据都需要不同的安全保护，其中加密保护具有最大应用需求。

【安全指标 40】　传输的重要数据有时需要使用规定的加密算法进行加密

为了规范数据加密技术，根据行业要求或其他要求，有时需要使用国家规定的密码算法进行数据加密。

【安全指标 41】　传输的重要数据应该有完整性保护

数据完整性保护是数据传输中的重要安全指标。在通信中，对数据进行完整性保护的目的是防止数据在传输中被恶意篡改。数据的完整性保护不能阻止传输中的数据被恶意篡改，但可以用来检测数据是否被修改，包括攻击者的恶意篡改和网络或其他因素造成的修改。

【安全指标 42】　传输的重要数据有时需要使用规定的算法进行完整性保护

为了规范数据完整性保护所使用的密码技术，有时需要使用国家规定的密码算法实现数据完整性保护。

【安全指标 43】　传输的数据应该具有可抵抗重放攻击的能力

重放攻击对互联网上的数据可能不会造成严重影响，但对物联网系统中的数据可造成严重影响。重放的历史数据可造成系统获得错误数据。如果被重放的数据为指令数据，则在不合适的时间段对历史指令的执行从某种意义上可看作一种网络攻击。因此，物联网数据在传输时应该具有抵抗重放攻击的能力。

【安全指标 44】　传输的数据应该具有可抵抗修改重放攻击的能力

抵抗数据重放攻击的技术手段通常是使用计数器或时间戳，称为数据新鲜性标签。每次数据传输都附带更新后的数据新鲜性标签。但如果这种新鲜性标签仅存在于明文数据格式，则攻击者可以篡改数据新鲜性标签，而保持历史数据不变，这样实施的数据重放称为数据修改重放攻击。如果将数据新鲜性标签以某种方式进行安全保护，使得攻击者无法随意篡改，这种能力称为抵抗修改重放攻击的能力。这种能力是抗重放攻击能力的一种提升。

【安全指标 45】　数据传输时有时需要添加流量隐私保护

物联网应用系统仅对数据进行安全保护有时是不够的。例如，智能抄表系统，可能对用户用电数据都进行了加密。但通过对密文大小的查看就可以判断用户用电情况，特别是用电为零的用户，甚至可以通过密文猜测到这种结果，这其实在某种程度上泄露了用户隐私。这种通过对密文数据大小进行判断得到的信息称为数据流隐私信息。为了避免这种情况发生，根据物联网行业应用的具体需求，有时需要对数据流隐私性进行保护。理想的保护结果是仅通过传输的密文无法判断原始明文的大小。

3. 数据备份安全指标

【安全指标 46】 关键数据应该有备份

物联网设备可能在使用中发生故障，这种情况下需要对设备重新进行设置，或者需要替换设备。无论哪种情况，都应该把设备配置信息和关键状态信息（如计数器数值、最新的密钥）等直接写入，因此这些重要信息需要有备份。网关的配置和状态信息可以在后台数据中心备份，也可以在本地备份。在后台备份的好处是后台处理能力强，而在本地备份的好处是当网关发生故障时能快速配置到工作状态。

【安全指标 47】 系统应该可以使用备份数据进行快速恢复

使用关键数据进行系统恢复时等同于配置参数更新，一些物联网设备对配置参数更新有严格的安全认证过程。如果丢失密钥，则这个过程有可能影响系统快速恢复过程，特殊情况下需要有灵活的策略和对应的技术方法，如恢复到出厂状态，然后配置备份数据。快速恢复系统的前提是对关键数据做备份。

【安全指标 48】 关键数据应该能够在线备份

关键数据的在线备份不是所有物联网设备都能支持的，也不是所有系统都需要的。但对设备状态的备份（如计数器数值）需要在线完成。在线备份的好处是方便操作，或者自动完成，代价是对通信带宽和对电能的消耗。

【安全指标 49】 在线备份数据时应对数据进行安全保护

关键数据通常包括机密数据，如设备的种子密钥。设备的计数器也具有一定的机密性。有时设备的身份标识和状态信息也是机密数据。因此，数据在线备份时需要进行机密性保护。为了确保备份的数据没有在备份过程中遭到非法篡改，有时也需要数据的完整性保护。

11.1.5 密钥管理测评指标

信任和密钥管理是一切信息系统安全的根本。物联网系统的密钥管理不仅服务于感知层，还贯穿到整个物联网应用系统中。

【安全指标 50】 系统应该建立初始信任根

没有信任，就没有可靠的身份认证，因为没法识别真假。信任可以传递，但不可以产生。因此需要有最开始的信任基础，称为初始信任根。初始信任根是后期进行身份认证的基础。

【安全指标 51】 用户身份认证有时需要使用多因子认证机制

人在使用计算机设备时，特别是使用一个平台的资源时，需要登录自己的账户。由于登录账户的用户名很容易被盗取，如果登录账户的口令被窃取或被成功猜测，则攻击者可登录到一个合法用户的账户实施恶意攻击。为了增加系统对用户的身份认证的可靠性，有些系统使用多因子认证方式，即使用两种或两种以上的认证方式，例如使用口令和指纹、口令和 U-key、口令和虹膜等双因子认证方式。如果多因子认证都成功，则允许登录。这种认证方式适合高机密性的数据平台对用户的认证，包括重要的云平台。

【安全指标 52】　对大量数据的安全保护应该使用一次性会话密钥

通信中对数据的安全性保护一般是指使用密码技术进行数据加密或对数据进行完整性保护，而这些密码技术一般都需要一个密钥的参与。如果这个密钥长时间保持不变，根据 Shannon 理论，则可能会降低安全性。为了减少使用固定密钥的机会，应用中常使用一次性会话密钥加密数据。

11.1.6　可用性测评指标

可用性测评不同于传统的安全测评，有些指标需要时间的检验，因此不像其他指标那样可以当场出测评结果。这类测评指标不应该作为安全测评的必选项，应该作为参考项或补充项进行处理。

【安全指标 53】　数据传输协议应该能够正确处理异常数据

数据传输过程可能受各种因素的影响导致不正常，比如在通信协议完成之前，等待的响应迟迟接收不到，这种情况需要有超时（time out）机制；或通信协议格式不完整，如某个字节或字段不在定义的范围，或应该有结束符的数据帧缺少结束符，甚至数据在传输过程中遭受外界信号干扰或人为干扰的影响，发生不可预测的错误。一个可靠的处理机制应能适当处理这些异常情况，适时丢弃数据并退出等待。

【安全指标 54】　系统应该具有预期的稳定性

这里所说的系统主要是物联网感知层，包括感知设备和感知层的短距离通信网络。影响系统稳定性的因素有很多，有内在因素，如设备软硬件故障；有外在因素，如环境影响。系统是否稳定反映在是否出现异常状态。偶尔出现异常状态一般是允许的，但异常状态的异常程度、修复难度、出现频率或次数，都是稳定性指标应考虑的因素。

【安全指标 55】　系统应该具有预期的可靠性

这里所说的系统与上述指标所说的系统是一样的，但可靠性与稳定性不同。当系统不稳定时，可以暂时出现不能正常工作的状态，这种状态或者在短时间内自动消失，或者经过简单的人工干预可以排除。但如果系统不能正常工作的状态不能在可容忍的时间内自动恢复，或人工干预的代价超过可以接受的范围，则说明系统的可靠性不符合规定。

【安全指标 56】　物联网设备应该符合设计寿命

一个物联网设备能否在基本符合工作状态的情况下，工作年限符合设计寿命。如果在设计寿命所规定的使用年限之内因设备自身原因不能继续符合要求地完成任务，则该设备不得不被丢弃或被替换，即该设备不符合设计寿命要求。

【安全指标 57】　感知层系统应该符合其设计寿命

除了物联网设备有设计寿命外，一个系统作为一个整体也有设计寿命。一个系统的设计寿命是指系统从开始工作到完全被丢弃时应具有的时间长度。一个系统的使用寿命则是实际可用期限，这个期限在正常情况下应该不低于设计寿命。决定系统使用寿命的因素有很多，包括软硬件可靠性、系统可靠性、功能升级需求等。

需要说明的是，系统寿命与系统中设备的寿命可以不同，可能更长（例如系统具有冗余性，允许部分设备发生故障），也可能更短（如果系统不允许设备发生故障，或需求新功能的设备）。

【安全指标58】 个别设备出现故障后系统应该能正常运行

物联网的感知层有时是一个有冗余的传感网，部分感知节点的故障不影响整个感知网络的正常工作。一些对系统可靠性要求较高的系统，网关节点也有冗余，因此即使个别网关节点发生故障，整个系统也能正常运行。

【安全指标59】 设备出现故障后应该能够快速替换

物联网系统中一些关键设备（包括终端感知节点和物联网网关节点）出现故障时，需要及时修复，不能在短期内修复时应及时替换。替换的设备应能承担起与被替换的设备同样的功能，但不一定完全一样。

【安全指标60】 替换后的设备应该有被替换设备的全部关键配置和功能

当物联网感知层设备受安全保护时，包括对设备的认证和对数据的安全性保护，通常替换的设备需要与之前的设备有着同样的配置和功能，包括身份标识、密钥、计数器、用于加密的初始向量等。也就是说，替换后的设备与原来设备在工作表现上几乎完全一样。可能在性能表现上有些区别，如计算速度、通信信号强度等。这种在功能上完全一致的设备替换需要有关键数据的备份与恢复机制，而该项指标就是对关键数据备份与恢复能力的验证。

11.2　感知层安全实现技术与测评方法

一方面，一种安全需求可以通过多种不同的技术予以实现，同一种实现技术也对应多种测评方法；另一方面，同一种安全实现技术可以对应多种安全需求，同一种安全测评方法也可能适合多种安全实现技术。

针对11.1节列出的物联网感知层的安全需求，本节讨论对应的安全实现技术和测评方法。这里给出的实现技术是一种能实现安全功能的技术，还可能有许多另外的实现技术。这里给出的测评方法也是一种可用的方法，而不是所有可能的测评方法。

11.2.1　物理安全实现技术与测评方法

物联网感知层设备的物理安全是设备安全的基础，主要包括设备自身安全和环境安全。设备自身安全方面包括物理实体安全和对抗网络安全攻击的能力；环境安全方面则包括环境对设备的影响和设备对环境的影响两方面。被测的目标设备或系统（也称为标的物）可以是物联网终端设备、网关设备．短距离无线网络、感知层通信协议、感知层形成的局部网络和系统等。

1. 设备自身安全方面

【对安全指标 1 的测评】　设备应该有防盗措施

对于那些需要防盗的高价值物联网设备，实现技术有多种。常用的实现技术包括：

- 使用固定装置将设备固定，如使用金属外壳，或其他材料制作的外壳，并将外壳锁住。
- 使用其他监控设备对防盗设备进行监控。
- 使用专用厂房安装设备，非授权人员不能随便进出。
- 将设备安装在难以触及的地方，使得没有专用设备难以接触到。例如，高压电线杆顶端。

针对上述实现技术的测评方法，通常是需要测评人员到现场检查，核对所使用的方法是否真实有效。

【对安全指标 2 的测评】　设备应该不容易被克隆

防止被克隆的设备主要是 RFID 标签和某些处理芯片。考虑到克隆芯片的成本很高，因此实际中主要防止 RFID 标签被克隆。由于 RFID 标签用途非常广泛，克隆攻击可以造成严重的问题，例如克隆一张门禁卡就可以让非法人员进入门禁内部的区域，克隆一张用于食品溯源的 RFID 标签就可以假冒真品。

防止 RFID 标签被克隆的技术方法有很多。典型的方法有：

- 对通信数据进行加密。
- 使用非通用的定制化通信协议。

要测评一个 RFID 标签是否采取了抗克隆技术，首先从原理上检查所采取的保护措施是否合理，然后使用克隆设备尝试能否克隆成功。克隆 RFID 标签的设备仅限于常用技术，即使该设备不能被测评工具克隆，也不能说明被测评的 RFID 标签在其他工具下也不能被克隆。

该项安全测评可根据不同的安全需求制定不同的测评方法。例如，对安全程度要求不高的应用场景，可使用克隆设备尝试对被测 RFID 标签进行克隆，如果不能成功，则说明通过该项指标的安全测评。对安全要求较高的应用场景，可有针对性地制定安全要求和测评指标，例如要求 RFID 数据交互时使用密码算法保护技术，这时测评时就需要使用对应的密码算法进行验证，同时可能还需要被测设备的提供者提供相应的密钥。

【对安全指标 3 的测评】　设备应该具有一定对抗 DoS 攻击的能力

传统的信息系统对抗 DoS 攻击的方法是给系统打补丁和安装防火墙，使攻击者难以利用系统漏洞来实施 DoS 攻击。针对物联网设备的 DoS 攻击，通常是不断发送数据包给目标设备，使其失去对正常数据包的响应能力。当然，如果攻击者发现目标设备的系统漏洞，也可以实施类似于针对传统信息系统一样的 DoS 攻击，但给物联网设备的系统打补丁和安装防火墙，在大多数情况下都不现实，特别是那些资源受限的低价值物联网设备。虽然有些物联网设备本身的价值可能较低，但其获取的数据价值不一定低，例如污水传感器，可以发现污水的有关参数，一旦参数发生大的变化，就是非常重要的数据了。

资源受限的物联网设备对抗 DoS 攻击的有效方法是采用睡眠机制。当攻击者发送的用于消耗目标设备计算资源的数据包被验证为非法后，可启动睡眠机制。这种睡眠机制的设置需要精心设计，既要不耽误正常数据的接收，又能抵抗一定程度的 DoS 攻击。当攻击者频繁发送攻击数据包时，也可以通过睡眠机制来对抗，例如连续接收 n 个非法数据包后启动睡眠功能。

对设备是否具有睡眠功能的测评非常简单，使用一个设备模拟 DoS 攻击，然后查看效果即可。如果被测评的设备是一个功能较强的信息系统，则可以使用传统信息系统抵抗 DoS 攻击的保护措施和相应的测评方法。

【对安全指标 4 的测评】 重要设备应该有备份

该项安全指标要求给物联网设备设置一个备份。需要有备份的设备一定是非常关键的设备。物联网设备的重要程度取决于设备本身的价值，更取决于应用场景。为一个设备准备一个备份理论上容易实现，实际操作中一般需要软硬件配置相同、系统设置相同的两台设备，其中一台是另一台的备份。由于处在工作状态的设备可能会在工作过程中更新一些关键参数，因此，备份设备应及时作相应更新，以便在需要启用备份设备时能马上进入正常的工作状态。

对设备备份的测评方法很简单，通过查看设备外观、内在配置等即可完成。具体操作时应针对不同的设备查看不同的配置参数，应该尝试从正常设备切换到启用备份设备这一完整过程。

【对安全指标 5 的测评】 关键设备应该有热备份

需要有热备份的设备一般都是非常关键的设备，例如有些工控主机设备就使用热备份。

设备的热备份是指与工作设备同时处在工作状态，具有相同的系统和软件配置，且接收相同数据输入的设备。热备份设备与工作设备同时处于工作状态，对接收的数据作同样的处理，作出相同的响应指令。但工作设备将指令反馈给通信接口，而备份设备根据需要可将响应指令反馈给通信接口，或者反馈给一个模拟设备，或者作其他处理。

对设备是否存在热备份的测评也很简单，类似于对设备备份的测评，应该查看热备份设备实物，并检查对备份设备的切换和使用整个过程。

【对安全指标 6 的测评】 设备身份标识应该唯一

网络中设备身份的标识需要具有唯一性，否则会引起混乱。给设备设置唯一身份标识的方法有很多，可以使用硬件 MAC 地址作为其身份标识，因为硬件 MAC 地址具有全球唯一性，因此符合唯一性要求。但硬件 MAC 地址的格式看上去很随机，很难根据地址识别出是哪个设备，通常还需要有一个映射表以方便人工识别。为了减少这种映射表，可以直接给设备定义一个逻辑身份，例如 IP 地址。如果使用 IPv6 地址，则唯一性问题可以解决，但 IPv6 目前还没有广泛应用，而且有些系统无须接入互联网，因此可以使用自定义的更方便使用的设备身份标识。

　　检查设备身份标识是否具有唯一性，一般需要检查用户的设计文档，根据定义设备身份标识的规则是否保证身份标识的唯一性而确定。有些自定义的设备身份标识，只要所提供的规则在理论上以几乎 100%的概率提供身份标识的唯一性即可。例如，网内设备使用按序号分配的设备身份标识，显然在网内具有唯一性；同时使用一个 32 比特随机字符串作为网络的身份标识，这样与其他网络身份标识发生碰撞的可能性非常低。网络标识结合网络内部的设备标识就构成了设备身份标识的唯一性。即使不能在理论上满足全球唯一性，也可以认定为符合实际应用中对唯一性的要求。

2．环境对设备的影响方面

【对安全指标 7 的测评】　环境不应该对设备造成损坏

　　避免环境对设备造成损坏的方法有很多。如果设备需要固定在一个地方，就要确保固定在合适的地方；如果设备是移动的，则应随时确认设备放置的环境不会损坏设备，或者给设备加保护壳。

　　对该项安全指标的一种测评方法，是查看设备和环境的关系，询问设备在移动过程中得到怎样的保护，并根据常识或专业知识判断被测评的保护方法是否有效、合规。

【对安全指标 8 的测评】　环境不应该影响设备正常工作

　　安装物联网设备时应确认环境不影响其正常工作。实施标准就是人为判断。测评方法也是查看现场和人为判断。实际操作中，安装人员的执行标准应该高于测评人员的执行标准。

【对安全指标 9 的测评】　环境不应该影响设备稳定工作

　　要确保环境不因时间因素影响到物联网设备的正常工作,安装时需要根据经验判断,安装后需要持续观察。安全测评也需要长时间查看现场。有经验的测评人员可以选择几个关键时间点对现场进行查看，如果几个关键时间点的测评通过，则通过该项测评。

3．设备对环境的影响方面

【对安全指标 10 的测评】　设备及其安装应消除对环境的安全隐患

　　物联网设备除了防止遭受环境影响外，也要确保不给环境带来安全隐患。常用的实现技术与可能造成的影响有关，例如进行加固、做隔音墙、套外罩等。

　　对该项安全指标进行测评时，需要考虑具体环境因素。当这些潜在的危险因素对周围居民不造成严重影响时，即判定为通过测评。特别地，当安装环境为野外时，一般认定为通过测评。

【对安全指标 11 的测评】　设备失控后应该能被强制关机

　　物联网设备可能因故失控。虽然网络攻击是导致设备失控的最主要原因，但有时也可能是软件或硬件自身的原因导致设备失控。如果设备失控时仅是不能正常工作，则不会对周围环境造成影响。但有些设备失控后可能对周围环境造成不好的影响。在紧急情况下，需要首先关闭失控的设备，然后再进行原因排查和系统恢复。

对传统的信息处理设备来说，关掉设备很容易，强制关机，或者直接切断电源即可。但许多物联网设备使用电池供电，而且是嵌入式电池，不容易切断电源。这种情况下强制关机可通过两种方式：①硬关机，即通过一个物理开关强制关机；②软关机，即通过特殊专用通信端口和特殊指令，强制其关机。这两种方式各有优缺点。硬关机的优点是能保证关闭设备，但不适合低价值或小体积的设备，因为低价值设备增加一个物理开关就会增加很大比例的成本，而小体积的设备可能没法设置开关的位置。另外，如果设备安装在不方便接触的地方，如高空或深水中，都不方便使用硬关机。相比之下，软关机的优点是使用方便，但缺点是可靠性差。当设备失控后，用于软关机的通信端口可能也失去作用。

对该项安全指标的一种测评方法，是在设备正常工作状态下，测试硬关机或软关机功能是否正常，无须等待设备失控状态再进行测试。

【对安全指标 12 的测评】 设备应该能一键恢复出厂状态

当一个设备遭受网络攻击后，或需要将设备用于另一应用场景时，需要将设备恢复到出厂状态。这种恢复到出厂状态的功能一般需要硬件开关，和内部一个小的出厂配置参数存储单元。

对该项安全指标的一种测评方法，是在设备经过一些配置后，测试出厂恢复开关是否真正将设备状态恢复到出厂时的状态。注意被测评的设备必须首先经过一番配置，更改了出厂配置参数。

【对安全指标 13 的测评】 设备应避免成为网络攻击工具

避免物联网设备成为网络攻击工具，就是在遭受入侵后不被非法控制随意向未知地址发送消息（数据或网络连接请求）。但设备本身不能识别哪些控制是合法哪些是非法，因此需要限制设备的通信地址，而且限制设备无法通过网络途径修改通信地址的配置。实现这一目标的技术方法，可以使用有线连接专用端口配置通信地址，也可以使用短距离无线通信和专用通信端口配置通信地址。

对该项安全指标的一种测评方法，是渗透性测试方法，模拟网络入侵登录设备，检查设备的通信地址是否有限制，并是否可以将通信地址修改为陌生地址。

4. 高级安全方面

【对安全指标 14 的测评】 设备应该有抗侧信道攻击能力

抗侧信道攻击技术体现在多方面，包括硬件封装是否最大限度地防止信号辐射，软件实现是否采取均衡处理技术，使得算法在执行不同路径时的功耗近似。

对该项安全指标的一种测评方法，是检查硬件和软件方面有没有相应的技术，应该有软件处理技术，因为硬件封装本身作为抗侧信道攻击的防护是不够的。

【对安全指标 15 的测评】 安全设备应该具有一定的抗物理解剖的能力

抗物理解剖主要是针对芯片来说的。一些安全芯片采用了多种技术，使得受保护区域的数据很难被分析者获得，即使在实验室环境也是如此。

对该项安全指标的测评，主要依赖于设备生产厂商取得的特殊分析报告和认证认可证明。

11.2.2 运行环境安全实现技术与测评方法

运行环境的安全技术有许多都是成熟技术。高性能系统的运行环境是大众熟悉的操作系统,有着多种相关的安全技术,包括账户管理、访问控制、审计等。低性能系统的运行环境相对比较简单,但也可以有部分安全技术。对运行环境安全功能的测评,一般需要简单验证就可完成。

1. 口令安全方面

登录账户需要口令保护,这是很重要的。而对口令的有关安全需求的测评,则是比较容易的过程。

【对安全指标 16 的测评】 操作系统的账户应该有口令保护

多数操作系统允许用户设置和修改登录口令。但有些物联网设备为了简化配置,可能取消了修改登录口令的功能,甚至根本没有登录口令。这些情况都是非常不安全的,容易遭受网络攻击。

对这一安全指标的测评非常简单,尝试一下登录过程,包括无口令、错误口令、错误用户名(对多用户系统)等登录尝试,就能判断该项指标是否符合要求。

【对安全指标 17 的测评】 对口令格式应该有如长度、字符种类等要求

一个好的系统对登录口令的格式也有要求,常见的要求是包括英文大写字母、英文小写字母、数字、其他字符,符合其中至少两种,有的系统要求至少三种,口令长度至少八个字符。虽然这种要求也未必能保证口令是安全的,例如"1111AAAA""123ABCabc"等,但这种要求在整体上可以大大提高口令被猜测到的难度。

对此功能的测评就是尝试修改登录用户的口令,检查有没有格式要求,检查当设置的口令不符合格式要求时有何提示。

【对安全指标 18 的测评】 应该允许用户对口令进行动态更新

一个设备的登录口令能否动态更新,是设备厂商的设置。允许口令被用户更新,可增加安全性,但同时也增加了用户忘记口令后的风险。但如果登录口令不允许被用户动态更新,特别是大量设备出厂使用统一登录口令时,则会面临很高的网络入侵风险。

检测口令能否被动态更新,就是查看有没有修改口令的操作,并根据说明完成口令更新这一过程。

【对安全指标 19 的测评】 口令忘记后应该允许重置

口令重置过程可以根据设备不同的应用和所处的环境,从产品阶段就作相应的设置。简单的口令重置方法是通过一个硬件开关启动重置过程,但不适合安装在公共区域和野外的物联网设备;也可以通过特殊指令进行重置,这时需要为口令重置专门设置一个安全认证过程,其中包括用于认证的一个种子密钥。为了避免用户连这个用于重置密钥的种子密钥也忘记,可以使用单独保管或由设备厂商代管的方式,也可以结合一键恢复功能进行密钥重置。

对该项安全指标的一种测评方法是尝试口令重置过程。

2. 账户安全方面

【对安全指标 20 的测评】 一些关键系统参数应该不允许管理员账户修改

这类不能修改的参数一般是硬写死的,在设备出厂时就已经固定不变了。

对该项安全指标的测评方法,就是尝试修改这类明确不被修改的参数,如果修改成功,则说明该项指标不符合要求。

【对安全指标 21 的测评】 管理员账户应该具有修改系统数据和配置参数的部分权限

将这类允许在应用中修改的参数存储在一个可以擦写的存储区域内,并赋予管理员账户对这些参数的修改权限即可。

对该项安全指标的一种测评方法,是让测评人员登录管理员账户后,尝试修改那些系统数据和配置参数,根据修改结果可以作出判断。

【对安全指标 22 的测评】 管理员账户不可以读取安全扇区的数据

普通处理器允许使用者读取任何区域的数据,但安全处理器有专门的安全数据保护区域,该区域的数据不允许用户读取,只能通过内部函数进行读取。许多安全芯片可以实现该项功能。

对该项安全指标的一种测评方法,是尝试读取被测设备(通常是处理器或 RFID 标签)的全部数据。如果读取成功,则说明不符合该项安全指标。

【对安全指标 23 的测评】 管理员应该有权控制新添账户的权限

在允许管理员账户添加其他登录账户的情况下,新添加账户的权限一般情况下应该低于管理员账户的权限,否则会增加系统遭受网络攻击的风险,而且一旦遭受攻击,系统容易被攻击者完全掌控。但系统需要有分别地对待不同权限的账户的功能。

对该项安全指标的测试包括两个方面:一是尝试添加用户,并检查此过程中有没有新添用户权限配置或选项;二是测试新添用户是否能允许超出其权限范围的某些操作。

【对安全指标 24 的测评】 系统配置数据不应该允许普通用户修改更新

不允许普通用户修改更新系统配置,是为了降低安全风险。技术上,可以为系统配置参数设置访问权限要求,使其不允许普通用户修改即可。

对该项安全指标的一种测评方法,是以普通用户身份登录,然后尝试修改不被允许修改的系统配置数据,并查看这种尝试的结果。

3. 应用软件安全方面

【对安全指标 25 的测评】 操作系统平台开发商应该有商业信用度

操作系统平台开发商的商业信用度是在商业活动中逐步建立的,是对其综合服务质量的社会认可。商业信用度是一种动态变化的状态,因此该项测评只适合首次测评的新产品。

对该项安全指标的一种测评方法,是查看目标开发商是否在某些信用度较高的企业名录,或取得了某些关键技术资质,而且不在商业失信企业名单之内。

【对安全指标 26 的测评】 应用程序应该通过有资质的第三方测试

对应用程序的测试是对应用程序功能和性能的检验,需要由具有测试资质的第三方进行。通过第三方测试的应用程序不能保证没有质量问题,但可以降低出现问题的风险。

对该项安全指标的一种测评方法，是查看是否取得有资质的测试方的测试报告。

【对安全指标 27 的测评】　应用程序应该允许在线更新

对于较为复杂的应用程序，难免存在各种漏洞。当开发商对所发现的漏洞进行了弥补，或增加了某些功能，或改善了某些性能时，应对原来的应用程序进行更新。在线更新是一种方便的应用程序更新方法，也是常用的方法，也有成熟的实现技术。

对该项安全指标的一种测评方法，是针对一个旧版本应用程序的设备，检查是否可以更新，并检查应用程序的更新过程，并验证更新结果。

【对安全指标 28 的测评】　关键参数应该只能通过内部进程访问

微处理器的现有技术可以使某些存储区域不允许通过网络接口或其他数据接口直接读取，但可以通过内部进程读取。这些只能通过内部进程访问的数据，可以被用户改写。这种限制主要反映在使用嵌入式系统的芯片上。

对该项安全指标的一种测评方法，是尝试读取禁止访问的存储区域，或查看这些区域是否被隐藏。

4．操作系统平台安全方面

【对安全指标 29 的测评】　使用大众化商业操作系统时应该符合相关安全策略

安全策略与具体行业有关，不同的物联网行业对安全策略可能有不同的要求。该项安全指标来自传统信息系统，实现技术基本成熟。

对该项安全指标的一种测评方法，是直接使用对传统信息系统的相应的测评方法，即对访问控制、入侵检测、安全审计、备份与恢复、补丁更新等功能的合规性进行测评。

11.2.3　网络安全实现技术与测评方法

1．网络端口方面

【对安全指标 30 的测评】　不必要开放的网络端口都应该处于关闭状态

根据物联网设备通信需求，除了业务通信和其他必要的网络端口外，关闭所有其他端口，这在技术上通过简单配置就可以实现。

对该项安全指标的一种测评方法，是测试除了明确要开放的网络端口之外的其他端口，是否允许网络连接。

【对安全指标 31 的测评】　不持续通信的网络端口无须全时开放

要想使一个网络端口有时开放有时关闭，可以通过人工配置和系统自动配置的方法实现。人工配置的方法仅适合开关频率不高而且开关时间点不严格的情况，可靠性高，不容易被篡改；而系统自动配置的方法灵活性高，但一旦遭到入侵，可能对端口开关的配置功能就丧失。网络端口在不用时关闭的目的就是降低遭受入侵的机会，因此可以采用自动配置的方式。

对该项安全指标的一种测评方法，是分别在网络端口应该开放和应该关闭的时间段，尝试与被测试的网络端口进行通信，检查其状态为关闭还是开放。

2. 网络安全认证方面

【对安全指标 32 的测评】 接入网络时应该有身份认证机制

实现身份认证的方法有很多。对人的身份认证通常使用账户名+口令的方式，有些对安全性要求高的系统使用双因子认证技术；对设备的身份认证通常使用"挑战-应答"认证协议，或经过简化后使用单向通信就可完成身份认证。

对该项安全指标的测评一般使用渗透性测试方法，即模拟攻击者尝试以伪造的假名接入网络、尝试假冒其他合法身份接入网络、尝试截获其他设备认证过程中的通信数据，然后模拟或重放等方式试图接入网络。如果上述方式接入成功，则表明系统的身份认证机制不健全，不符合该项安全要求。

【对安全指标 33 的测评】 身份标识是否动态变化

设备身份是否需要动态变化，是根据应用场景设置的安全策略。动态变化的身份标识其实是真实不变的身份标识的一种变化形式，一种对与其通信的设备来说看上去像是身份标识在动态变化。

实现身份动态变化的方法一般使用概率加密算法或有随机数作为输入的确定性加密算法，使得每次加密结果不同，而合法验证者通过解密可以获得真实的固定身份标识。

对该项安全指标的测评方法很简单，可以读取设备的身份标识，查看其是否动态变化即可。

3. 网关服务控制方面

【对安全指标 34 的测评】 网关设备应该具有数据融合能力

物联网网关的数据融合能力，在于为不同类型的业务数据能同时提供数据传输和转发服务。例如，多种传感器数据通过一个物联网网关进行上传，而且一次上传的数据包括多种类型的传感器数据。

实现数据融合在技术上也比较成熟，例如通过严格定义数据头（header）的格式，将数据来源信息（如传感器设备的身份标识）和业务数据按照规定的格式进行连接，然后一起上传。接收端根据数据格式可以进行拆分，然后分别处理。

对该项安全指标的一种测评方法，是查看技术文档，根据技术文档查看上传的数据包是否包括多种数据类型。

【对安全指标 35 的测评】 网关设备应该能控制最大连接数量

对网关设备设置最大连接数量，在技术上很容易实现，比如在每次有新的连接请求时，查看一下当前的连接数，如果已经达到预先定义的上限，则拒绝连接。

对该项安全指标的一种测评方法，是使用计算机模拟多个终端设备，先后尝试向网关设备发送连接请求。如果连接数量超过预先定义的上限，则不符合该项安全要求。

11.2.4　数据安全实现技术与测评方法

1．数据存储安全方面

【对安全指标 36 的测评】　机密数据不应该以明文方式存储

机密数据包括所有不希望被非法用户获取的数据。但任何存储的数据都无法保证不被窃取，因此不能以明文方式存储。最基本的实现技术就是使用加密算法对需要存储的数据进行加密，然后存储密文。

对该项安全指标的一种测评方法，是检查存储的机密数据是否以密文方式存储。但是，有时根据数据本身很难判断是明文形式还是密文形式，需要有额外的知识进行判断。当同一类数据有一定数量后，可以使用统计方法，评估这类数据为明文数据还是密文数据。但统计方法判断的结果有漏报率（不合规的明文数据被判断为合规的密文数据）和误报率（合规的密文数据被误判为不合规的名文数据），需要科学的统计方法，将误报率降低到可以接受的程度，同时尽量降低漏报率。

【对安全指标 37 的测评】　重要数据存储时应该带有完整性保护

为了避免数据在存储前或存储过程中遭到破坏，需要数据的完整性保护。密码学中的消息认证码就是实现数据完整性保护的有效技术手段。

对此安全指标的测评类似于对传输数据的完整性测评，但目标数据来自某种存储。

【对安全指标 38 的测评】　安全系统应该有安全存储区域

所谓的安全存储区域，就是不能随便读取的数据存储区域。许多安全芯片和处理器都设置了安全存储区域，这是一项成熟技术。

对该项指标的安全测评，可通过检查是否使用了安全芯片，使用过程是否科学，必须不允许通过外部数据通信口读取安全存储区域的数据。

2．数据通信安全方面

【对安全指标 39 的测评】　传输的重要数据应该进行加密保护

该项安全指标要求对传输的重要数据进行加密保护，而加密算法是一种成熟的工具，因此对数据进行加密处理，在技术上容易实现。注意使用密码算法保护数据时，总会涉及密钥管理问题，包括数据加密、数据完整性保护、身份认证等技术，都不是单一的计算处理，而是一个需要有密钥管理方案支撑的系统。

如果某种数据需要机密性保护，如何进行安全测评？检测数据是否为明文数据或密文数据，在不知密钥甚至不知加密算法的情况下，是一种机密性之存在性安全测评，相关测评技术可参考 10.4 节的内容。

【对安全指标 40 的测评】　传输的重要数据有时需要使用规定的加密算法进行加密

该项安全指标是验证被测评的数据是否为某种明文数据使用规定的加密算法进行加密。这种测评称为数据机密性之正确性测评。这种测评的前提是获得被测数据对应的加密密钥和密文对应的原始明文。

当测评者掌握被测评数据对应的明文（由被测评数据的提供者提供），以及相应的加密密钥和加密算法时，通过执行加密算法，就可以验证所测评的数据是否为其对应明文的密文。这种测评方法很容易，而且不会出现漏报和误报的可能。

【对安全指标 41 的测评】 传输的重要数据应该有完整性保护

实现数据完整性保护的方法有很多。密码学中的消息认证码是一种常用的保护数据完整性的方法，而且有多种不同的消息认证码算法。消息认证码在表现形式上是在被保护的数据段之后附带固定长度的消息认证码。

但是，在物联网应用中，考虑到有些物联网终端设备处理能力有限，如果既要实现加密算法，又要实现消息认证码算法，则耗费资源较多。当数据价值较低（如非金融数据），但需要完整性保护时（如开关指令），可以使用加密算法，通过在被加密数据中添加一定的冗余度，使得通过简单的加密算法，就可以实现数据加密和数据完整性保护，以及身份认证等功能。

针对不同的数据完整性实现技术，测评方法当然也不同。如果被测评的数据声称是使用消息认证码进行保护的，则需要针对被测评的数据抽取消息认证码字段（测评者应该知道该字段位置），然后进行随机性检测。这种随机性检测与对密文的随机性检测一样，即检测数据是否为随机数。这种检测的依据是密文数据和消息认证码字段数据与随机数据不可区分。

当被测评的数据样本较少时，这种测评与机密性之存在性测评具有同样的技术挑战。

如果被测评的数据是使用某种加密算法的密文数据，则对密文的随机性检测不能说明其是否提供数据完整性保护。这时需要使用渗透性测试方法，即模拟一个破坏数据完整性的攻击者，修改数据的某个或某些比特位，然后传输给合法接收设备。如果接收设备接受并处理（应该有音频或视频信号表明数据被接受或被丢弃），则说明被测评的数据不符合完整性保护要求。这种渗透性测试一般需要对数据作灵活修改，而且需要进行多次渗透测试。

【对安全指标 42 的测评】 传输的重要数据有时需要使用规定的算法进行完整性保护

当要求数据使用规定的算法进行完整性保护时，一般指使用某种消息认证码算法。对这种情况的测评方法就是在被测评数据、消息认证码算法、密钥都知道的情况下，验证被测评的数据中消息认证码的正确性。通过执行消息认证码算法（或加密算法），并对相关数据进行比较，就可得到测评结论。

这种测评的前提是获得被测数据对应的加密密钥和所使用的消息认证码 MAC 算法，以及 MAC 码所在的字段。

如果规定的算法是一种加密算法，则该项测评与机密性之正确性测评可以同时完成。

【对安全指标 43 的测评】 传输的数据应该具有可抵抗重放攻击的能力

抵抗数据重放攻击的技术手段通常是使用计数器或时间戳，其是物联网数据的特点。实现技术称为数据新鲜性保护。实现数据新鲜性保护的常用方法是使用计数器或时间戳，称为数据新鲜性标签。每次数据传输时都附带更新后的数据新鲜性标签，即把更新后的计数器的值或当前时间戳的值与要传输的数据一起发送。

使用计数器提供数据新鲜性保护时，每次发送数据时增加计数器的值；接收方收到数据后，检查计数器的值是否大于当前记录，如果是，则接受，同时更新本地记录的计数器的值。

使用计数器提供数据新鲜性保护的优点是，单纯的重放攻击几乎没有成功的机会；但其缺点是，针对每一个通信方，通信双方都需要维护一个计数器。

使用时间戳提供数据新鲜性保护时，只需使用本地时钟当前时间的值。当接收方收到数据后，检查时间戳是否在合法范围内，如果是，则接收数据，否则拒绝。不同系统对时间戳合法范围的规定是不同的，例如有些系统可能规定时间范围为 $-1\sim5$ 秒，即接收数据的时间戳比当前时间早一秒（可能是时钟误差造成的）或晚 5 秒范围之内，超出这个范围则认为不合法。使用时间戳提供数据新鲜性保护的优点是无须维护计数器，但缺点是通信双方的系统时钟不应差距太大，而且在被允许的时间范围内，重放攻击可以成功。需要说明的是，重放攻击成功并不意味着攻击一定会造成损失，仅仅说明攻击者重放的数据被合法接收方当作合法数据接收。

对该项安全指标的一种测评方法，是模拟重放攻击，对截获的数据等待一定时间后进行重放，检查合法接收方是否接受为合法消息。为了能完成这种测评，应该有音频或视频信号表明数据被接受或拒绝。

【对安全指标 44 的测评】　传输的数据应该具有可抵抗修改重放攻击的能力

如果攻击者仅仅进行简单的数据重放，则无论使用计数器还是时间戳进行数据新鲜性保护，都能识别重放数据。但是，攻击者完全可以修改新鲜性标签，使其看上去是新鲜的，但保持数据不变，因为数据可能是受安全性保护的。这种攻击有可能成功。为了防止这种攻击，需要对新鲜性标签进行安全保护，使用加密或数据完整性保护技术。通常，对新鲜性标签的安全保护与对数据的安全保护一起处理，例如当数据需要加密处理时，将新鲜性标签与被加密数据一起进行加密；当数据需要完整性保护时，将新鲜性标签与数据一起进行完整性保护。这样，攻击者就无法实施修改攻击了。

对该项安全指标的一种测评方法，是使用渗透性方法，即按照一定策略模拟攻击者尝试不同的修改攻击，并进行多次尝试。如果都不成功，则说明符合该项安全要求。

【对安全指标 45 的测评】　数据传输时有时需要添加流量隐私保护

实现流量隐私保护，就是让密文数据的大小不因为明文数据大小而发生明显变化。在物联网系统中，通常的数据都不大，可以使用必要的数据填充等技术，使得加密后的密文长度基本一样，这样就不容易从密文判断明文的大小。

对该项安全指标的一种测评方法，是检查不同大小的明文在传输时是否变成了大小相同或接近的密文。

3．数据备份安全方面

【对安全指标 46 的测评】　关键数据应该有备份

物联网设备的业务数据一般为当前数据，历史数据的价值不高，无须备份。因此，物联网设备需要备份的关键数据，一般为配置参数。对这些数据的备份，用于设备替换时快速配置替换的设备。

对物联网设备重要参数的备份，一般在用户配置中心，或在数据处理平台进行。物联网设备本身一般没有能力进行数据备份。

对该项安全指标的一种测评方法，是检查重要数据的备份是否存在。

【对安全指标 47 的测评】 系统应该可以使用备份数据进行快速恢复

使用备份数据恢复系统对传统信息系统来说是一种常用技术。对物联网设备来说，就是将备份的配置数据重新写入需要恢复的系统，并删除当前系统的用户数据。

对该项安全指标的一种测评方法，是检查使用备份数据进行快速恢复的全过程。所使用的设备和系统，必须与恢复后的状态不同，否则无法检测系统是否得到恢复。

【对安全指标 48 的测评】 关键数据应该能够在线备份

关键数据的在线备份一般都备份在数据处理中心。这种在线更新的数据一般不是原始配置数据，而是需要动态更新的数据，如更新后的密钥、计数器等。

对该项安全指标的一种测评方法，是检查那些应该在线备份的数据是否得到在线备份，以及备份是否动态更新。

【对安全指标 49 的测评】 在线备份数据时应对数据进行安全保护

由于需要备份的数据很重要，在线备份过程容易被攻击者截获，因此这些重要数据在备份时有时需要使用加密算法进行安全保护，有时还需要数据完整性保护。

需要注意的是，对备份数据进行安全保护的密钥等信息与备份数据无关。当备份数据需要用于恢复系统或用于分析等用途时，备份数据时所使用的密钥可用于对备份数据进行解密。

对该项安全指标的一种测评方法，是检查备份数据是否为明文，是否具有完整性保护。

11.2.5 密钥管理实现技术与测评方法

【对安全指标 50 的测评】 系统应该建立初始信任根

初始信任根一般表现为公钥证书或预置密钥，需要设备出厂时预先写入。

对该项安全指标的一种测评方法，是检查设备是否以可靠方式写入公钥证书或对称密钥（称为根密钥或种子密钥），或以某种可靠方式将公钥证书或对称密钥写入设备内。

【对安全指标 51 的测评】 用户身份认证有时需要使用多因子认证机制

使用多因子对用户进行身份认证是一种成熟的技术。常用的双因子认证是口令+U盾，或口令+指纹等。

对该项安全指标的一种测评方法，是尝试用户认证全过程，并检查在提供双因子信息之前，认证过程是否成功，即验证双因子是否为认证的强制条件。

【对安全指标 52 的测评】 对大量数据的安全保护应该使用一次性会话密钥

使用一次性会话密钥对数据进行加密是一种成熟技术。通常的实现方法是，数据发送方使用一个随机数发送器产生一个规定长度的数据作为会话密钥，然后使用该会话密钥对要保护的数据进行加密，同时使用预先共享的密钥对会话密钥进行加密，然后将两个密文按照预先约定的格式一起发送给收信方。当数据传输完成后，即丢弃会话密钥。下次需要传递数据时重复上述步骤。这种使用会话密钥的数据安全保护方式更安全，特别当固定密钥为公钥时，这种混合加密方式对数据量较大的情况还能提高计算效率。

对该项安全指标的一种测评方法，是查看有关文档，并根据技术说明，检查解密过程是否为先解密会话密钥，然后使用会话密钥解密数据。

11.2.6　可用性测评技术与测评方法

【对安全指标 53 的测评】　数据传输协议应该能够正确处理异常数据

通信中遇到的异常数据多种多样，但可以通过技术手段正确处理，使其不影响通信系统的正常工作。例如，当建立通信时，设定会话超时机制，避免超长时间的等待；对格式不正确的数据进行丢弃。这些功能通过软件实现时，需要一个 else 路径，对所有未描述的情况进行统一处理，如丢弃数据，或报警，或等待人工处理等。

对该项安全指标的一种测评方法，是使用渗透性测试方法，模拟一些不规范的数据向被测评的设备发送，检查是否有被接收的情况，或导致设备出现异常的情况。这种渗透测试需要进行一段时间才算有效。

【对安全指标 54 的测评】　系统应该具有预期的稳定性

系统稳定性是一种产品质量的表现，没有简单的技术实现方法。对该项安全指标的测评也不容易实现，可以通过作调研等方式从众多用户那里收集反馈数据，根据反馈数据的情况进行评判。该项测评不是传统的现场测评，也不是产品合规性测评，而是一种质量参数。

【对安全指标 55 的测评】　系统应该具有预期的可靠性

类似于对系统预期稳定性的安全指标，系统的可靠性是一种产品质量的表现。对该项安全指标的测评也需要从众多用户那里收集反馈数据，根据反馈数据的情况进行评判。

【对安全指标 56 的测评】　物联网设备应该符合设计寿命

该项安全指标与上述两种安全指标的性质类似，测评方法也类似。

【对安全指标 57 的测评】　感知层系统应该符合其设计寿命

该项安全指标与上述三种安全指标的性质类似，属于产品质量指标，但不针对个别产品。

测评依据是检查一个被测系统是否因自身因素不能在设计寿命时间内被迫淘汰。例如，当不符合设计寿命的设备数所占比例高于规定的门限时，就可以判断为不符合设计寿命要求。

【对安全指标 58 的测评】　个别设备出现故障后系统应该能正常运行

将物联网设备设置冗余，例如传感器终端可以多安放一些，这样即使部分设备出现故障，也基本不影响整个数据所反映的真实情况。网关节点也可以设置冗余，例如让终端物联网设备有选择地连接两个网关设备之一，连接失败后尝试连接另外一个。在这种机制下，即使一个网关设备出现故障，另外一个网关设备也基本能完成数据传输任务。

对该项安全指标的一种测评方法，是到现场关掉一台或少数几台设备（具体数量根据系统的冗余度来确定），然后检查系统能否正常运行。

【对安全指标 59 的测评】　设备出现故障后应该能够快速替换

如果物联网设备的配置都完全一样，则在搭建系统时多准备几台设备用于替换，就可以在某些设备出现故障时快速替换；如果设备在使用过程中许多重要数据发生了变化，而且这些数据影响到设备的正常工作，则需要对这些重要数据进行在线备份，并使用备份数据配置用于替换的设备，实现快速替换。

对该项安全指标的一种测评方法，是检查设备替换全过程，但被替换的设备无须出现故障。

【对安全指标 60 的测评】　替换后的设备应该有被替换设备的全部关键配置和功能

有些设备的配置参数影响其能否正常工作，这时需要用备份数据，包括在线备份数据（如果有的话）配置用于替换的设备，实现设备的快速替换。

对该项安全指标的一种测评方法，是检查设备替换全过程，包括使用备份数据配置用于替换的设备这一过程。

11.3　小结

本章从物理安全、运行环境安全、网络安全、数据安全、密钥管理和可用性等方面给出了一套安全指标体系。其中，有些安全指标是另外一些安全指标的升级版，这种情况下可以替代，如抗修改重放攻击能力可以取代抗重放攻击能力。

本章还针对列出的安全指标，给出了一种安全测评方法。许多安全测评方法是原理性的，具体操作时还有许多内容需要具体化，而且具体测评时有更具体的测评规范。安全测评方法应该不受测评人员的操作影响，也不受个人意愿影响，具有相对客观性。

习题

1. 分析每个安全指标的意义和适用范围。

2. 如果一项安全指标通过了安全测评，是否说明该项安全指标真正具有实际防护能力？

3. 请尝试将安全指标按照系统资源等级进行分类；按照安全需求等级进行分类；按照使用环境（室内室外、厂内厂外、国内国外）进行分类。

4. 请尝试将部分安全指标进一步划分不同等级。

第 12 章　物联网感知层的安全实现实例

　　物联网感知层的安全实现技术有很多，这里给出一种简单的实现方法，目的是在原理上符合物联网感知层对安全实现技术的轻量级要求。

　　关于对轻量级的要求也是一种笼统的说法，目前除了密码算法的轻量级定义有技术指标外，对轻量级安全协议还没有什么技术指标，而在物联网感知层，除了对密码算法的实现外，更重要的是在应用中使用安全技术，即安全协议。安全协议的轻量级度量主要依据是实现安全协议所消耗的电力，应该主要依照功耗程度来度量一个安全协议是否轻量。

　　根据一些实验测试，对物联网设备来说，花费在通信方面的功耗要远大于为通信提供数据保密的算法所花费的功耗。轻量级安全协议的第一指标是通信代价，包括通信轮数（即安全协议需要多少轮的通信才能完成）和通信数据总量（总共需要传输和接收的数据量）；其次是完成安全协议所需的安全计算。本章将依据这些原则设计安全协议，使其尽量符合轻量级准则。

12.1　初始信任的建立

　　建立网络环境下的初始信任，就是以某种可靠的方式写入通信双方都确认为真实的且不能被篡改的信息。常用的建立初始信任的方式是在设备中预先置入公钥证书或通信双方的共享密钥。预置公钥证书的方式适合不确定通信方的应用领域，具有很大的灵活性，但需要公钥证书管理系统，如 X.509 标准体系；预置共享密钥（具有较好随机性的一个对称密钥）的方式适合通信双方确定的应用领域，如服务器和一批终端设备之间。移动通信使用的就是预置共享密钥的方式，移动用户从移动运营商那里购买的 SIM 卡中就预置了与移动运营商共享的一个根密钥。

12.2　基于公钥证书的身份认证协议

在公钥证书的配置下，如果用户 A 收到用户 B 发来的公钥证书，并验证公钥证书是合法的，则说明 A 建立了对 B 的信任。这是否说明 A 可以相信与之通信的是真正的 B 呢？还不能，因为公钥证书是一个公开信息，任何用户都可以假冒用户 B 将 B 的公钥证书发给 A。就像冒用他人身份证一样，身份证本身没有问题，但使用者与身份证之间的关系需要进一步核实，这就是身份认证的服务目标。在拥有公钥证书的情况下，还需要身份认证协议，以确定远程的通信方的确为公钥证书的持有者。

身份认证常使用的协议是"挑战–应答"协议。下面根据公钥信息设计一个"挑战–应答"协议。假设 A 掌握了 B 的真实公钥，要对与之通信远端身份进行认证，则执行如下步骤。

1）A 产生一个随机数 r，使用 B 的公钥对 r 进行加密，得到 r'，将 r' 发送给 B。

2）B 使用自己的私钥对 r' 进行解密，得到 r_1，将 r_1 发送给 A。

3）A 比较 r_1 与 r 是否相同。若相同，则认证成功，否则认证失败。

在上述步骤中，A 加密后的随机数 r' 为"挑战"消息，B 解密后的 r_1 为应答消息。注意，如果应答者不是 B，则不可能掌握正确的私钥进行解密，也就不能提供正确的应答，这说明上述步骤的确能识别身份的真伪。

12.3　基于共享密钥的轻量级安全数据传输协议

基于公钥的身份认证协议适合在开放的环境中使用，但身份认证的代价相对也较大，因为对信任的建立是以公钥证书为基础的，而且对身份的认证需要使用公钥密码算法，不但计算量大，而且通信时的数据量也大，因为一般公钥密码算法的密文长度都比对称密码算法的密文长度长。

基于共享密钥的身份认证协议能够更好地做到轻量级。考虑到身份认证的目的是进一步实现数据通信，而对数据量不大的物联网感知层，如果可以将身份认证过程和数据传递过程结合起来，则可以更好地降低通信代价（通信轮数和通信数据总量）。下面给出一个身份认证协议，并分析该协议是否符合轻量级的要求。

假设用户 A 和 B 各有一个身份标识 ID_A 和 ID_B（都是固定长度的字符串）。假设 A 和 B 共享一个密钥 k，则 A 可以向 B 发送如下消息：

$$A \rightarrow B: ID_A \| ID_B \| E_k(ID_A, ID_B, ck \| ik) \| E_{ck}(data) \| MAC(ik, data)$$

其中，‖为数据的连接符，ck 和 ik 分别为用于数据加密和数据完整性保护的会话密钥，$E_{ck}(data)$ 为密钥 ck 下的数据加密算法，$MAC(ik, data)$ 为密钥 ik 下的数据完整性保护算法。

上述协议在物联网环境中的实用性可从下面的数字看出。如果身份标识的长度为 4

字节，加密算法（假设为分组密码算法）的密文长度为 16 字节，会话密钥长度为 16 字节，消息认证码 MAC 的输出为 32 字节，数据 data 的长度为 n 字节，则上述由 A 传给 B 的消息总长度不超过 88+n 字节。多数无线通信协议都允许 127 字节的数据包，这样可以在一个数据包内将 39 个字节用于数据。但数据 data 是以密文形式出现的，其长度为 16 字节的整数倍，因此可以在一个数据包内传送 32 个字节的密文数据。对许多物联网感知数据来说，32 个字节足够了。

12.3.1 协议的身份认证和密钥协商（AKA）功能

当用户 B 收到上述数据后，根据身份标识 ID_A 可选择正确解密密钥，解密后检查密文中的身份信息 ID_A 和 ID_B 是否与明文部分相同，如果相同，则完成了对 A 的身份认证，而且同时得到两个会话密钥 ck 和 ik，可进一步对数据 data 进行解密和完整性验证。

12.3.2 协议的数据完整性保护功能

根据上述协议中的数据格式不难看到，数据中带有 $MAC(ik,data)$，这是用于保护数据 data 完整性的消息认证码。用户 B 在 AKA 过程中得到会话密钥 ik 后可以验证消息认证码的正确性，从而可确定消息 data 的完整性是否得到破坏。

实际应用中，对数据完整性的保护不仅局限在被传送的业务数据 data 本身，而是整个协议数据，即 A 传给 B 的数据格式为

$$ID_A\|ID_B\|E_k(ID_A,ID_B,ck\|ik)\| E_{ck}(data)\|MAC(ik,data')$$

其中，

$$data'=ID_A\|ID_B\|E_k(ID_A,ID_B,ck\|ik)\| E_{ck}(data)$$

这样，无论攻击者试图修改数据 data 对应的密文部分，还是其他部分的数据，都破坏了完整性，可以被检测出来。

12.3.3 协议的数据机密性保护功能

从协议中的数据格式不难看到，数据 data 是以密文形式传输的，窃听者截获该消息后无法获得数据 data。用户 B 在 AKA 过程中得到会话密钥 ck 后可以解密 $E_{ck}(data)$，从而得到原始数据 data。

12.3.4 对协议的进一步轻量化设计

上述数据传输协议无须信息交互，只需要单向传递数据，同时实现了身份认证、数据机密性保护和数据完整性保护。对资源受限的设备来说，通信所造成的功耗一般远大于计算所造成的功耗。因此，在通信流程上节省资源，也是一种实现轻量级认证的常用技术。

如果要传递的数据 data 很小，则不需要另外的密钥和加密算法，可以用更简单的格式完成，例如使用如下格式：

$$A{\rightarrow}B: ID_A\|ID_B\|E_k(ID_A,ID_B,data)$$

当 B 收到上述消息后，根据身份标识 ID_A 可选择正确的解密密钥，解密后检查密文中的

身份信息 ID_A 和 ID_B 是否与明文信息一致，若正确无误，则完成了对 A 的身份认证，而且同时得到对数据 data 的解密。

数据的完整性是否有保障呢？不难看出，这种简单的协议同时提供了数据的完整性保护，因为对密文的任何非法篡改，将导致解密后无法得到通过验证的身份信息 ID_A 和 ID_B。因此，这是一种更轻量级的集身份认证、数据机密性保护、数据完整性保护于一体的方案。

12.4　数据新鲜性保护技术

数据新鲜性是指物联网设备接收到的数据不是数据发送方的历史数据，包括发送不成功的数据。数据新鲜性保护的目的是防止攻击者实施重放攻击。一种典型的重放攻击是攻击者截获某个数据，这种截获可能会导致合法接收者不能收到该数据，也可能不影响合法接收者的正常接收。这个数据可能是加密后的密文数据，也可能经过数据完整性保护，因此，攻击者既不能理解数据内容，也不是擅自篡改数据。过一段时间之后，攻击者将该数据发送给合法接收者。由于数据在格式上是合法的，如果没有数据新鲜性保护，仅仅靠机密性和数据完整性保护，则该数据仍然被接收方认为是合法（因为格式上合法）的数据，这样就采纳了一个错误数据。如果该数据承载了一个非法控制指令，采纳这种数据意味着对非法控制指令的执行，这可能导致系统混乱甚至导致不可预期的损坏性结果。

前面讨论的轻量级安全数据传输协议没有提供数据新鲜性保护。这里将基于简化版的轻量级数据传输协议，通过添加数据新鲜性标签，在保持原有协议所提供的安全服务的同时，增加数据新鲜性保护功能。

12.4.1　基于时间戳的数据新鲜性保护

实现数据新鲜性的技术一般是使用时间戳或计数器。如果使用时间戳，可以使用如下通信协议实现数据新鲜性：

$$A \rightarrow B: ID_A \| ID_B \| T \| E_k(ID_A, ID_B, T, data)$$

其中，T 是时间戳。当接收方接收到上述数据后，检查 T 是否在合法范围内，即检查是否满足 $0 < T_0 - T < \Delta t$，其中，T_0 是接收方的系统当前时钟，Δt 是预先定义的时间允许误差，如 1s 或 1min。这个误差的大小需要根据具体应用环境而定。

12.4.2　基于计数器的数据新鲜性保护

如果使用计数器来提供数据新鲜性保护，则可以使用如下通信协议：

$$A \rightarrow B: ID_A \| ID_B \| Ctr \| E_k(ID_A, ID_B, Ctr, data)$$

其中，Ctr 是时间戳。当接收方接收到上述数据后，检查 Ctr 是否在合法范围内，即检查是否满足 $0 < Ctr - Ctr_0 < \Delta$，其中，Ctr_0 是接收方的计数器数值，Δ 是预先定义的一个误差，

这个误差只要相比计数器最大值来说充分小即可。使用计数器实现消息新鲜性时，一旦新鲜性验证通过，则验证方需要技术更新计数器，即令 $Ctr_0=Ctr$。

事实上，时间戳也是一种特殊的计数器。使用时间戳的优点在于，无须在通信双方记录一个计数器，只需要系统时钟即可。但其缺点是，通信双方需要保持时钟较好的同步，而且需要一个大小可以接纳的时间窗口，如果这个时间窗口太小，很容易导致正常的数据因为传输延迟而被拒绝；如果时间窗口太大，则在时间窗口所允许的时间段内，攻击者的重放攻击是成功的。

另外需要注意的是，无论使用时间戳还是计数器来提供数据的新鲜性保护，都需要使用加密算法或数据完整性算法进行保护，其目的是防止攻击者的非法篡改。如果仅仅将时间戳或计数器放在被加密数据之外，则攻击者实施重放攻击时，不是简单的数据重放，而是对数据进行一定修改后重放，例如将计数器的值增加，或将时间戳改为当前时间，这样用于保护数据新鲜性的参数，可以被攻击者随意修改而不能检测到，因此在修改重放攻击下起不到新鲜性保护作用。

12.5 小结

本章通过物联网安全保护协议的实例，说明如何提供身份认证服务，如何提供数据机密性保护，如何提供数据完整性保护，如何提供数据新鲜性保护。同时不难注意到，当所处理的物联网数据较小时，本章中实例所使用的方法无论在数据流程上还是在数据量上，相对传统网络环境下的通信协议都更简单，因此可以认为是轻量级协议。这里的轻量级是定性描述，目前对安全协议轻量化还没有定量化描述。

另外，本章给出的轻量级安全数据传输协议说明了如下问题。

1）身份认证协议可以不需要信息交互。

2）使用加密算法也可以实现身份认证功能。

3）消息认证码不是实现数据完整性保护的唯一技术。在合理的格式定义下，使用加密算法也可以提供消息完整性保护。

习题

1. 对物联网感知层如何同时完成身份认证和数据机密性保护？

2. 分析如何使用一种密码方法（如加密算法）实现多种安全功能（如数据机密性保护、数据完整性保护、身份认证等），并分析其原理。

3. 分析如何使用一种安全测评方法，实现对多种安全指标的测评。

参 考 文 献

陈林星，曾曦，曹毅，2012. 移动 Ad Hoc 网络：自组织分组无线网络技术[M]. 2 版. 北京：电子工业出版社.

方滨兴，2010. 关于物联网的安全[J]. 信息通信技术，4(6)：4.

冯登国，张敏，张妍，等，2011. 云计算安全研究[J]. 软件学报，22(1)：71-83.

黄春刚，2016. 支持定位隐私保护的网联网实体搜索技术研究[D]. 哈尔滨：哈尔滨工业大学.

鞠晓杰，吴华森，张有光，2010. 国际 RFID 技术标准研究系列报道(四)：ISO/IEC 18000-RFID 空中接口协议分析(上)[J]. 信息技术与标准化 (3)：27-30.

鞠晓杰，吴华森，张有光，2010. 国际 RFID 技术标准研究系列报道(五)：ISO/IEC 18000-RFID 空中接口协议分析(下)[J]. 信息技术与标准化(3)：27-30.

鞠晓杰，吴华森，张有光，2010. 国际 RFID 技术标准研究系列报道(七)：RFID 空中接口安全机制及标准分析[J]. 信息技术与标准化 (5)：32-37.

鞠晓杰，吴华森，张有光，2010. 国际 RFID 技术标准研究系列报道 （九）：ISO／IECRFID 基础技术标准体系研究[J]. 信息技术与标准化 (7)：45-48.

李峰，2008. 面向数据挖掘的隐私保护方法研究[D]. 上海：上海交通大学.

刘鹏，黄宜华，陈卫卫，2011. 实战 Hadoop：开启通向云计算的捷径[M]. 北京：电子工业出版社.

刘小珍，李焕洲，2010. 基于验证欺骗的 AVW2 虚拟机逃逸技术[J]. 计算机应用，30(8)：2130-2133.

刘禹，关强，2010. RFID 系统测试与应用实务[M]. 北京：电子工业出版社.

彭志宇，2011. 普适计算环境下的隐私保护研究[D]. 杭州：浙江大学.

孙玉砚，刘卓华，李强，等，2010. 一种面向 3G 接入的物联网安全架构[J]. 计算机研究与发展，47（增刊）：327-332.

王辉，吴越，章建强，等，2012. 智慧城市[M]. 2 版. 北京：清华大学出版社.

王健，2011. 基于隐私保护的数据挖掘若干关键技术研究[D]. 上海：东华大学.

王金龙，王呈贵，吴启晖，等，2006. Ad Hoc 移动无线网络[M]. 北京：国防工业出版社.

吴华森，鞠晓杰，张有光，等，2010. 国际 RFID 技术标准研究系列报道(五)，ISO/IEC 18000-RFID 空中接口协议分析(下)[J]. 信息技术与标准化 (3)：27-30.

武传坤，2010. 物联网安全架构初探[J]. 中国科学院院刊 (4)：411-419.

解运洲，2016. NB-IoT 技术详解与行业应用[M]. 北京：科学出版社.

徐小涛，杨志红，2012. 物联网信息安全[M]. 北京：人民邮电出版社.

杨平平，杜小勇，王洁萍，2010. DAS 模式下基于密文分组索引的完整性验证[J]. 计算机科学与探索(5)：426-435.

郑少仁，王海涛，赵志峰，等，2005. Ad Hoc 网络技术[M]. 北京：人民邮电出版社.

朱勤，骆轶姝，乐嘉锦，2007. 数据库加密与密文数据查询技术综述[J]. 东华大学学报(自然科学版)，33(4)：543-548.

朱晓荣，齐丽娜，孙君，等，2010. 物联网泛在通信技术[M]. 北京：人民邮电出版社.

GA/T 389—2002，计算机信息系统安全等级保护数据库管理系统技术要求[S].

GB 17859—1999，计算机信息系统安全保护等级划分准则[S].

GB/T 18336.1—2008，信息技术 安全技术 信息技术安全性评估准则[S].

GB/T 20009—2005，信息安全技术 数据库管理系统安全评估准则[S].

GB/T 20273—2006，信息安全技术 数据库管理系统安全技术要求[S].

VASSEUR J，DUNKELS A，2012. 基于 IP 的物联网构架、技术与应用[M]，田辉，徐贵宝，等译. 北京：人民邮电出版社.

ABRAMS M D，LAPADULA L J，EGGERS K W，et al.，1990. A generalized framework for access control: an informal description[C]// National Computer Security Conference.Washington：ACM：135-143.

ADAM U，TAN M I I，DESA M I，2010. Logistics and information technology: Previous research and future research expension[C]// Computer and Automation Engineering. Piscataway：IEEE：242-246.

AKISHITA T，HIWATARI H，2012. Very compact hardware implementations of the blockcipher CLEFIA[C]// International Workshop on Selected Areas in Cryptography. Berlin：Springer- Heidelberg：278-292.

ATENIESE G，CAMENISCH J，MEDEIROS B D，2005. Untraceable RFID tags via insubvertible encryption[C]// Conference on Computer and Communications Security. New York：ACM：92-101.

AVOINE G, DYSLI E, OECHSLIN P，2005. Reducing time complexity in RFID Systems[C]// International Conference on Selected Areas in Cryptography. Berlin：Springer-Verlag：291-306.

BAMBA B，LIU L，2008. Supporting anonymous location queries in mobile environments with privacy grid[C]// International Conference on World Wide Web.ACM：Beijing：237-246.

BOGDANOV A，KNUDSEN L.R，POSCHMANN A，2007. PRESENT：an ultra-lightweight block cipher[C]// International Workshop Cryptographic Hardware and Embedded Systems. Berlin：Springer：450-466.

BRANDS S，CHAUM D，1995. Distance-bounding protocols[C]// Workshop on the theory and application of cryptographic techniques on Advances in cryptology. Berlin: Springer：344-359.

CAMENISCH J, LYSYANSKAYA A, 2001. An efficient system for non-transferable anonymous credentials with optional anonymity revocation[C]// International Conference on the Theory and Applications of Cryptographic Techniques. Berlin：Springer-Heidelberg：93-118.

CAMENISCH J，VAN H E，2002. Design and implementation of the idemix anonymous credential system[C]// Conference on Computer and Communications Security. Washington：ACM：21-30.

CAMTEPE S，YENER B，2004. Combinatorial design of key distribution mechanisms for wireless sensor networks[C]// Computer Security—ESORICS. Berlin: Springer-Verlag：293-308.

CHAKRABARTI D，MAITRA S，ROY B，2006. A key pre-distribution scheme for wireless sensor networks: merging blocks in combinatorial design[J]. Journal of information security，5(2)：105-114.

CHAN H，PERRIG A，2005. PIKE: Peer intermediaries for key establishment in sensor networks[C]// Infocom Joint Conference of the IEEE Computer and Communications Societies. Piscataway：IEEE Communication Society：524-535.

CHAN H, PERRIG A，SONG D，2003. Random key predistribution schemes for sensor networks[C]// IEEE Symposium on Security and Privacy. Washington：IEEE Computer Society：197-213.

CHANDRAN N, GROTH J, SAHAI A. Ring signatures of sub-linear size without random oracles[C]// International conference on Automata, Languages and Programming. Berlin：Springer-Verlag：423-434.

CHAUM D，1985. Security without identification: transaction systems to make big brother obsolete[J]. Communications of the ACM，28(10)：103-104.

DU W，WANG R，NING P，2005. An efficient scheme for authenticating public keys in sensor networks[C]// International

Symposium on Mobile Ad Hoc Networking and Computing. Urbana-Champaign：ACM：58-67.

DU X，GUIZANI M，XIAO Y，et al.，2009. Transactions papers a routing-driven Elliptic Curve Cryptography based key management scheme for Heterogeneous Sensor Networks[J]. IEEE transactions on wireless communications，8(3)：1223-1229.

ESCHENAUER L，2002. A key management scheme for distributed sensor networks[C]// ACM Conference Computer and Communications Security. Washington：ACM：41-47.

EVEN S，1983. A protocol for signing contracts[J]. IEEE transactions on information theory, 15(1)：34-39.

FISHKIN K P，ROY S，JIANG B，2005. Some methods for privacy in RFID communication[C]// European Conference on Security in Ad-hoc & Sensor Networks. Berlin：Springer-Verlag：42-53.

FLOERKEMEIER C，LAMPE M，2004. Issues with RFID usage in ubiquitous computing applications[J]. Lecturenotes in Computer，3001 Springer：188-193.

FREDERIX I，2009. Internet of things and radio frequency identification in care taking，facts and privacy challenges[C]// International Conference on Wireless Communication, Vehicular Technology, Information Theory and Aerospace & Electronic Systems Technology. Aalborg：IEEE：319-323.

GALINDO D，HERRANZ J，KILTZ E，2006. On the generic construction of identity-based signatures with additional properties[C]// International Conference on the Theory and Application of Cryptology and Information Security. Shanghai：Springer-Verlag：178-193.

GENTRY C，2009. A fully homomorphic encryption scheme[D]. Palo Alto：Stanford University.

GILDAS A，MUHAMMED A B，SÜLEYMAN K，et al.，2010. A framework for analyzing RFID distance bounding protocols[J]. Journal of computer security, 19(2)：289-317.

GOLLE P，JAKOBSSON M，JUELS A，et al.，2004. Universal re-encryption for mixnets[C]// RSA Conference. Berlin：Springer-Verlag：1988.

GRUTESFR M，GRUNWALD D，2003. Anonymous usage of location based services through spatial and temporal cloaking[C]// International Conference on Mobile Systems, Applications, and Services. IEEE：San Fransisco：31-42.

HEWER T D，NEKOVEE M，2009. Congestion reduction using ad hoc message dissemination in vehicular networks[C]// International ICST Conference on Communications Infrastructure, Systems and Applications in Europe. Springer：128-139.

HUO Z，MENG X，2010. A survey of trajectory privacy-preserving techniques[J]. Chinese journal of computer，34(10)：1820-1830.

ISO/IEC. ISO/IEC 18000, Information technology-Radio frequency identification for item management-Air interface protocol[P]. (2009-08-09)[2019-08-01]

ISO/IEC. ISO/IEC 24729-4, Information technology-Radio frequency identification for item management-Implementation guidelines-part 4: RFID guideline on tag data security.(2008-10-23)[2009-12-17]

JUELS A，RIVEST R L，SZYDLO M，2003. The blocker tag: Selective blocking of RFID tags for consumer privacy[C]// Conference on Computer and communications security. New York：ACM：103-111.

JUELS A，WEIS S A，2007. Defining strong privacy for RFID[C]// International Conference on Pervasive Computing and Communications Workshops. White Plains：IEEE：1-23.

JURCA D，MICHSEL S，HERRMANN A，et al.，2010. Continuous query evaluation over distributed sensor networks[C]// International Conference on Data Engineering. Long Beach：IEEE：912-923.

LIU D，NING P，2003. Establishing pairwise keys in distributed sensor networks[C]// ACM Conference on Computer and

Communications Security. Washington：ACM：52-61.

LIU D，NING P，2003. Location-based pairwise key establishments for static sensor networks[C]// ACM Workshop on Security of Ad Hoc and Sensor Networks. Fairfax：ACM：72-82.

LIU D，NING P，2004. Multi-level μTESLA：broadcast authentication for distributed sensor networks[J]. ACM transaction on embedded computing system，3(4)：800-836.

MERIBOUT M，NAAMANY A，2009. A collision free data link layer protocol for wireless sensor networks and its application in intelligent transportation system[C]// Wireless Telecommunications Symposium. Prague：IEEE：1-6.

MOLNAR D，WAGNER D，2003. Privacy and security in library RFID：issues, practices, and architecture[C]// Conference on Computer and Communications Security. Washington：ACM：210-219.

PERRIG A，SZEWCZYK R，WEN V，2002. SPINS：security protocols for sensor networks[J]. Journal of wireless networks，8(5)：521-534.

REN K，LOU W，ZHANG Y，2009. Multi-user broadcast authentication in wireless sensor networks[J]// IEEE transactions on vehicular technology，58(8)：4554-4564.

RIEBACK M R，CRISPO B，TANENBAUM A S，2005. RFID guardian：A battery-powered mobile device for RFID privacy management[C]// Australasian Conference on Information Security & Privacy. Berlin：Springer-Verlag：259-273.

RIEBACK M R，CRISPO B，TANENBAUM A S，2005. RFID Guardian：A battery-powered mobile device for RFID privacy management[C]// Australasian Conference on Information Security and Privacy. Berlin：Springer-Verlag：184-194.

RIVEST R L，SHAMIR A，ADLEMAN L，1978. A method for obtaining digital signatures and public-key cryptosystems[J]. Communications of the ACM，21(2)：120-126.

SANDHU R，1996. Role-based access control models[J]. IEEE computer，29(2)：38-47.

SHAMIR A，1984. Identity-Based Cryptosystems and Signature Schemes[C]// Proceedings of CRYPTO 84 on Advances in Cryptology. Proceedings of CRYPTO 84 on Advances in cryptology：ACM：47-53.

SHIRAI T，SHIBUTANI K，AKISHITA T，et al.，2007. The 128-bit blockcipher CLEFIA[C]// International Conference on Fast Software Encryption. Berlin：Springer-Verlag：181-195.

SWEENEY L，2002. K-anonymity：a model for protecting privacy[J]. International journal on uncertainty, fuzziness and knowledge-based systems，10(5)：557-570.

TUBAISHAT M，ZHUANG P，QI Q，et al.，2009. Wireless sensor networks in intelligent transportation systems[J]. Wireless communications and mobile computing，19(3)：287-302.

YAN B，HUANG G，2009. Supply chain information transmission based on RFID and Internet of things[C]// International Colloquium on Computing, Communication, Control, and Management. Sanya：IEEE：166-169.

YANG Y，WANG X，ZHU S，et al.，2006. SDAP：a secure hop-by-hop data aggregation protocol for sensor networks[C]// International Symposium on Mobile Ad Hoc Networking and Computing. Florence：ACM：356-367.

ZANG Y P，STIBOR L，REUMERMAN H. J，et al.，2008. Wireless local danger warning using inter-vehicle communications in highway scenarios[C]// European Wireless Conference. Prague：IEEE：1-7.

ZHANG Y，LIU W，LOU W，et al.，2006. Location-based compromise-tolerant security mechanisms for wireless sensor networks[J]. IEEE JSAC, special issue on security in wireless ad hoc networks，24(2)：247-260.

ZHANG Y，ZHANG L，2012. Survey on anonymous credential schemes[J]. Netinfo security (1)：17-22.

ZHOU L，HAAS Z J，2009. Securing ad hoc networks[J]. IEEE Network，13(6)： 24-30.

ZHOU Y，FANG Y，ZHANG Y，2008. Securing wireless sensor networks: A survey[J]. IEEE communications surveys and tutorials，10(3)： 6-28.